Cristiano Quaresma de Paula

GEOGRAFIAS DA PESCA ARTESANAL BRASILEIRA

Acesse as imagens em cores pelo QR code.

Cristiano Quaresma de Paula

GEOGRAFIAS DA PESCA ARTESANAL BRASILEIRA

2023

COMPASSO

ISBN: 978-65-89013-11-2
1ª Edição - 2023
Impressão Clube dos Autores

Editora Chefe
Dirce Maria Antunes Suertegaray

Revisão
Natália Moreira Viana

Imagem de capa
Alisson Affonso

Editora Compasso Lugar-Cultura
Responsável André Suertegaray Rossato
Porto Alegre - RS - Brasil
Telefones (51) 984269928 e (51)33113695
compassolugarcultura@gmail.com
www.compassolugarcultura.com

Equipe Técnica
Analise dos dados e elaborado de mapas
Giulia Câmara Caldas (PROBIC FAPERGS)
Julia Leando Ribeiro (PIBIC CNPq)
Layon Brum da Silva (PIBIC CNPq)

Revisão Técnica
Darlan Matheus Goulart
Giulia Câmara Caldas
Julia Leandro Ribeiro
Layon Brum da Silva
Leonardo da Silva Greque Jr
Michele Madruga Pachetes

Dados Internacionais de Catalogação na Publicação (CIP)

P324g Paula, Cristiano Quaresma de
Geografias da pesca artesanal brasileira / Cristiano Quaresma de Paula. 1. ed. Porto Alegre: Compasso Lugar-Cultura, 2023.
320 p. : il.
ISBN 978-65-89013-11-2

1. Geografia 2. Pesca artesanal I. Título
CDD 911
CDU 918

Bibliotecária Sabrina Simões Corrêa, CRB-10/2486

Agradeço

À Fundação de Amparo à Pesquisa do Estado do Rio Grande do Sul – FAPERGS – pelo apoio financeiro concedido ao Projeto "Ausências e Emergências de Sujeitos e Territórios da Pesca Artesanal na Geografia Brasileira", por meio do Edital Auxílio Recém-Doutor – ARD – 2020*.

Ao Programa de Pós-Graduação em Geografia da Universidade Federal do Rio Grande do Sul - UFRGS, onde realizei a pesquisa de doutorado que originou esta obra, com orientação da Profa. Dra. Dirce Maria Antunes Suertegaray, no Núcleo de Estudos Geografia e Ambiente – NEGA.

À Universidade Federal do Rio Grande – FURG, que proporcionou a estrutura necessária para a realização da pesquisa, no âmbito do Núcleo de Ensino, Pesquisa e Extensão (R)Existências Ambientais e Territoriais - (R)EAT. Sou grato também a cada membro do grupo que acompanhou esse processo.

Especialmente aos bolsistas de iniciação científica que atuaram no projeto, atualizando a análise com dados posteriores a 2015 e revisando os mapas da tese. Expresso minha gratidão pelo esforço e dedicação de Giulia Câmara Caldas (bolsista PROBIC FAPERGS), Julia Leandro Ribeiro (bolsista PIBIC CNPq) e Layon Brum da Silva (bolsista PIBIC CNPq). Estendo meus agradecimentos à FAPERGS e ao CNPq pelas bolsas concedidas, adquiridas no edital institucional da PROPESP FURG.

Por fim, a cada pescadora e pescador que dialogou comigo ao longo desses anos de pesquisa, especialmente os movimentos sociais em âmbito nacional, regional e local. Também agradeço aos pesquisadores da Rede de Geografias da Pesca.

* Termo de outorga: 21/2551-0000697-8

PREFÁCIO

Dirce Maria Antunes Suertegaray
Professora Emérita da Universidade Federal do Rio Grande do Sul

Cristiano Quaresma de Paula, autor desta obra denominada **Geografias da Pesca Artesanal Brasileira**, honra-me com este convite ao solicitar gentilmente que eu prefacie este tão significativo livro. Produto de sua tese de doutorado, defendida em 2018 e agraciada com a Menção Honrosa indicada pela CAPES em 2019, é, sem dúvida, uma pesquisa exemplar, que agora vem a público.

Cristiano, é justo informar, tem na pesca artesanal a história de sua vida. Filho de pescadores, que até hoje desenvolvem suas atividades no estuário da Lagoa dos Patos, estado do Rio Grande do Sul, viveu e vive essa atividade, conhecendo pela vivência os trâmites, os apetrechos, os percursos, os diálogos e as normativas, a vivência dos pescadores em tempos de conflitos, onde novas estratégias são necessárias para que estes pescadores possam ter garantido seu lugar de abrigo, seu lugar de produção e reprodução de suas vidas.

Esse tema acompanha Cristiano desde sua graduação ainda na FURG, prossegue no mestrado na UFRGS, acompanhando os pescadores do Delta do Jacuí. Dá continuidade no doutorado, nessa mesma instituição, agora em rede nacional, desvendando a produção, os conflitos e as formas de organização coletiva que articulam os pescadores em seus movimentos para manter seu direito à vida.

À medida que deu continuidade ao entendimento da pesca artesanal, ampliou sua escala de análise. Neste livro, revela sua compreensão sobre esta problemática em escala nacional. Seu caminho analítico aborda a complexidade da pesca artesanal no Brasil, desvenda os impactos ambientais que provocam conflitos entre os comunitários e da mesma forma com os agentes externos que os pressionam, e prossegue demonstrando que esses conflitos ao fim e ao cabo expressam demanda por território, por recursos (pesqueiros), mas também por espaços para ampliação imobiliária e mesmo pelo turismo, gerando desassossego nas comunidades.

Ao longo deste livro, o leitor terá uma leitura interpretativa desta problemática sustentada em questões como: "Qual é a compreensão da Geografia brasileira sobre a dinâmica dos territórios tradicionais dos pescadores artesanais? Em que medida seus conceitos, métodos e abordagens dialogam com o conhecimento tradicional dos pescadores artesanais em situações em que as comunidades são desterritorializadas? Até que ponto a compreensão desse processo pode contribuir para repensar a Geografia brasileira, a gestão comunitária da pesca artesanal e os contextos de luta por políticas públicas voltadas para o território das comunidades de pescadores?".

Essas questões são respondidas através de minucioso levantamento sobre a produção geográfica sobre pesca artesanal no Brasil, revelando diferentes caminhos analíticos e, por outro lado, demonstrando a expansão dessa temática em território brasileiro através das políticas de expansão dos cursos de mestrado e doutorado, hoje se descentralizando e estando presente em todas as regiões brasileiras. Esta análise lhe permite compreender a diversidade de análises produzidas e demonstrar a emergência de uma pesquisa centrada, como se refere, no diálogo de saberes. Constituindo este, o procedimento que considera relevante para compreender o processo de desterritorialização dos pescadores artesanais pelos atores sociais hegemônicos, detentores de capital e poder. Nesse movimento de construção intelectual, sua opção é a presença junto aos pescadores, junto às comunidades e suas organizações, enfim associando-se à luta. Sua práxis centra-se no ato de refletir e agir. Advém daí sua preocupação expressa na terceira questão enunciada quando se pergunta sobre até que ponto uma geografia assim anunciada pode contribuir num contexto de gestão comunitária e luta política que sejam voltadas aos direitos dos pescadores artesanais.

Sua análise busca compreender as múltiplas determinações da produção do espaço e a reprodução da vida; para tanto, estabelece profícua relação entre os conceitos de território e ambiente, em articulação com os tempos históricos, sobretudo quando aborda a modernização sob diferentes nuanças. Ao se referir à leitura trazida pelos pesquisadores, deixa revelada essa concepção; entre as propostas analíticas de compreensão de ambiente/território e a expressão da modernização, que é apontada pelos movimentos sociais que defendem o território tradicional como principal opositor.

Ambiente e território se conectam, se constituem de forma indissociável, na medida em que concebe as questões ambientais como decorrentes da dimensão territorial manifesta no poder, na economia e na apropriação dos recursos (naturais), mas também como condição de exploração, ao limite desses recursos e de vidas humanas. O ambiente para Cristiano não é apenas os impactos na natureza, o ambiente ao qual se refere expressa um movimento, onde recursivamente, se transforma em condições de vulnerabilidade a vida na sua condição fundamental - viver com dignidade.

O tema da pesca artesanal é desvendado seja na perspectiva da produção geográfica no Brasil, seja enquanto práxis, na medida em que Cristiano se constitui um geógrafo organicamente vinculado à vida da/na pesca, condição que nunca abdicou. Seu texto aqui expresso revela seu engajamento, sua dedicação e sua presença na luta junto aos pescadores artesanais. Academicamente, vai além dos estudos dedicados à descrição de um Modo de Vida, descortina a vida dos pescadores artesanais em um contexto amplo e complexo que expressa o que Morre (2016) denomina natureza barata (no caso o recurso pesqueiro) que, dando sustentação histórica ao capitalismo, hoje se torna uma natureza cada vez mais escassa, em que a exploração ultrapassa limites territoriais, invade comunidades originárias e/ou tradicionais, desconstrói relações comunitárias, promove espoliação, desterritorialização e fraturas sociais nas comunidades.

Chega o livro de Cristiano em um momento crucial. Chega trazendo uma leitura diferenciada e profunda do tema da pesca artesanal. Expressão de seu envolvimento e, ao mesmo tempo, de seu distanciamento para que pudesse construir um olhar que lhe permitisse uma produção acadêmica reveladora da realidade brasileira, aqui manifesta na pesca artesanal, mas que está presente em diferentes dimensões sociais, ou seja, na luta pela terra, pela água, pela floresta, enfim...

Leitura densa e instigante promove uma reflexão sobre a Geografia na sua capacidade de produção, no questionamento do fazer geográfico e na sua possibilidade de contribuição para a compreensão da realidade, no momento em que se dá e no seu movimento de superação.

O livro de Cristiano cristaliza um movimento que ele sabe contínuo, por isso constitui um registro que abre possibilidades, amplas, de reflexão e diálogo com aqueles que aportarem sua leitura.

Boa Leitura

Dirce Maria Antunes Suertegaray

Julho de 2023.

Sumário

APRESENTAÇÃO

No Brasil, o choque entre a racionalidade econômica e a racionalidade ambiental torna-se evidente na pesca artesanal, dando origem a inúmeros problemas. Essas racionalidades disputam territórios, recursos, assim como o domínio do conhecimento e de projetos futuros. Os pescadores artesanais veem seus territórios tradicionais e os recursos ambientais sendo destruídos pelo avanço da modernização, ao mesmo tempo em que são considerados, na lógica dominante (moderna), como incultos e entraves para o desenvolvimento. Nesse processo, destacam-se conflitos entre os agentes do capital e os pescadores artesanais, que reivindicam o direito ao território tradicional, assim como o reconhecimento de seus conhecimentos adquiridos ao longo de gerações, através da relação com o ambiente e das relações sociais que conformam o território.

Ao mesmo tempo em que as comunidades tradicionais se veem atacadas em seu direito de permanecer e gerir o território, vivemos uma crise ambiental global sem precedentes, resultante do padrão de produção e consumo inerentes ao modo de produção capitalista e do desconhecimento das consequências do conhecimento científico moderno. Assim, valorizar o conhecimento tradicional, reconhecer os povos tradicionais como especialistas na gestão ambiental e garantir a eles o direito de uso do território tradicional são ações necessárias nos âmbitos político, científico e social. Isso trará benefícios para toda a sociedade, seja pela qualidade ambiental resultante da gestão comunitária e compartilhada do território, seja pelo fornecimento de alimentos, proporcionando principalmente às populações mais pobres segurança alimentar.

É relevante entender a pesca artesanal brasileira por meio da Geografia, pois inúmeros geógrafos abordam em artigos, livros, monografias, dissertações e teses as problemáticas da pesca artesanal. Assim, essa obra contribui para a sumarização e análise desses estudos, sobretudo de dissertações e teses, o que favorece o estabelecimento de diálogos entre pesquisas e a discussão da pesca artesanal em escala nacional. Isso auxilia na proposição de respostas aos problemas dos pescadores artesanais e destaca tendências na produção acadêmica da Geografia brasileira, principalmente no que diz respeito ao diálogo de conhecimentos entre pescadores e geógrafos.

Também é importante entender essas pesquisas no momento atual da Geografia brasileira, tanto em relação ao estágio do pensamento geográfico quanto ao processo de institucionalização da Geografia por meio da expansão e consolidação da pós-graduação. Isso tem tornado visíveis sujeitos sociais até então marginalizados e permitido a realização de pesquisas em diversas regiões e localidades. Destaca-se a existência de grupos de pesquisa que abordam os pescadores artesanais em seus estudos, o que também possibilita entender a pesquisa brasileira sobre a pesca artesanal. Diante da necessidade de articulação, é importante frisar a iniciativa de construção de um trabalho em rede, como é o caso da Rede de Geografias da Pesca.

Os diálogos de saberes permitem a (re)significação dos conceitos geográficos de ambiente e território, de maneira que sejam operacionais e apropriados pelos sujeitos da pesquisa, proporcionando uma leitura mais precisa da realidade estudada. O reconhecimento dos saberes tradicionais dos pescadores, em sua dimensão territorial, permite preencher a lacuna no conteúdo da "tradição" do conhecimento e contribui para os debates na construção e avaliação de políticas públicas para a pesca artesanal brasileira, de forma a serem congruentes com as particularidades dos diversos territórios tradicionais das comunidades de pescadores artesanais. Nesse caso, destaca-se o processo de discussão sobre territórios tradicionais desencadeado pela "Campanha Nacional pela Regularização do Território das Comunidades Tradicionais Pesqueiras", promovida pelo Movimento dos Pescadores e Pescadoras Artesanais - MPP.

O livro apresenta as reflexões da tese de doutorado intitulada "Geografia(s) da Pesca Artesanal Brasileira", defendida em 2018 no Programa de Pós-Graduação em Geografia da UFRGS. No entanto, os dados que fundamentam a análise foram atualizados até 2021. É importante ressaltar que essa publicação não abrange todo o contexto vivido pelas comunidades tradicionais de pescadores artesanais no Brasil. No entanto, sua contribuição está voltada para responder à questão norteadora:

Qual é a compreensão da Geografia brasileira sobre a dinâmica dos territórios tradicionais dos pescadores artesanais? Em que medida seus conceitos, métodos e abordagens dialogam com o conhecimento tradicional dos pescadores artesanais em situações em que as comunidades são desterritorializadas? Até que ponto a compreensão desse processo pode contribuir para repensar a Geografia brasileira, a gestão comunitária da pesca artesanal e os contextos de luta por políticas públicas voltadas para o território das comunidades de pescadores? As respostas a essas questões estão apresentadas nas três partes deste livro.

A primeira parte, intitulada "**A Dialógica entre Geografia e Pesca Artesanal Brasileira**", tem como objetivo responder à pergunta "Qual é a compreensão da Geografia brasileira sobre a dinâmica dos territórios tradicionais dos pescadores artesanais?" Foi entendido que a resposta está presente na análise da produção acadêmica da Geografia brasileira sobre a pesca artesanal. Assim, foram analisadas dissertações de mestrado e teses de doutorado desenvolvidas por geógrafos que pesquisam a pesca artesanal no Brasil e defendidas no período de 1982 a 2021. Buscou-se entender as principais problemáticas, teorias, métodos e técnicas de pesquisa. Além disso, a espacialização desses trabalhos por meio de representação cartográfica permitiu refletir sobre a pesca e sobre a própria Geografia brasileira. Essa análise panorâmica possibilitou a identificação de possibilidades de interpretação da Geografia em relação às problemáticas da pesca artesanal. Além disso, contribuiu para inferir a potencialidade de articulação em um trabalho em rede.

A segunda parte, intitulada "**Território, Ambiente e Pesca Artesanal: uma Leitura a Partir da Geografia Brasileira**", buscou responder à pergunta: Em que medida seus conceitos, métodos e abordagens dialogam com o conhecimento tradicional dos pescadores artesanais em situações em que as comunidades são desterritorializadas? A partir da visão panorâmica dos estudos sobre a pesca artesanal na Geografia brasileira apresentada na primeira parte, foi identificado um recorte analítico que enfatiza a relação entre ambiente e território. Dessa forma, são analisadas as atividades econômicas que confrontam a pesca artesanal sob essa perspectiva. Esses contextos foram selecionados para que essa compreensão abranja a diversidade de territórios pesqueiros presentes no Brasil e as problemáticas associadas a eles. Assim, surge o desafio de garantir que as compreensões geradas correspondam às demandas dos pescadores artesanais, levando em consideração suas estratégias de luta. Além disso, buscou-se revisar conceitos como pesca, pescador, comunidade, conhecimento, gestão comunitária e compartilhada, assim como territórios e territorialidades da pesca.

Na terceira parte, intitulada "**As Faces da Modernização e Ausências de Sujeitos e Territórios da Pesca Artesanal na Geografia Brasileira**", buscou-se entender "Até que ponto a compreensão desse processo pode contribuir para repensar a Geografia brasileira, a gestão comunitária da pesca artesanal e os contextos de luta por políticas públicas voltadas para o território das comunidades de pescadores?". Propõe-se que, a partir das compreensões estabelecidas na segunda parte, seja possível discutir os territórios tradicionais das comunidades de pescadores artesanais em relação ao movimento social. Para essa discussão, estabelece-se a relação entre os contextos em que os geógrafos desenvolvem pesquisas e ações junto aos pescadores, e as problemáticas apresentadas por meio de denúncias pelo Movimento dos Pescadores e Pescadoras Artesanais - MPP, e principalmente pelos Relatórios de Conflitos Socioambientais e Violações de Direitos Humanos do Conselho Pastoral da Pesca - CPP, publicados em 2016 e 2021. Nesse sentido, estabelece-se uma relação entre as propostas analíticas de compreensão de ambiente/território e a expressão da modernização, que é apontada pelos movimentos sociais que defendem o território tradicional como o principal opositor. Por fim, retoma-se a discussão sobre a própria Geografia como uma ciência que dialoga com os grupos sociais, superando as invisibilidades e evidenciando situações de conflito, o que pode auxiliar na garantia dos direitos fundamentais e no reconhecimento da comunidade pesqueira como tradicional, conferindo-lhes o direito de permanecer no território.

Na expectativa de que o livro promova debates, desejo uma boa leitura,

Cristiano Quaresma de Paula
Rio Grande (RS), julho de 2023.

PARTE 1

A DIALÓGICA ENTRE GEOGRAFIA E PESCA ARTESANAL BRASILEIRA

Introdução

Milton Santos (2006) entende que existem tantas Geografias quanto geógrafos. Sem a pretensão de estabelecer uma leitura literal, compreende-se que o autor considera a diversidade de problemáticas e a pluralidade de possibilidades de interpretação teórica e metodológica presentes na Geografia brasileira. Nesta primeira parte, perante os contextos da pesca artesanal, é necessário situar a produção geográfica no tempo presente. Serão abordadas as instituições envolvidas, as propostas teóricas e metodológicas, assim como as problemáticas associadas. Essa leitura panorâmica é fundamental para compreender as Geografias da Pesca Artesanal Brasileira, as quais não são entendidas como um campo ou mera especialização do conhecimento geográfico, mas sim como um horizonte de compreensão do espaço que visibiliza os pescadores artesanais como sujeitos de direitos.

A análise que se segue revela a constituição do saber geográfico dentro das possibilidades presentes na Geografia brasileira. Essas possibilidades devem ser observadas sob pelo menos duas perspectivas. A primeira refere-se ao momento do pensamento geográfico atual, no qual certas análises são consideradas viáveis, sem serem consideradas menores ou irrelevantes. Nesse sentido, a pluralidade de possibilidades existe dentro de um contexto científico específico que se expressa na história do pensamento geográfico. A segunda refere-se à situação institucional em que as pesquisas foram construídas e defendidas. Isso significa que o conhecimento é gerado dentro de certas condições materiais e imateriais, o que se reflete na pesquisa geográfica.

Ressalta-se que esta parte se dedica a apresentar um panorama da Geografia que pesquisa a pesca artesanal. Esse panorama está presente no conteúdo das dissertações e teses, bem como na espacialização desses trabalhos.

Dessa forma, há um interesse explícito em provocar uma discussão sobre a produção acadêmica da Geografia em relação à pesca artesanal brasileira, expondo no mapa as distinções que se evidenciam. Também são apresentadas as respostas qualitativas de geógrafos a um questionário que, a nosso ver, representam um momento da pesquisa geográfica sobre a pesca artesanal e, logo, estão situadas no tempo e no espaço e, portanto, estão em constante transformação. As referidas análises dialogam com um contexto acadêmico e social em que um grupo de pesquisadores geógrafos busca a construção de uma rede de cooperação científica e com os movimentos sociais. Portanto, a presente discussão contribui para repensar a própria rede.

No campo teórico, esta primeira parte propõe a compreensão do pensamento geográfico constituído, principalmente, a partir de um movimento de renovação que rompe com a lógica da Geografia "tradicional ou clássica" e abre a discussão para a perspectiva crítica, na qual atores sociais anteriormente marginalizados pela pesquisa geográfica são visibilizados. Portanto, a presente análise se insere no âmbito do pensamento geográfico crítico e considera os trabalhos analisados dentro dessa perspectiva, levando em conta a diversidade de possibilidades. No que diz respeito à situação institucional, é necessário esclarecer o movimento atual da Geografia brasileira, no qual serão apresentadas informações sobre a expansão dos programas de pós-graduação, de acordo com a característica do material analisado.

Diante do exposto, essa parte tem como objetivos: identificar abordagens sobre a pesca artesanal na produção acadêmica da Geografia brasileira (dissertações e teses); analisar e espacializar o conteúdo das discussões sobre a pesca artesanal na Geografia brasileira; e discutir algumas lacunas e perspectivas presentes no estágio atual das Geografias da Pesca Artesanal Brasileira, destacando possíveis articulações entre geógrafos que pesquisam a pesca e a possibilidade de trabalho em rede.

Contexto científico e institucional profícuo às geografias da pesca

Nesse momento, serão discutidos alguns pressupostos teóricos que situam as geografias da pesca artesanal no contexto da história do pensamento geográfico brasileiro. Para tanto, será apresentado o contexto de ruptura com a Geografia Tradicional e o Movimento de Renovação da Geografia com ênfase na Geografia Crítica (PORTO-GONÇALVES, 1978; ANDRADE, 1999; MORAES, 2005). Em seguida, será abordado o contexto atual em que os sujeitos pescadores têm maior visibilidade (SILVA, 2017). Além disso, será exposto o processo de expansão da pós-graduação em Geografia no Brasil, que servirá de base para compreender o avanço recente em número e áreas de estudo em diversas regiões (SUERTEGARAY, 2003; MENDONÇA, 2005; SILVA e DANTAS, 2005; SUERTEGARAY, 2007; SPÓSITO, 2016).

Contexto científico: renovação da Geografia na perspectiva crítica

Ressalta-se que a compreensão da história do pensamento geográfico aqui apresentada não se compromete em estabelecer fases ou periodizações bem determinadas. Andrade (1999) destaca que essas fases se interpenetram umas nas outras. No entanto, pretende-se destacar o período de "rupturas, mudanças, revoluções e contrarrevoluções" (PORTO-GONÇALVES, 1978) que abriu espaço para a perspectiva de pesquisa que insere nas discussões sujeitos até então marginalizados, como os pescadores artesanais. Como Porto-Gonçalves (1978) destaca:

> Qualquer esforço no sentido de desvendar a natureza da crise de um determinado segmento do espaço do saber deve, portanto, partir da

> premissa de que o trabalho intelectual, embora possuindo uma dinâmica específica, sofre influência do próprio contexto histórico que constitui a materialidade do trabalho científico. Neste ensaio, o que pretendemos fazer é exatamente lançar ao debate algumas ideias acerca da natureza da crise da Geografia, tomando por base a prática dos geógrafos pensada historicamente.

Moraes (2005), em 1982, destacava o movimento de renovação pelo qual a Geografia passava, resultado do rompimento com a perspectiva tradicional. A crise na Geografia Tradicional levou à busca por "novos caminhos, nova linguagem, novas respostas e, em última análise, maior liberdade de reflexão e criação" (p. 103). Assim, as certezas se dissiparam em favor da constante busca pelo objeto, método e significado da Geografia. Andrade (1999) ressaltava que a Geografia Tradicional (conhecida nos anos 1940 como Geografia Científica) no Brasil surgiu da necessidade de conhecer e mapear o território nacional, em um período após a Revolução de 1930, no qual havia inquietações em todas as áreas do conhecimento. Nesse período de institucionalização da Geografia brasileira, destacam-se:

> Essa década foi marcada pela fundação das universidades de São Paulo e do Distrito Federal (Rio de Janeiro), depois chamada do Brasil, quando a Geografia passou a ser ministrada em curso próprio, de nível superior. A essas universidades seguiu-se a fundação do Instituto Brasileiro de Geografia e Estatística, que recrutou geógrafos formados por essas universidades e especialistas diplomados em outras áreas e que vinham trabalhando com Geografia, estatística e com cartografia (ANDRADE, 1999, p. 28).

Na perspectiva da Geografia Tradicional, Andrade (1999) destaca que nos anos 1940 e 1950 foram elaborados ensaios de grande importância. Entre eles, vale ressaltar a tese fundadora da cátedra de Geografia Humana da Universidade de São Paulo - "A ilha de São Sebastião: estudo de Geografia humana" - de Ary França (FRANÇA, 1954). O autor estabelece relações entre os aspectos naturais e humanos, abordando a ocupação, o uso e a transformação da paisagem da ilha de São Sebastião. Ele também destaca os "caiçaras" e aborda a atividade pesqueira (comercial e de subsistência) entre as atividades econômicas. No entanto, mesmo sendo o registro mais antigo encontrado na Geografia brasileira que aborda a pesca artesanal, prevalece a visão de que os pescadores/agricultores são considerados primitivos e pobres, e que utilizam técnicas arcaicas de exploração da natureza, resultando em degradação. Em França (1954), o caminho apresentado é a superação dessas atividades "tradicionais":

> Aos caiçaras das gerações atuais, coube, contudo, participação muito pequena nas transformações da paisagem, embora, como cultivadores e pescadores costeiros, não tenham menor aptidões do que os seus

> antepassados para a destruição do patrimônio natural, com o uso das mesmas técnicas rotineiras das derrubadas e queimadas para a formação das roças (p. 180).
>
> Da pesca comercial pouco se poderá esperar para a melhoria das condições de vida dos habitantes locais, diante dos novos processos que a estão libertando de bases em portos locais e já determinam a sua decadência na ilha. Nos quadros de uma nova economia, com bases comerciais que se impõem, serão necessários transportes marítimos e terrestres eficientes, adaptados às condições regionais e aos produtos. Neles residirá o aproveitamento de uma das maiores vantagens dessa ilha e fachadas litorâneas: a situação geográfica (p. 182).

Moraes (2005) ressalta que a crise da Geografia Tradicional e o movimento de renovação começam a se evidenciar já em meados dos anos 1950. A década de 1960 é marcada por incertezas e questionamentos disseminados por diversos pontos de vista, até que, a partir de 1970, considera-se que "a Geografia Tradicional está definitivamente enterrada". No entanto, o autor destaca que "manifestações a partir dessa data vão soar como sobrevivências, resquícios de um passado já superado" (p. 103).

Porto-Gonçalves (1978) aponta que "as crises de hegemonia surgem da falta de resposta de uma determinada 'visão' a uma realidade historicamente determinada e, portanto, explicada de maneira insatisfatória, de acordo com as necessidades daqueles que controlam as instituições". Dessa forma, uma "nova visão" só será válida se atender às expectativas daqueles que a tornaram hegemônica, garantindo seu status de "científica".

O movimento de renovação da Geografia estabelece um período de críticas e propostas no âmbito dessa disciplina. "Os geógrafos se abrem para novas discussões e buscam caminhos metodológicos até então não explorados". Moraes (2005) entende que essa crise é benéfica, uma vez que introduz um pensamento crítico "em relação ao passado dessa disciplina e seus horizontes futuros" (p. 103). Assim, os geógrafos se insurgem contra a Geografia Tradicional, que é muito descritiva e preocupada com a nomenclatura (ANDRADE, 1999, p. 28).

Moraes (2005) apresenta três campos de forças que levaram à crise da Geografia brasileira: a alteração na base social decorrente do desenvolvimento do Modo de Produção Capitalista monopolista; a linguagem e os métodos da Geografia não forneciam suporte para a interpretação da realidade cada vez mais complexa; a ruína do pensamento filosófico em que a Geografia se fundamentava (positivismo).

Como consequência da primeira força (mudança no contexto social), o planejamento econômico foi estabelecido como uma ferramenta de intervenção do Estado. "E com ele, o planejamento territorial, como proposta de intervenção deliberada na organização do espaço". Assim, o contexto social demandava uma nova função para as ciências humanas, ou seja, "a necessidade de desenvolver um instrumental de intervenção, em suma, uma função mais tecnológica", ao contrário do que pressupunha a Geografia Tradicional (MORAES, 2005, p. 104). A segunda força (necessidade de linguagem e métodos adequados à nova realidade) decorre da intensificação da urbanização, das mudanças no quadro agrário (industrialização e mecanização), da mudança nos centros de decisão e da globalização nos fluxos e nas relações econômicas. Nesse período, compreende-se que as comunidades locais tendiam a desaparecer ou a se tornar meros elos na sociedade globalizada.

> Isto defasou o instrumental de pesquisa da Geografia, implicando numa crise das técnicas tradicionais de análise. Estas já não davam mais conta nem da descrição e representação dos fenômenos da superfície terrestre. Criadas para explicar situações simples, quadros locais fechados não conseguiam compreender a complexidade da organização atual do espaço. O instrumental elaborado para explicar comunidades locais não conseguia apreender o espaço da economia localizada (MORAES, 2005, p. 105).

Tais mudanças provocaram a terceira força, que foi a crise no pensamento filosófico que sustentava a Geografia, uma vez que a Geografia Tradicional "permanecia como talvez o último baluarte do positivismo clássico".

> O desenvolvimento das ciências e do pensamento filosófico ultrapassara em muito os postulados positivistas, que apareciam agora como por demais simplistas. Assim, mesmo ao nível desse pensamento, ocorrera uma renovação, à qual a Geografia permanecera alheia. A própria complexidade da realidade e dos instrumentos de pesquisa havia envelhecido as formulações do positivismo clássico. A crise desse foi também uma das razões da crise da Geografia, que nele se fundamentava (MORAES, 2005, p. 105).

Moraes (2005) apresenta um "mosaico da Geografia renovada" bastante diversificado, abrangendo um amplo leque de concepções, que podem ser agrupadas de acordo com seus propósitos e posicionamentos políticos em dois grupos: um pode ser denominado Geografia Pragmática e o outro Geografia Crítica (MORAES, 2005, p. 107).

Andrade (1999) enaltece que o momento político da época acabou favorecendo uma ou outra abordagem. O autor compreende que "a partir do golpe de 64, estimulado pelo governo militar, surgiu no estudo das ciências sociais uma tendência quantitativa com grande repercussão no campo da Geografia. Assim, a chamada Geografia quantitativa ou teorética foi estabelecida". Essa renovação interessava ao governo militar, uma vez que os trabalhos estavam "baseados exclusivamente em estatísticas, projetando o crescimento econômico, deixando à margem as implicações sociais e ecológicas desse crescimento" (ANDRADE, 1999, p. 29).

Em sua crítica, Porto-Gonçalves (1978) enfatiza que, sem romper com os "fundamentos teóricos e filosóficos da Geografia tradicional", a chamada "nova Geografia" se comprometeu em precisar (matematicamente) as formulações da Geografia tradicional, facilitando assim a identificação de seus problemas. No entanto, a Geografia nova desempenha um papel significativo no pensamento geográfico, refletindo-se na dinâmica da sociedade.

> Muitos investimentos passaram a ser feitos para criação de 'polos de desenvolvimento', para 'difusão de inovações' atendendo aos interesses dos capitais disponíveis nos centros hegemônicos do capitalismo. A hegemonia que a chamada 'visão espacial' começava a exercer, através das teorias de localidades centrais ou de outros nomes como a teoria dos polos de desenvolvimento ou a teoria de difusão de inovações, não se deveu ao fato de ter apreendido o movimento real que governa a natureza do espaço, mas porque atendia aos novos interesses de um modo de produção incapaz historicamente de superar os problemas que criou.
>
> Nesse sentido, pode-se dizer que a 'nova Geografia' não produziu um novo conhecimento, mas sim um novo desconhecimento, capaz de fazer sobreviver por mais tempo algo que a história já condenou. Portanto, trata-se de uma nova contrarrevolução no pensamento geográfico, tal e qual tivemos às vésperas das duas guerras mundiais. Ao subordinar o espaço aos interesses do capital, produziu esse espaço-prisão, planejado pelos Estados que cada vez mais se tornam capitalistas (PORTO-GONÇALVES, 1978).

Nesse momento, será destacada a Geografia Crítica, na qual esta proposta de trabalho se insere. Andrade (1999) contextualiza que, com a abertura política e a possibilidade de maior discussão dos temas científicos nas universidades, surgiram várias correntes geralmente chamadas de Geografia Crítica. O autor ressalta que dentro dessa abordagem existem várias perspectivas que devem ser devidamente compreendidas para não serem consideradas iguais.

A denominação 'Geografia Crítica' ressalta uma postura radical em relação à Geografia existente (seja tradicional ou pragmática), chegando ao nível de rompimento com o pensamento anterior (MORAES, 2005, p. 119). O autor complementa que:

> Porém, o designativo da crítica diz respeito, principalmente, a uma postura frente à realidade, frente à ordem constituída. São os autores que se posicionam por uma transformação da realidade social, pensando o seu saber como uma arma desse processo. São, assim, os que assumem o conteúdo político de conhecimento científico,

> propondo uma Geografia militante, que lutam por uma sociedade mais justa (MORAES, 2005, p. 119).

A atuação da Geografia Crítica também questiona a estrutura acadêmica, que possibilitou a repetição dos equívocos, como o "mandarinato", o apego às velhas teorias, o cerceamento da criatividade dos pesquisadores, o isolamento dos geógrafos e a má formação filosófica, entre outros. Além disso, o autor destaca a despolitização ideológica do discurso geográfico, que excluía a discussão das questões sociais do âmbito dessa disciplina (MORAES, 2005, p. 120).

Moraes (2005) aponta que, no âmbito da Geografia Crítica, convivem propostas díspares, obedecendo a seus objetivos e princípios. Portanto, não se trata de um conjunto monolítico, mas sim de um conjunto de argumentos com perspectivas diferenciadas.

> A unidade da Geografia Crítica manifesta-se na postura de oposição a uma realidade social e espacial contraditória e injusta, fazendo-se do conhecimento geográfico uma arma de combate a situação existente. É uma unidade de propósitos dada pelo posicionamento social, pela concepção de ciência como momento das práxis, por uma aceitação plena e explícita do conjunto político do discurso geográfico. Enfim, é uma unidade ética. Entretanto, esses objetivos unitários objetivam-se através de fundamentos metodológicos diversificados, no âmbito da Geografia Crítica. Esta apresenta um mosaico de orientações metodológicas bastante variado: estruturalistas, existencialistas, analíticos, marxistas (em suas várias nuances), ecléticos, etc. Aqui a unidade se esvanece, mantendo-se como único traço comum, o discurso crítico" (MORAES, 2005, p. 131).

Desta forma, há uma "unidade ética, substantivada em uma diversidade epistemológica". Essa diversidade estimula o debate, gera polêmicas e impulsiona o avanço das ideias. "Onde há discussões, há vida; onde há debate, aflora o pensamento crítico; onde há polêmica, há espaço para o novo, para a criação". A Geografia atual questiona "verdades" fossilizadas, busca novos caminhos e desafia concepções antigas (MORAES, 2005, p. 131).

Ressalta-se que é fundamental compreender que a Geografia brasileira não está completamente construída. "Ela ainda não concluiu seu processo evolutivo, continua em constante construção, desvendando novos desafios que precisam ser enfrentados". Esse processo de construção não tem fim, pois implica em uma reconstrução contínua. "A solução de problemas sempre provoca o surgimento de novos problemas, devido às transformações que a sociedade realiza" (ANDRADE, 1999, p. 32).

Silva (2017) destaca que, em um primeiro momento, as lutas sociais dos sujeitos e de suas comunidades tradicionais não eram abordadas nos estudos geográficos. Isso resultava na produção de invisibilidade nas representações geográficas, onde o espaço geográfico era lido apenas como um "espaço econômico", orientado pelas lógicas das empresas e da localização industrial (p. 253). No entanto, de acordo com a autora, a partir da década de 1980, ocorreram avanços significativos:

> Assim, nos avanços dos anos 1980, com a apropriação do marxismo, a leitura da resistência ainda vai trabalhar a totalidade do conceito de sujeito social: o trabalhador (operário) em confronto com os ideais da burguesia. Desse modo, nos estudos geográficos, assim como na Sociologia e na História predominam abordagens sobre os agentes sociais e da classe trabalhadora como pelos trabalhadores urbanos, camponeses ou pequenos agricultores (RIBEIRO, 2005). Temas emergentes como os conflitos dos extrativistas na Amazônia, os extrativistas (PORTO-GONÇALVES, 2006), já apontava nessa década para os estudos sobre novos sujeitos necessitariam entrar na cena intelectual da análise da Teoria socioespacial crítica, reconhecendo nas lutas sociais a identidade e a diversidade cultural dos sujeitos" (p. 253).

Nos anos 2000, observa-se uma intensificação das correntes geográficas que destacam a dimensão das desigualdades sociais resultantes de uma modernização excludente. Nesse período, tornam-se evidentes trabalhos de pesquisa, ensino e extensão que abordam a multiculturalidade e a multidimensionalidade do sujeito na produção do espaço. Dessa forma, a diversidade e a identidade dos sujeitos sociais e individuais são valorizadas, destacando sua territorialidade (espacialidade) e suas histórias culturais. Esses estudos estão relacionados à análise da pobreza, criminalização e conflitos territoriais no Brasil e em diversas partes do mundo. Isso contribui para repensar a prática geográfica no presente, oferecendo novas possibilidades teóricas, metodológicas e epistemológicas, além de revisitar as teorias sobre os sujeitos sociais e suas expressões geográficas (SILVA, 2017, p. 253).

Contexto institucional: a expansão da pós-graduação em Geografia

Conforme destacado por Silva (2017), a partir dos anos 2000, é possível observar avanços significativos na produção acadêmica da Geografia brasileira, que passa a incluir novos atores sociais nas análises e a (re)discutir conceitos e métodos. Esses avanços estão em consonância com o processo de expansão dos programas de pós-graduação no Brasil, no âmbito do Sistema CAPES.

A criação e a expansão desses programas são elementos importantes no contexto da renovação da Geografia brasileira. Suertegaray (2003; 2007),

Mendonça (2005), Silva e Dantas (2005) e Spósito (2016) realizaram análises sobre a distribuição dos Programas de Pós-graduação em Geografia no território nacional, considerando tanto a distribuição regional quanto o movimento em direção ao "interior". É importante ressaltar que esses programas estão inseridos no contexto do Sistema Nacional de Pós-Graduação e, portanto, sua expansão está relacionada a políticas nacionais de apoio ao ensino de pós-graduação.

Em relação às décadas de 1970 e 1980, Suertegaray (2007, p. 11) enfatiza que "os primeiros cursos de pós-graduação em Geografia a integrarem o Sistema Nacional de Pós-Graduação foram os de Geografia Humana e de Geografia Física da Universidade de São Paulo, criados em 1971" (SUERTEGARAY, 2003; 2007; SILVA E DANTAS, 2005; SPÓSITO, 2016). A instituição da Geografia como ciência foi marcada por forte influência das universidades estaduais paulistas, especificamente as detentoras da modalidade de doutorado. A USP (Programas de Geografia Física e Geografia Humana), seguida pela UNESP/RC, influenciaram na construção da Escola Geográfica Brasileira, gestada nos moldes da Escola Francesa, voltada para o entendimento da realidade brasileira e como reflexo da política de modernização empreendida. A ruptura dessa lógica somente se inicia nos anos 1990, e tem continuidade nos anos 2000 e 2010, guardando, cada um dos períodos, suas especificidades (BRASIL, 2016, p. 2).

Suertegaray (2007) aponta que até 2005:

> Em termos totais a área contava com 32 cursos de mestrado e 15 de doutorado. Estes dados indicam que área tende manter a expansão e, para o futuro próximo prevê-se um incremento de novos cursos de doutorado e uma tendência à interiorização dos cursos de mestrado. Além desta expansão em relação à solicitação de novos mestrados, a demanda cresce a partir das regiões Norte e Nordeste, que ainda apresentam carência de cursos de pós-graduação em Geografia (p. 13).

Considerando o processo de deslocamento de profissionais do interior para os programas de pós-graduação, Mendonça (2005) enaltece que:

> Tem sido mais fácil o sistema promover o deslocamento de um considerável número de pessoas do 'Brasil profundo' (ou hinterland) em direção aos 'grandes centros', do que criar e implementar programas piloto de formação e pesquisa nas chamadas 'áreas (geográficas) carentes'. Críticos afoitos concebem este tipo de ação como sendo um novo tipo de 'colonialismo interno', nominação fácil que perpetua a geopolítica concentradora e deslocacional. Este processo mais antigo de um tipo particular de colonialismo, parece importante assinalar, não passa somente na reprodução muitas vezes acrítica do 'conhecimento' conduzido nas malas em intermináveis viagens e na mente exausta, ele tem que ser permanentemente repetido até às mais distantes fronteiras administrativas e imateriais do território nacional, vangloriado e reificado. Geográfico de primeira

> grandeza ele torna-se, surpreendentemente, muito mais importante que o próprio lugar (p. 9).

Cabe destacar que em 2005 entrou em vigor o Plano Nacional de Pós-Graduação (2005-2010). O diagnóstico que baseia esse documento destaca que:

> Ainda que de certa forma os três planos anteriores tenham manifestado preocupações com as mesmas, inclusive com sugestões de políticas direcionadas, a realidade mostra que seus executores não conseguiram implementá-las em sua plenitude. O sistema continua concentrado na região sudeste. Independentemente de políticas direcionadas, nos últimos anos a Região Sul vem encontrando estratégias desenvolvimentistas e consolidando seus programas, de sorte a ocupar hoje lugar de visibilidade no Sistema. O Nordeste alcançou algum destaque, porém, ainda apresenta assimetrias entre os seus estados. No Centro-Oeste o quadro de assimetrias é ainda mais acentuado, uma vez que a pós-graduação concentra-se em Brasília. E no Norte, região de extrema importância nacional pela sua dimensão e diversidade, encontra-se uma pós-graduação incipiente, com concentração em dois estados de uma região de dimensão continental (BRASIL, 2005, p.45).

Desta forma, o PNPG (2005-2010) estava concentrado na redução de assimetrias regionais da distribuição da pós-graduação no Brasil. Para garantir o "crescimento harmônico", o plano define que as regiões Norte, Nordeste e Centro-Oeste recebessem políticas de fomento à pós-graduação. Também pretendia-se diminuir as assimetrias intra-regionais (p.89). Consequentemente, no decênio 2000-2009, a Pós-Graduação em Geografia atingiu o número de 41 cursos. Nesse período, é possível vislumbrar um processo de expansão em dimensão nacional, com a criação de seis programas no Centro-Oeste, seis no Sul, dois no Nordeste, três no Norte e cinco no Sudeste. Esse período é marcado pela expansão de cursos de doutorado (18 cursos) (BRASIL, 2016).

No campo da política de Pós-Graduação, em 2011, entrou em vigor o Plano Nacional de Pós-Graduação (2011-2020). Neste plano, foi diagnosticado que as assimetrias entre as grandes regiões foram reduzidas, contudo, o plano apresenta assimetrias no âmbito das mesorregiões, ou seja, dentro das unidades da federação:

> Porém, a mesma análise permite verificar que todas as unidades da federação possuem mesorregiões com significativas assimetrias nos mesmos indicadores, sugerindo que as políticas de indução à redução dessas assimetrias devem contemplar a análise dos indicadores nacionais por mesorregiões brasileiras (BRASIL, 2011).

Assim, observa-se o avanço na criação de programas de pós-graduação rumo ao interior, fora das capitais dos estados, bem como em instituições estaduais. No início de 2023, a Pós-Graduação em Geografia no Brasil envolvia 77 programas, sendo 35 com curso de mestrado e 37 com mestrado e doutorado, importante destacar que 5 dos cursos de mestrado são na modalidade profissional. Dessa forma, há programas de pós-graduação em Geografia em todas as unidades da federação.

O encontro entre o movimento de renovação da Geografia brasileira e o processo de expansão da pós-graduação em Geografia é de grande importância na compreensão da pesquisa em Geografia no tempo presente. Esse suporte teórico/histórico/institucional permite compreender o contexto em que são estabelecidas as Geografias da pesca artesanal brasileira. De um lado, inserem-se atores e contextos sociais que estavam invisibilizados nas análises e, por outro lado, a expansão da pós-graduação abre a possibilidade para outros sujeitos se inserirem como pesquisadores e, assim, apresentarem o Brasil a partir da análise dos contextos em que estão implicados.

Instituições onde foram realizadas as pesquisas

Das pesquisas identificadas sobre a pesca artesanal na Geografia brasileira, observam-se avanços significativos nos primeiros anos do século XXI. Para a presente análise, consideraram-se 106 trabalhos, sendo 79 dissertações de mestrado e 27 teses de doutorado, envolvendo 31 Programas de Pós-Graduação em Geografia e três de áreas afins. A escolha das dissertações e teses deve-se ao fato de estarem disponíveis em bancos de teses, o que permitiu o acesso aos trabalhos na íntegra.

Cabe destacar a alta densidade (figura 1) desses trabalhos nas Instituições de Ensino Superior do Sul, Sudeste e Nordeste brasileiros. No Norte do país e no Centro-Oeste, a densidade é considerada moderada. A área de densidade baixa refere-se às regiões onde não ocorreram instituições que realizaram estudos sobre a pesca artesanal.

Figura 1 - Mapa de densidade de programas de pós-graduação onde foram realizadas as pesquisas

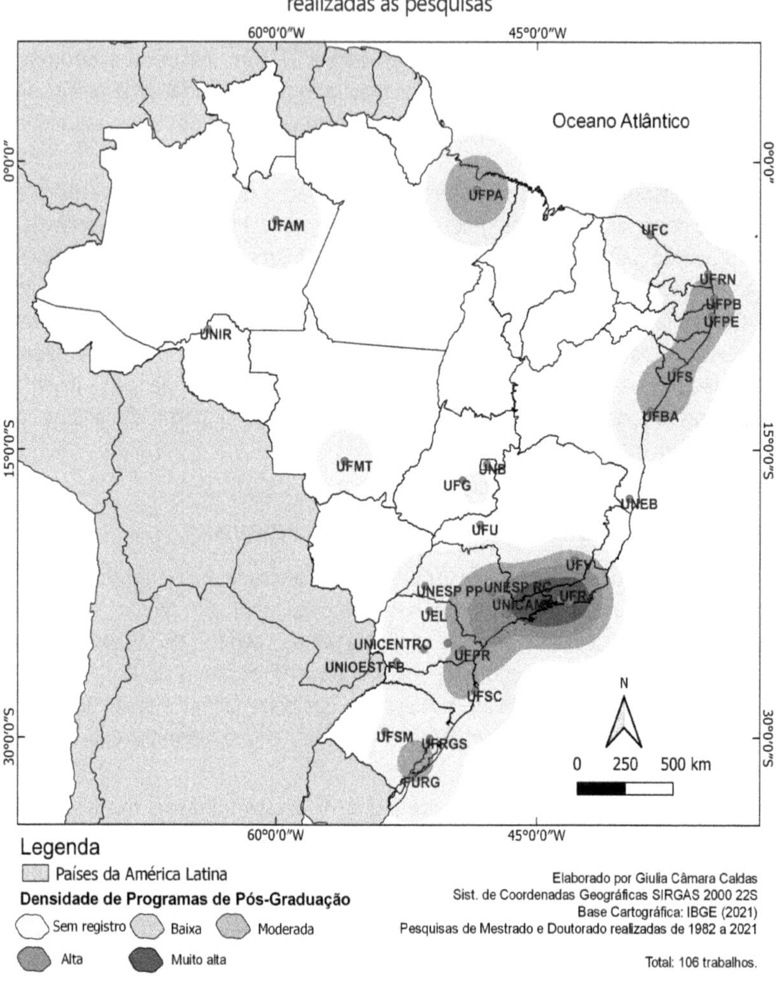

É importante observar a predominância das pesquisas de mestrado no universo analisado no Brasil, representando 74,52% do total. As pesquisas de doutorado também são frequentes, correspondendo a 25,48% do total identificado. É relevante compreender o processo de avanço dessas pesquisas por períodos (figura 2).

Figura 2 - Gráfico de pesquisas realizadas por ano e região

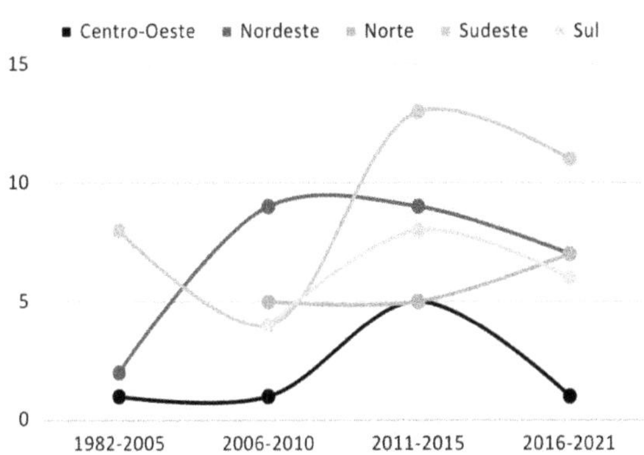

Fonte: Dados da pesquisa.

O quadro 1 permite verificar a realização de trabalhos de mestrado e doutorado na Geografia de 1982 a 2005.

Quadro 1- Dissertações e teses defendidas de 1982 a 2005

IES	Dissertações	Teses
UFC	1	
UFPE	1	
UNESP PP		1
USP	5	1
UNB		1
UFRRJ		1
Total	7	4

Fonte: Dados da pesquisa.

No período de 1982 a 2005, é possível observar uma concentração de trabalhos na Universidade de São Paulo (USP). Já de 2006 a 2010, houve uma expansão das pesquisas em Geografias da pesca, com destaque para os estados do Nordeste brasileiro, especialmente nos cursos de mestrado. No entanto, as teses de doutorado ainda estão concentradas no estado de São Paulo, principalmente na área de Geografia Humana da USP, como pode se verificar no quadro 2.

Quadro 2 - Dissertações e teses defendidas de 2006-2010

IES	Dissertações	Teses
FURG	1	
PUC Rio	1	
UECE	1	
UFAM	2	
UFBA	2	
UFC	1	
UFF	1	
UFS	1	
UFPA	3	
UFPE	1	
UFRGS	1	
UFRN	2	
UFSC	2	
UNEB	1	
UNIOESTE	1	
USP		2
Total	21	2

Fonte: Dados da pesquisa.

O quadro 3 apresenta os trabalhos realizados de 2011 a 2015. Verifica-se a continuidade da expansão das pesquisas sobre pesca artesanal na Geografia em todos os níveis de formação. É um período em que ocorreram defesas de dissertações em todas as regiões brasileiras. Também houve expansão nas pesquisas de doutorado para outras regiões além do Sudeste.

O quadro 4 apresenta o período de 2016 a 2021. Comparando com o período anterior, houve uma redução no número de trabalhos realizados. Sobre essa redução, podemos apontar algumas hipóteses. A primeira diz respeito ao momento histórico-institucional, especialmente após o Golpe de Estado que destituiu a Presidente Dilma Rousseff em 2016. A política de pós-graduação foi afetada nos governos seguintes, com reduções nos investimentos e a promoção de um discurso criminalizador contra as ciências, especialmente as humanas e sociais. Apresentamos as Geografias da Pesca no âmbito da Geografia Crítica, e as abordagens críticas foram desqualificadas, principalmente durante o governo de Jair Bolsonaro, de 2018 a 2022.

Quadro 3- Dissertações e teses defendidas de 2011- 2015

IES	Dissertações	Teses
FURG	3	
PUC Rio	1	
UECE		1
UFPG	1	
UERJ	2	1
UFAM	2	
UFBA	2	
UFC	2	
UFF	1	1
UFMT	3	
UFPA	2	1
UFPB		
UFPE	1	
UFPR	1	
UFRGS	1	
UFRJ	2	
UFS	2	
UFSC	1	
UFSM	1	
UFU	1	
UNESP RC		1
UNICAMP	2	
UNICENTRO	1	
UNIOESTE	1	
USP		1
Total	34	6

Fonte: Dados da pesquisa.

Quanto à política de pós-graduação, houve uma mudança de foco, pois as principais iniciativas foram promovidas com a perspectiva de internacionalização da pesquisa, resultando em um ritmo reduzido na criação de novos programas, especialmente no interior. Em relação aos recursos, os editais promovidos em âmbito federal estiveram fortemente vinculados a inovações tecnológicas de interesse do capital, visando à eficácia de seus processos produtivos. Por fim, é importante destacar a pandemia de COVID-19, que prejudicou a pesquisa nos anos de 2020 e 2021, especialmente aquelas que dependem de trabalhos de campo, como deslocamentos em comunidades pesqueiras.

Quadro 4 - Dissertações e teses defendidas de 2016-2021

IES	Dissertações	Teses
FURG	1	
PUC Rio		1
UEL		1
UERJ	2	
UFAM	2	
UFBA		1
UFF	2	1
UFG		1
UFPA	4	
UFPB		1
UFPE		2
UFPR		1
UFRGS		1
UFS	1	2
UFSC	1	1
UFV		1
UNESP PP	1	1
UNESP RC	2	
UNIR	1	
Total	17	15

Fonte: Dados da pesquisa.

No entanto, percebe-se um aumento significativo no número de teses de doutorado. Pode-se verificar resistências por parte de pesquisadoras e pesquisadores que já vinham estudando a pesca artesanal desde o mestrado e que, mesmo em um contexto muito adverso, deram continuidade às suas pesquisas no doutorado.

Perspectiva dos(as) pesquisadores(as)

De Paula (2018) realizou uma pesquisa em 2016 com geógrafas e geógrafos que estudam a pesca artesanal. Nesta seção, será apresentada a análise qualitativa das questões abertas. Para os questionários, foi utilizada uma plataforma online disponibilizada pelo Google Docs - Sheets. Dos 96 pesquisadores identificados como autores ou orientadores de trabalhos sobre pesca artesanal na Geografia, 82 responderam aos questionários.

Ressalta-se que, para a análise das questões abertas (figura 3), a exploração material foi realizada com o auxílio do software Nvivo®, que permitiu identificar as questões emergentes (BARDIN, 2007) e representá-las por meio de nuvens de palavras. A análise do conjunto das respostas foi conduzida a partir dessas nuvens de palavras.

Figura 3 - Diagrama de análise as questões abertas do questionário

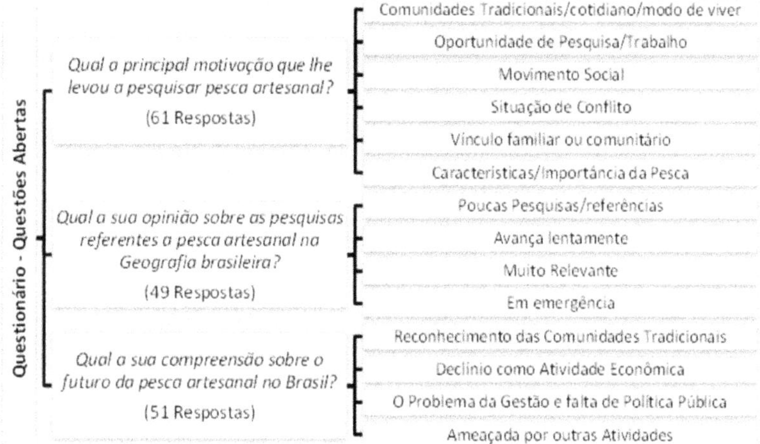

Motivação para pesquisar a pesca artesanal

Considerou-se relevante, neste momento, expor as motivações que levaram os pesquisadores a estudar a pesca artesanal. No questionário respondido pelos geógrafos, apresentou-se a seguinte pergunta: "Qual é a sua principal motivação para pesquisar a pesca artesanal na Geografia?". No total, 61 pesquisadores responderam a essa pergunta. A nuvem de palavras (figura 4) expõe o conteúdo dessas respostas.

Para essa questão, as principais respostas foram: a) interesse pelo modo de viver das comunidades tradicionais; b) devido a uma oportunidade de pesquisa ou trabalho; c) a partir de uma situação de conflito; d) pelas características da pesca artesanal; e) por ter vínculo familiar/comunitário com a atividade; e f) envolvimento com o movimento social.

Figura 4 - Nuvem de palavras "motivação para pesquisar a pesca artesanal na Geografia"

Fonte: Dados da pesquisa.

a) Modo de viver e cultura das comunidades tradicionais

Entre os pesquisadores, 24,59% começaram a pesquisar a pesca artesanal devido ao interesse pelo modo de viver e cultura das comunidades tradicionais. Ressalta-se que, além da pesca, tem havido um aumento significativo de trabalhos sobre comunidades tradicionais e povos originários. Isso tem instigado muitos pesquisadores a compreender melhor as relações sociais, a relação com a natureza e as expressões culturais. Além disso, existem leis nacionais e acordos internacionais que garantem direitos específicos a essas comunidades, o que motiva muitos pesquisadores a estudar o processo de (re)invenção dos grupos sociais a partir da cultura, permitindo o acesso a direitos das comunidades tradicionais.

Dentro do contexto institucional atual, observa-se que esses pesquisadores têm elaborado um importante acervo de conhecimentos sobre os pescadores enquanto comunidades tradicionais. É importante ressaltar que essa abordagem tem um importante viés político, pois essa definição já garantiu aos indígenas e quilombolas o direito de usar o território tradicional. Portanto, a Geografia dos povos tradicionais está inserida em uma perspectiva crítica, reconhecendo sujeitos sociais invisibilizados. Essa visibilidade é alcançada por meio de projetos de pesquisa e extensão.

Um exemplo dessa motivação é destacado por Jamile Araújo Rodrigues (Bahia):

> "A atividade pesqueira artesanal está diretamente ligada à cultura nordestina, sendo a base da economia de muitas comunidades e está sendo cada vez mais agredida de diversas formas e por diferentes setores. Portanto, há necessidade de pesquisas para conter essas interferências."

Ressalta-se que diversos pesquisadores estão interessados em estudar a pesca artesanal com base no cotidiano das comunidades de pescadores, como Eline Almeida Santos (UFS) e Anelino Silva (UFRN). Suana Medeiros Silva (UFPE) destaca: "O interesse pela comunidade em questão, seu modo de vida e sentimento de pertencimento ao lugar e à pesca artesanal".

b) Oportunidade de pesquisa ou trabalho

Os pesquisadores que se envolveram na pesquisa sobre pesca artesanal a partir de uma oportunidade de pesquisa ou trabalho correspondem a 24,59% do total das respostas e estão presentes em todas as regiões, sendo mais predominantes no Sudeste, mas também expressivos no Nordeste.

Nesse sentido, é fundamental destacar o papel dos grupos e projetos de pesquisa como possibilidade de visibilidade das problemáticas da pesca artesanal e, assim, de envolvimento de novos pesquisadores. Como foi mapeado (DE PAULA, 2018), ainda não são muitos os grupos de pesquisa envolvidos, porém, já se observam resultados importantes, como projetos de pesquisa e extensão, bem como dissertações e teses sobre a pesca artesanal brasileira. Além dos grupos, cabe enfatizar a atuação profissional do geógrafo que, por vezes, entra em contato com os pescadores, conforme apontada a diversidade de instituições.

Diversos pesquisadores destacam seu envolvimento a partir do grupo de pesquisa, como Marina Morenna Alves de Figueiredo (COSTEIROS – UFBA) e Ana Gloria Cornelio Madruga (UFPB). Rodrigo Corrêa Euzébio (NUTEMC – UERJ) destaca sua inserção a partir do grupo de pesquisa:

> "Conheci a pesca artesanal participando das atividades de pesquisa junto ao NUTEMC. Nesse momento, me interessei pela forma criativa com que as pessoas que vivem da pesca artesanal estabelecem sua existência. Por essa razão, passei a estudar com mais profundidade as técnicas de pesca, num esforço de compreender como essas pessoas se inserem na dinâmica metropolitana, absorvendo as inovações tecnológicas e criando alternativas para reinventarem suas existências."

Outros, como Ricardo Augusto Souza Machado (UEFS) e Catherine Prost (COSEIROS - UFBA), se envolveram na pesquisa em pesca artesanal a partir de atividade profissional. Carla Ramoa (UFRJ) destaca seu envolvimento com a pesca a partir de uma atividade profissional:

> "Trabalhei durante anos produzindo mapas para a Petrobras, que, assim como outras instituições, muitas vezes enxergam o espaço como socialmente vazio. Sendo assim, quis fazer uma cartografia 'do avesso', revelando o discurso daqueles que realmente vivem nos espaços".

Ressalta-se que, em algumas situações, a pesquisa que apresentou a pesca artesanal aos pesquisadores tem uma abordagem completamente distinta daquela que direcionaria sua trajetória, como é o caso de Ingrid Regina da Silva Santos (UFG):

> "No período em que estive participando do Projeto 'Nutrientes e pesticidas nas águas superficiais das principais bacias do Pantanal setentrional: uma abordagem integrada', me envolvi na busca pela compreensão da percepção de diferentes atores sociais utilizadores do Rio Cuiabá para as mudanças nesse importante afluente. A partir dessa oportunidade, fui me envolvendo cada vez mais nos estudos com os ribeirinhos do Pantanal, por compreender que, no contexto do estado de Mato Grosso, os ribeirinhos são os mais prejudicados com as mudanças no ambiente."

c) Situações de conflito

Entre os pesquisadores, 22,95% relatam que iniciaram seu envolvimento com as discussões sobre a pesca artesanal a partir de situações de conflito. Essa motivação é predominante entre os pesquisadores da região Norte, mas também é expressiva nas regiões Nordeste, Sudeste e Sul.

Conforme destacado, as Geografias da Pesca, no âmbito do pensamento geográfico crítico, tendem a expor as condições de conflito em que os pescadores artesanais se encontram. A existência de grupos e projetos de pesquisa que abordam esses conflitos tem atraído pesquisadores interessados nessa dinâmica da sociedade. Portanto, a pesquisa parte de uma problemática real, que encontra espaço de discussão no meio acadêmico.

Cabe enfatizar que, na região Norte, a motivação para pesquisar está relacionada aos conflitos entre pescadores no uso dos espaços aquáticos comuns, como apresenta Gleison Rodrigues (UEA) e Georgete Cabral de Abreu (CREA AM). Dilson Gomes Nascimento (UFAM) enfatiza:

> "Sobretudo, as transformações ocorridas na pesca na Amazônia entre os camponeses, pois esta, a partir da década de 1960 principalmente, sofreu várias modificações com a introdução das linhas sintéticas utilizadas nas confecções das redes artesanais de pesca, com o surgimento do gelo e dos frigoríficos que compram e exportam o pescado, etc."

Júlio César Suzuki (USP) se interessa por "discutir a situação subalterna em que se encontram os pescadores artesanais do estado de São Paulo, bem como contribuir com projetos que possam ajudá-los no que consideram importante". Nesse sentido, Nathalia dos Santos Lindolfo (NUTEMC – UERJ FFP) destaca a importância de "compreender os impactos da reestruturação urbana na vida dos pescadores artesanais". Antonio Lopes Ferreira Vinhas (SEEDUC RJ) destaca a "industrialização e construções de portos, criando uma área de exclusão de pesca".

César Augusto Ávila Martins (NAU – FURG) destaca seu envolvimento a partir do horizonte de pesquisa que evidenciava conflitos:

> "A pesquisa realizada na década de 1990 estava ligada ao debate daquele período sobre as estratégias de reprodução simples e ampliada das classes subalternas na lógica do desenvolvimento desigual e combinado do modo de produção capitalista na formação social brasileira. Havia um discurso hegemônico sobre a extinção de determinadas formas de produção na lógica do processo de modernização com base na elevação das forças produtivas que ignorava a distinção entre a produção e a reprodução do capital em suas múltiplas escalas. A pesquisa, baseada no materialismo histórico e dialético, radicalizou a explicação no entendimento da lógica da realidade e, ao mesmo tempo em que abriu um leque para estudos posteriores, passou a ser ignorada por evitar projeções e a adoção de perspectivas salvacionistas."

d) Características da pesca

Ainda 11,49% dos pesquisadores informaram que a motivação para estudar a pesca artesanal se deve às suas características, tanto como atividade econômica quanto pela relação com os ecossistemas. Essa motivação é mais expressiva na região Nordeste.

A diversidade de projetos de pesquisa e extensão presentes nos grupos de pesquisa, bem como as possibilidades decorrentes da orientação em nível de pós-graduação, têm permitido aos pesquisadores abordar questões características da pesca de forma geral, como a relação dos pescadores com o ambiente enquanto extrativistas, seja observando nuances regionais ou locais. Isso tem permitido pensar a pesca artesanal brasileira.

Janaina Barbosa da Silva (UFCG) ressalta seu interesse em compreender a relação da comunidade com o ecossistema do manguezal. Cleidinilson de Jesus Cunha (UECE) ficou instigado pela complexa relação entre pesca e vazão do rio São Francisco:

> "A pesca artesanal envolve diversidade e complexidade, especialmente pelo fato de estudá-la na perspectiva de agroecossistemas tradicionais, bem como associá-la com a regularização da vazão do rio

> São Francisco. Outro aspecto é a perda de identidade que a pesca artesanal vem sofrendo em várias regiões do país devido à introdução de atividades 'modernas'."

Eneias Barbosa Guedes ficou motivado a estudar a pesca devido à importância dessa atividade extrativista para o estado do Pará e pela falta de reconhecimento dos pescadores: "O estado do Pará é um dos grandes produtores extrativos do pescado. Contudo, os pescadores não têm tido espaço para falar sobre suas demandas, e isso tem me chamado atenção para fazer investigação."

e) Vínculo com a atividade

Em menor número, mas de grande importância, 11,48% dos pesquisadores informaram que pesquisam a pesca artesanal devido a terem vínculo, por serem de origem familiar de pescadores e/ou de comunidades de pescadores. Esse vínculo está mais presente em pesquisadores das regiões Sudeste, Sul e Centro-Oeste.

Destaca-se a presença de pescadores-pesquisadores como algo único na Geografia brasileira. Além disso, há pesquisadores que fazem parte de famílias de comunidades de pescadores. Ressalta-se as possibilidades de aprendizado dentro dos próprios grupos de pesquisa, onde a Geografia acadêmica se encontra com a experiência vivida. Nesse sentido, a presença da pesca artesanal em grupos, projetos e discussões da pós-graduação também abre portas para esses sujeitos.

Três dos pesquisadores destacam que são pescadores, entre eles Carlos Roberto Scheibel (SEED Paraná). Cleyton Luiz Pires (UNIGUAÇU) destaca que:

> "Sempre fui pescador artesanal. Dependi da pesca para cursar minha faculdade, e a cada dia vinha percebendo a diminuição de indivíduos por espécies nativas. Notando as dificuldades com a reprodução de peixes em tanques-redes, busquei na pesquisa com os pescadores possíveis soluções para tornar viável a engorda de pescado em tanques, o que viria suprir a falta de pescados no reservatório e aumentar a renda de sua família."

Zenildo Crisostomo Prado (UFMT) pesquisa a pesca artesanal "por ter em minha construção enquanto sujeito forjada na relação com o camponês ribeirinho que vive da pesca, e por entender que o rio é um espaço coletivo que tem garantido alimento e possibilitado a continuação do modo de vida do camponês ribeirinho, mas tem sofrido sérias interferências que podem comprometer a vida desse camponês ribeirinho".

Ainda três pesquisadores se mostraram motivados por serem de origem familiar de pescadores artesanais. Larissa Tavares Moreno (UNESP PP) destaca que:

> "A pesca artesanal sempre "esteve presente no meu universo pessoal, venho de uma família de pescadores. Além dessa motivação, sempre me preocupei em minimamente denunciar as injustiças e expor, pelo viés dos pescadores, suas lutas e resistências frente a todo um degradante aparato mercadológico e institucional".

f) Envolvimento com movimento social

Ainda são poucos os pesquisadores que informaram que a motivação para realizar a pesquisa em pesca artesanal está associada ao envolvimento com movimentos sociais - 4,92%. Destaca-se as pesquisadoras do GeograFar – UFBA e sua relação com o Movimento dos Pescadores e Pescadoras Artesanais - MPP.

Nesse sentido, é fundamental destacar o posicionamento dos grupos de pesquisa em relação aos movimentos sociais e a disponibilidade de diálogo. Quando pesquisadores e grupos debatem com movimentos sociais, iniciam-se processos dialógicos enriquecedores, tanto para a pesca quanto para a Geografia, gerando ressignificações.

Kássia Aguiar Norberto Rios (UFRB e GeograFar-UFBA) destaca seu envolvimento com o MPP: "As contradições sociais, ambientais, econômicas e culturais que envolvem a pesca artesanal sempre chamaram minha atenção no desenvolvimento de alguns estudos e pesquisas. Com a aproximação do MPP desde 2009, essas questões foram fomentadas e novos estudos foram construídos".

Guiomar Germani (GeograFar-UFBA) enfatiza a mobilização de pesquisadores em atividades do movimento social:

> "Também cabe registrar que esse processo foi muito enriquecido pelas trocas estabelecidas com outros pesquisadores e grupos de pesquisa, e juntos temos conseguido estabelecer atividades que envolvem diferentes áreas do conhecimento, onde a Geografia é constantemente desafiada a compreender os conflitos que têm como base e origem as disputas territoriais. Um exemplo é o envolvimento na Campanha Nacional de Regularização de seus territórios, onde os mapeamentos são produtos e processos importantes tanto para o grupo social se reconhecer quanto para a sociedade reconhecê-los."

Diante do exposto, percebe-se que o envolvimento dos geógrafos com as problemáticas da pesca artesanal é profícuo na medida em que existem possibilidades de inserção. A sociedade em si apresenta problemáticas à Geografia (aspectos culturais, situações de conflito, questões econômicas, etc.). Contudo, cada vez mais a Geografia precisa abrir espaço para essas problemáticas (grupos, projetos, orientações em pós-graduação, etc.), de forma que a pesca artesanal se expresse na construção do conhecimento geográfico.

Estágio da pesquisa sobre pesca artesanal na Geografia

Também buscou-se compreender o entendimento dos pesquisadores sobre o estágio atual da pesquisa sobre a pesca artesanal na Geografia brasileira. No questionário, 49 geógrafos responderam à seguinte questão: Qual é a sua opinião sobre as pesquisas referentes à pesca artesanal na Geografia brasileira? A nuvem de palavras (figura 5) apresenta o conteúdo dessas respostas.

As principais respostas foram as seguintes: a) a pesca artesanal constitui uma problemática emergente na Geografia; b) há grande relevância no debate sobre a pesca artesanal no âmbito da Geografia; c) ainda são poucas as referências na Geografia sobre a pesca artesanal; e d) os avanços das discussões na Geografia ocorrem lentamente em proporção às problemáticas da pesca artesanal.

Figura 5 - Nuvem de palavras "pesquisas sobre a pesca artesanal na Geografia brasileira"

Fonte: Dados da pesquisa.

a) As pesquisas sobre a pesca artesanal na Geografia estão emergentes

Dos pesquisadores que responderam aos questionários, 30,61% entendem que a Geografia brasileira vem se abrindo para as problemáticas dos pescadores artesanais e já verificam tais problemáticas como emergentes e em tendência de consolidação. Essa compreensão está presente entre pesquisadores de todas as regiões, sendo predominante na região Sudeste, mas também em destaque na região Nordeste.

Em diálogo com as informações referentes à expansão da pós-graduação (BRASIL, 2016) e ao aumento das pesquisas (dissertações e teses), principalmente após 2005 e com maior intensidade após 2010, comprova-se a emergência em número. Isso se dá em um contexto do pensamento geográfico crítico, que evidencia os sujeitos sociais e seus conflitos na produção do espaço.

Catia Antonia da Silva (NUTEMC – UERJ FFP) compreende que "está em emergência, um campo inovador e importante para repensar o fazer geográfico". Fernando Braconaro ressalta que "há uma diversidade de trabalhos, porém, carece de discussão metodológica".

Na compreensão de Taíse dos Santos Alves (GeograFar – UFBA), a Geografia permite múltiplas possibilidades de estudo da pesca artesanal, contribuindo com diversos olhares:

> "E limitam o debate como temática. Sobretudo, os pesquisadores que se debruçam nas pesquisas conseguem dar visibilidade e importância da atividade pesqueira, permeando por diferentes discussões dentro da Geografia, social, política, econômica, escolar, representações sociais, cartografias, dentre outras. Pois a compreensão da atividade pesqueira é complexa e merece percorrer diferentes olhares e dimensões".

Jeruza Rosário (UNEB/GeograFar-UFBA) ressalta a demanda crescente e a qualidade dos trabalhos:

> "Vejo que as pesquisas, sob o olhar da Geografia, em pesca artesanal têm obtido grandes ganhos, ainda que sejam em número muito aquém do desejado, tendo em vista o extenso litoral que temos. De toda forma, ressalto o alto nível de qualidade de nossa pesquisa brasileira nesta área".

Já Cristina Buratto Gross Machado (UEL) atenta que, além do crescimento no âmbito acadêmico, há necessidade de envolvimento com os pescadores artesanais, suas comunidades e movimentos sociais:

> "Acredito que estejamos avançando, vejo crescer o número de pesquisadores envolvidos com a questão e também o número de trabalhos em eventos e revistas. Mas creio que falta uma ligação maior com os movimentos dos pescadores, senti isso na minha pesquisa, a necessidade de contribuir mais com esses sujeitos, essa foi a minha lacuna. No doutorado, estou pensando em formas de contribuir para este coletivo também, e não apenas para a academia".

Manuel de Jesus Masulo da Cruz (UFAM) ressalta a necessidade de divulgação dessas pesquisas e o desenvolvimento de um trabalho em rede:

> "A pesquisa sobre a pesca artesanal na Geografia brasileira tem

> avançado significativamente nas duas últimas décadas, entretanto, é preciso que os resultados dessas pesquisas sejam mais divulgados. Para tanto, a criação do grupo Interinstitucional Rede de Geografia da Pesca pode contribuir muito com essa divulgação. A aproximação de pesquisadores é fundamental".

b) Relevância do debate sobre a pesca artesanal no âmbito da Geografia

Quanto às pesquisas sobre a pesca na Geografia, 26,53% dos pesquisadores destacaram como relevante estabelecer essa discussão. Essa compreensão foi predominante entre os pesquisadores da região Sul, mas também tem destaque nas regiões Sudeste e Norte.

Em relação à relevância do estudo da pesca artesanal na Geografia brasileira, é importante ressaltar que, desde o período de renovação da Geografia, em especial com a constituição da Geografia Crítica (MORAES, 2005), o pensamento geográfico abriu espaço para sujeitos que até então eram marginalizados na sociedade e na ciência. Outro fator a considerar são as linhas de pesquisa dos programas de pós-graduação, que abrem espaço para abordar os territórios dos pescadores artesanais e as problemáticas ambientais relacionadas à pesca.

Cleyton Luiz Pires (UNIGUAÇU) enfatiza a importância das pesquisas sobre a pesca artesanal na Geografia e sua contribuição social:

> "São de suma importância para conhecer os espaços onde a pesca se desenvolve, preservando a vida aquática em seu habitat natural. Quando a pesquisa apontar possíveis impactos ocorridos, buscar junto aos órgãos competentes soluções para os problemas, assim podendo manter a quantidade de pescado e a qualidade do espaço onde a pesca artesanal ocorre, assegurando a renda do pescador artesanal".

Dilson Gomes Nascimento (UFAM) destaca que "os trabalhos sobre a pesca são esclarecedores de várias questões nas quais os pescadores têm sido envolvidos, como a exploração por atravessadores e a situação de pobreza e conflitos que eles têm enfrentado". O autor chama a atenção para a utilização de denominações comuns, que não expressam a complexidade da pesca em diversas regiões. Nesse sentido, Christian Nunes da Silva (GAPTA - UFPA) destaca que "é necessário aprofundar teoricamente e cartograficamente as pesquisas sobre a atividade pesqueira. A discussão conceitual, a partir de categorias geográficas, ainda é muito tímida em nossa área de pesquisa".

Grazielle Ferreira (UNIOEST) aponta para o universo a ser pesquisado na pesca artesanal brasileira e para a diversidade de abordagens possíveis:

> "Pensar na pesca artesanal é importante no Brasil, dada a extensão de nossas águas e a quantidade de trabalhadores envolvidos. Refletir sobre suas principais problemáticas pressupõe o entendimento da pesca artesanal como uma atividade complexa que forma territórios permeados por uma série de desafios e conflitos. Esses desafios têm como base comum a valorização capitalista do espaço geográfico e as diferenciações de interesses sociais, políticos e econômicos. Nos últimos anos, a pesca artesanal tem sido foco de muitas pesquisas que refletem sua realidade e diversidade, trazendo para o debate as medidas necessárias a serem tomadas para melhorar a atividade pesqueira artesanal".

c) Poucas referências na Geografia.

Por outro lado, 24,49% dos pesquisadores que responderam à questão sobre as pesquisas sobre a pesca artesanal na Geografia brasileira entendem que ainda são poucas as referências nessa área do conhecimento. Essa compreensão tem maior destaque entre os pesquisadores da região Norte.

Ana Paulina Aguiar (UEA Manaus) entende que a pesca artesanal é "um campo de estudos que merece melhor dedicação tanto no que se trata das discussões sobre territorialidades quanto no contexto da Geografia Econômica e Geografia do Trabalho".

Tiago Rossi de Moraes (UFSM) entende que:

> "A Geografia pouco se tem dedicado à análise da pesca artesanal. Essa é uma temática que não costuma despertar interesse dos novos pesquisadores, principalmente no Rio Grande do Sul. Isso é lamentável, pois a ciência geográfica tem muito a contribuir em estudos relativos à pesca artesanal e à organização dos pescadores".

d) Avança lentamente em proporção ao movimento da sociedade.

Ainda na perspectiva dos pesquisadores anteriores, em 18,37% das respostas quanto à pertinência dos estudos sobre pesca artesanal na Geografia, entendem que os mesmos estão avançando lentamente em proporção ao movimento da sociedade. Essa visão é predominante entre os pesquisadores da região Nordeste.

Como já foi destacado, o avanço em número tem sido intenso a partir de 2005 e, principalmente, a partir de 2010. Contudo, os pesquisadores também se referem a avanços qualitativos no que diz respeito a teorias e métodos empregados. Isso será melhor compreendido na próxima sessão deste capítulo.

Anelino Silva (UFRN) aponta para a necessidade de compreender a essência da pesca artesanal:

> "As pesquisas sobre a pesca artesanal têm avançado, embora lentamente. A compreensão da essência do pescador e, por consequência, da pesca é labiríntica. Não basta apontar os problemas de uso de tecnologias, econômicos e sociais. É necessário compreender o que não conseguimos captar".

Guiomar Germani (GeograFar - UFBA) destaca que, embora nos últimos tempos tenham surgido importantes trabalhos sobre a pesca artesanal na Geografia brasileira, o grupo social dos pescadores artesanais ainda continua marginal e invisível aos geógrafos. A pesquisadora ressalta a invisibilidade desses trabalhos no âmbito da Geografia: "Independentemente de realizarem pesquisas específicas, esses pescadores estão presentes em cada pedaço do espaço geográfico, mas não aparecem na mesma proporção nos trabalhos realizados em nossa área do conhecimento".

Rosemeri Melo e Souza (GEOPLAN-UFS) destaca que a pesquisa sobre pesca na Geografia apresenta lacunas:

> "As relações entre pesca e gênero, por exemplo, consistem em aspecto ainda incipientemente desenvolvido na pesquisa geográfica sobre a pesca artesanal, bem como as repercussões das políticas territoriais sobre as comunidades pesqueiras. Outra lacuna significativa consiste na reprodução social e espacial de grupos plurivalentes de pescadores(as) artesanais".

Com o olhar voltado para as pesquisas sobre pesca realizadas nos Programas de Pós-Graduação em Geografia, evidencia-se a concentração da pesquisa realizada em programas do Sudeste, Nordeste e Sul. Desde 2005, observa-se uma maior presença de cursos fora do eixo Sudeste-Sul, como resultado de uma política de Estado (PNPG 2005-2010/2011-2020). Isso deu maior visibilidade para as problemáticas dos pescadores, evidenciadas por pesquisadores das regiões Nordeste e Norte. Diante disso, a maioria dos pesquisadores compreende essas pesquisas como emergentes e relevantes. Contudo, a divulgação desses estudos ainda é reduzida.

LIMITES E POSSIBILIDADES PARA AS GEOGRAFIAS DA PESCA, NO TEMPO PRESENTE

Andrade (1999) enaltece que a Geografia brasileira ainda não está devidamente construída e que seu processo de construção implica em uma constante reconstrução à medida que novos problemas se evidenciam com a transformação da sociedade. Dessa forma, a compreensão atual da Geografia está intrinsecamente ligada às formas de fazer Geografia, tanto em termos epistemológicos quanto metodológicos, bem como ao movimento da sociedade.

No que diz respeito às formas de fazer Geografia, destaca-se a diversidade de teorias e métodos (SPÓSITO, 2016). No entanto, é importante considerar as consequências da fragmentação e, em certa medida, da perda da conexão essencial da Geografia, que é a relação entre sociedade e natureza (SUERTEGARAY, 2017). No campo das Geografias da Pesca, observa-se uma pluralidade de abordagens, embora haja um eixo comum que relaciona questões ambientais e territoriais. Nem sempre essa discussão é o foco central das pesquisas, muitas vezes direcionadas a contextos mais específicos, mas todas situam-se dentro do escopo da Geografia.

No contexto das pesquisas analisadas, prevalece a leitura crítica do pensamento Geográfico Brasileiro, conforme enfatizado por Moraes (2005). Essa abordagem crítica valoriza os sujeitos sociais, como os pescadores artesanais, bem como seus grupos, como comunidades, colônias, associações e movimentos sociais, em situações de tensão, marcadas por impactos, disputas e conflitos. Nesse sentido, é essencial considerar a cultura de forma crítica, pois ela constitui o argumento central na luta pelos direitos desses grupos, incluindo o direito de permanecer no território, entre outros.

As Geografias da Pesca Artesanal Brasileira oferecem possibilidades de elaboração para explicar o processo de apropriação do Espaço Geográfico pelos sujeitos sociais. Isso envolve a compreensão das significações que os grupos atribuem ao espaço por meio de sua cultura, bem como os usos que permitem a reprodução social desses grupos. As tensões surgem quando o espaço passa a interessar a outros atores, que ignoram as significações e veem o espaço apenas como uma possibilidade de uso e dominação. Esses atores muitas vezes estão inseridos em lógicas de produção e informação que não correspondem à dinâmica local e frequentemente contam com o apoio do Estado para se impor. Como resultado, os impactos, conflitos e disputas se manifestam e deixam marcas no território. Embora nem sempre sejam estudados em sua totalidade, os autores abordam partes desse processo de luta dos sujeitos sociais. No entanto, mesmo os estudos focados nos modos de vida das comunidades - ou cultura - são realizados a partir da perspectiva da ameaça iminente de ruptura dessas comunidades devido ao avanço de outras lógicas de uso, que geram exploração, exclusão e dominação.

Andrade (1999) também destaca que o processo de institucionalização da Geografia brasileira e os rumos do pensamento geográfico estão intimamente ligados aos momentos históricos. Então, o que o contexto histórico atual traz para a Geografia Brasileira? No âmbito institucional, entende-se que este é um período de expansão e consolidação da pós-graduação em Geografia. Esse processo foi impulsionado por políticas governamentais, especialmente a partir de 2005, sendo mais intenso durante o período em que o Partido dos Trabalhadores (PT) esteve no poder (2003-2016).

A expansão da pós-graduação em Geografia é de grande importância para compreender a pesquisa geográfica atual. Essa base histórico-institucional permite compreender os contextos em que as Geografias da pesca artesanal brasileira são desenvolvidas. Por um lado, permite a inclusão de atores e condições sociais que estavam invisibilizados nas análises, e por outro lado, abre espaço para que outros sujeitos se tornem pesquisadores e, assim, apresentem o Brasil a partir da análise dos processos em que estão envolvidos.

Com base no mapa (figura 6), será apresentada a relação entre programas de pós-graduação onde as pesquisas foram realizadas e as áreas de estudo, por região e período.

Em um primeiro momento (até 2005), observa-se que poucos programas de pós-graduação (4) realizam tais pesquisas, e eles estão principalmente localizados na região Sudeste, com destaque para o Programa de Pós-Graduação em Geografia Humana da USP. No entanto, ao analisar as áreas de pesquisa, observa-se que as setas que representam o Sudeste apontam para o Norte, Nordeste e Sul, enquanto as setas que representam o Nordeste apontam para o Norte e Nordeste. Isso indica que a área de estudo não está necessariamente vinculada à localização do programa de pós-graduação.

Em um segundo momento (de 2006 a 2010), há 14 programas de pós-graduação envolvidos nessas pesquisas, abrangendo várias regiões do Brasil (exceto a região Centro-Oeste). Nesse período, observa-se um aumento significativo de pesquisas que abordam áreas de estudo nas regiões Nordeste e Norte, a maioria delas realizada por programas dessas próprias regiões. Vale ressaltar que esses programas do Norte e Nordeste não realizam pesquisas em outras regiões. Já os programas do Sudeste e Sul apresentam um comportamento diferente. No Sudeste, nesse período, as pesquisas são realizadas principalmente fora da região, mas atualmente há um aumento das áreas de estudo dentro da região. Na região Sul, há um aumento significativo de pesquisas em áreas de estudo dentro da região, embora em número reduzido também ocorram pesquisas na região Nordeste. Nesse período, as pesquisas na região Centro-Oeste também são iniciadas, realizadas pelos programas dessa própria região, embora haja casos em que a área de estudo é na região Nordeste.

Nesse contexto, é fundamental destacar:

Um aumento significativo de pesquisas em Geografia sobre a pesca artesanal nas regiões Nordeste e Norte, realizadas por programas dessas próprias regiões. Isso está relacionado aos Planos Nacionais de Pós-Graduação (2005-2010/2011-2020), que permitiram o avanço da pós-graduação e, assim, a visibilidade de áreas e situações de pesquisa que anteriormente não eram consideradas. Também observa-se um maior envolvimento entre os pesquisadores e os contextos de pesquisa.

Figura 6 - Mapa de relação entre programas de pós-graduação e áreas de estudo, por região e período

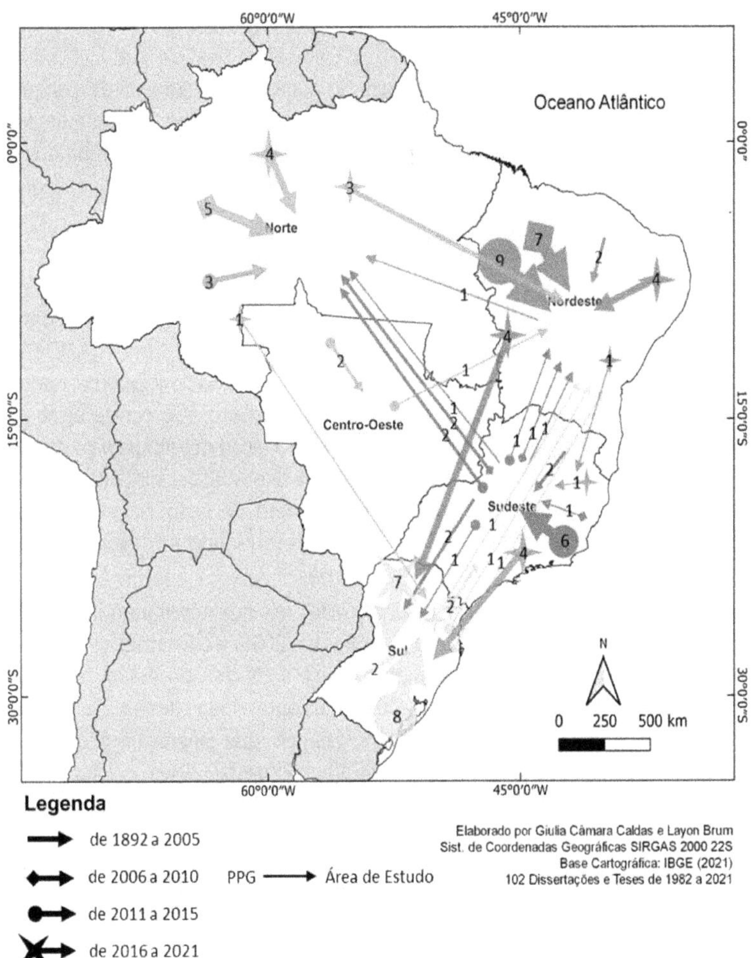

Destaca-se a peculiaridade das pesquisas em pós-graduação na região Sudeste, que abordam a pesca em áreas de estudo de outras regiões (Nordeste e Norte), respectivamente. Inicialmente, essas pesquisas nesses programas eram realizadas principalmente fora da região Sudeste, mas atualmente aumentaram dentro da própria região, embora ainda ocorram em outras regiões. Nesse contexto, observa-se não apenas pesquisadores externos ao contexto de pesquisa, mas também pesquisadores de outras regiões se deslocando para o Sudeste, que até os anos 1990/2000 concentrava a maioria dos cursos (MENDONÇA, 2005; SUERTEGARAY, 2007), mas que ainda mantêm a área de estudo na região de origem.

Em todas as regiões, há tendência de aumento no número de pesquisas desenvolvidas por programas de pós-graduação da própria região, sobre áreas de estudo dentro da própria região. Para pensar na possibilidade de trabalhos em rede, é fundamental considerar o potencial de diálogo dentro das próprias regiões, a partir de problemáticas comuns.

É importante também destacar a influência do contexto histórico nas problemáticas e abordagens promovidas pela Geografia. Se a Revolução de 1930 favoreceu a Geografia Tradicional, e a Ditadura Militar promoveu a Geografia Quantitativa, a Abertura Democrática favoreceu a Geografia Crítica (ANDRADE, 1999). Compreende-se, então, que esse ciclo de governos de esquerda também provocou mudanças no pensamento Geográfico brasileiro. Isso ocorre tanto pela distribuição geográfica dos programas de pós-graduação quanto pela pluralidade de problemáticas e abordagens. Nos governos de direita, especialmente no de Jair Bolsonaro embora se verifique redução do número de pesquisas, verifica-se a resistência de pesquisadores ao se manterem pesquisando em diálogo com as comunidades pesqueiras, mesmo sobre ofensivas.

No período analisado foram sancionadas leis que suscitaram importantes debates na Geografia, como a Lei Maria da Penha (2006) e o Estatuto de Igualdade Racial (2010). No contexto da pesca, destaca-se a Lei de Concessão de Seguro-Defeso aos Pescadores Artesanais (2003). Por outro lado, dentro do contexto político neoliberal, também foram instituídas leis que provocaram debates e críticas no meio acadêmico, como o Novo Código Florestal (2012).

Vale ressaltar a emergência de novos movimentos sociais (SANTOS, 2001), muitos deles relacionados a movimentos sociais anteriores. Nesse período, esses movimentos trazem à tona problemáticas de grupos que antes eram excluídos e invisibilizados. Destaca-se a criação do Movimento dos Pescadores e Pescadoras Artesanais em 2009, que está muito relacionado ao Conselho Pastoral da Pesca, Comissão Pastoral da Terra, Liga Campesina e Movimento dos Trabalhadores Rurais Sem Terra - MST. Na pesca, também são criados outros movimentos em escala local e regional.

Além disso, por meio de políticas estatais, foram promovidas associações e cooperativas de pescadores artesanais, incentivadas pelo Ministério da Pesca e Aquicultura, criado em 2003, durante o governo de Luiz Inácio Lula da Silva.

Nesse sentido, compreende-se que o próprio contexto político estimulou a Geografia. Diante das questões apresentadas pela sociedade em movimento, esse campo do conhecimento desenvolveu meios teóricos e metodológicos para buscar respostas. Assim, a Geografia brasileira abre espaço para a inclusão de novos sujeitos sociais, como os pescadores artesanais, que antes estavam invisibilizados na pesquisa geográfica.

A visibilidade desses novos sujeitos acompanha um movimento de renovação que vai além da Geografia brasileira. Isso decorre da iminência de uma crise ambiental global, que aponta para os limites do conhecimento científico. Nesse sentido, a visibilidade desses sujeitos, entendidos como comunidades tradicionais, assim como dos povos indígenas, também decorre de um movimento de contestação promovido nas ciências humanas.

Nessa perspectiva, a visibilidade dos pescadores artesanais, enquanto comunidades tradicionais, também se deve à compreensão de que eles possuem conhecimentos ambientais fundamentais para a manutenção dos ecossistemas (LEFF, 2010). Essa abertura epistemológica tem levado a ciência a se tornar mais complexa, reconhecendo que o conhecimento científico está cercado de incertezas, e que devemos partir do pressuposto do desconhecimento do conhecimento (MORIN, 1990).

Diante dos limites do conhecimento científico, especialmente aqueles produzidos dentro de lógicas assimétricas de poder e dominação, têm surgido iniciativas como a construção de epistemologias contra-hegemônicas (SANTOS, 2007) e discussões sobre a colonialidade do saber (QUIJANO, 2005). Assim, discute-se a promoção de outras racionalidades (LEFF, 2006). Observa-se que essas discussões contemporâneas também influenciam as abordagens das Geografias da Pesca.

ANÁLISE DAS PESQUISAS CONSIDERANDO AS LOCALIDADES

Considerando o local onde as pesquisas foram realizadas, foram analisadas e georreferenciadas 78 dissertações de mestrado e 24 teses de doutorado defendidas e disponibilizadas entre 1982 e 2021*. Neste momento, será apresentada a caracterização dos trabalhos, de acordo com a grade analítica elaborada na análise de conteúdo (figura 7).

Figura 7- Diagrama da organização do banco de dados da análise de dissertações e teses

* Há diferença em relação ao número de pesquisas da sessão anterior, pois, para o mapeamento com base nas localidades pesquisadas, não se consideraram as pesquisas realizadas em escala nacional e no exterior.

No universo total da pesquisa (figura 8), é importante destacar que os estados da Bahia, Rio de Janeiro e Amazonas foram os que apresentaram um maior número de áreas de estudo analisadas. Em seguida, encontram-se os estados da Região Sul: Rio Grande do Sul, Santa Catarina e Paraná, assim como Pará, Sergipe e Ceará. São Paulo, Pernambuco, Paraíba e Mato Grosso vêm em seguida. Por outro lado, os estados do Espírito Santo, Minas Gerais, Alagoas, Rio Grande do Norte, Maranhão, Rondônia e Amapá possuem um número reduzido de trabalhos analisados. Não foram identificados trabalhos com áreas de estudo no Acre, Roraima, Piauí, Tocantins, Goiás, Distrito Federal e Mato Grosso do Sul.

Figura 8 - Mapa dos locais onde os trabalhos foram realizados, por Unidade da Federação

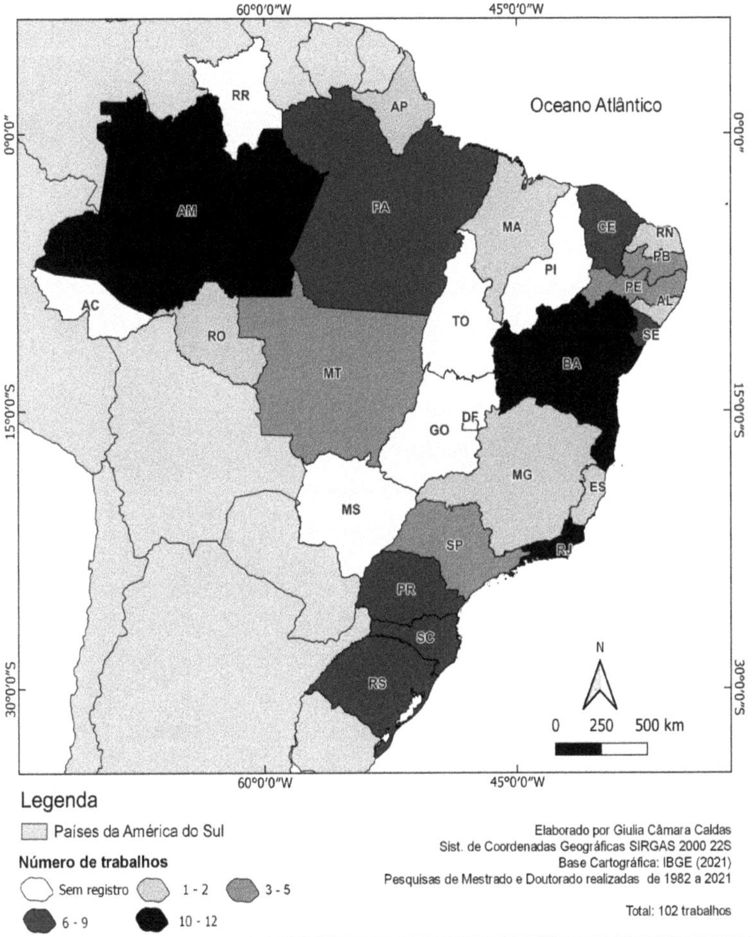
60°0'0"W
45°0'0"W
0°0'0"
15°0'0"S
30°0'0"S
Oceano Atlântico
RR
AP
AM
PA
MA
CE
RN
PB
PI
PE
AL
AC
SE
TO
RO
MT
BA
DF
GO
MG
ES
MS
SP
RJ
PR
SC
RS
N
0 250 500 km
Legenda
Países da América do Sul
Número de trabalhos
Sem registro
1 - 2
3 - 5
6 - 9
10 - 12
Elaborado por Giulia Câmara Caldas
Sist. de Coordenadas Geográficas SIRGAS 2000 22S
Base Cartográfica: IBGE (2021)
Pesquisas de Mestrado e Doutorado realizadas de 1982 a 2021
Total: 102 trabalhos

A figura 9 apresenta o mapa de densidade de trabalhos por localidades de estudo, onde as pesquisas foram realizadas no Brasil. Ao comparar esse mapa com o de densidade de instituições (figura 1), conclui-se que há uma maior concentração de instituições de pesquisa do que de áreas de estudo. Também é observado que algumas áreas, como a região Sudeste, que abriga muitas instituições, não apresentam uma densidade tão alta de áreas de estudo. Isso está relacionado à diversidade de propostas de pesquisa dos programas. É importante ressaltar que, neste momento, estão sendo consideradas apenas as pesquisas de mestrado e doutorado.

Figura 9 - Mapa de densidade de locais onde as pesquisas foram realizadas

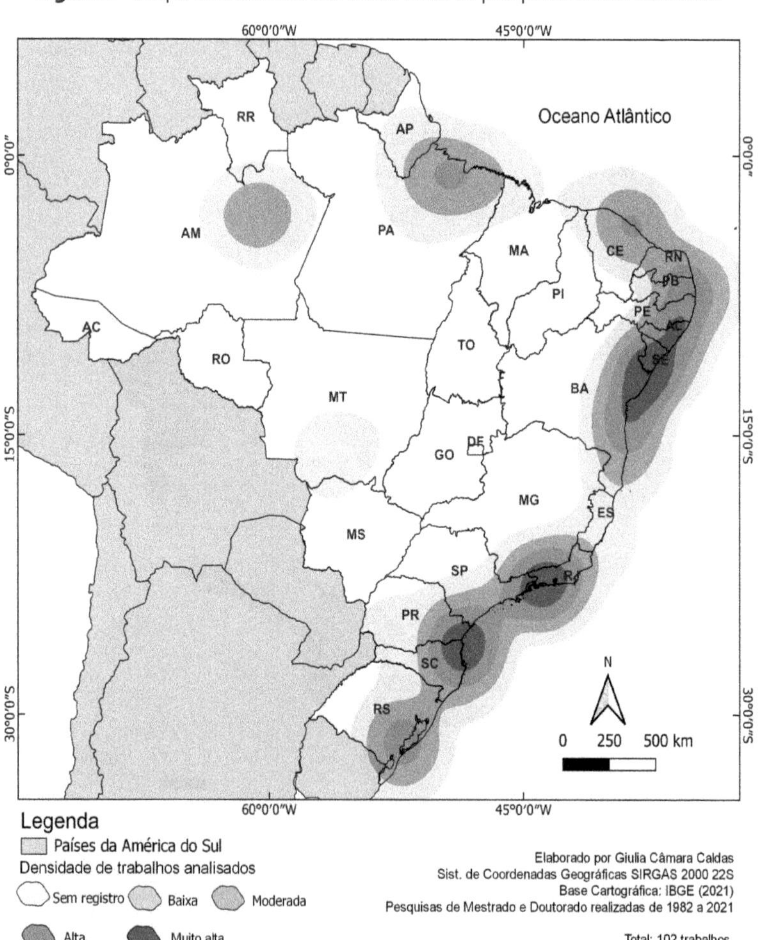

Figura 10 - Mapa de locais pesquisados em dissertações e teses, por Unidade da Federação

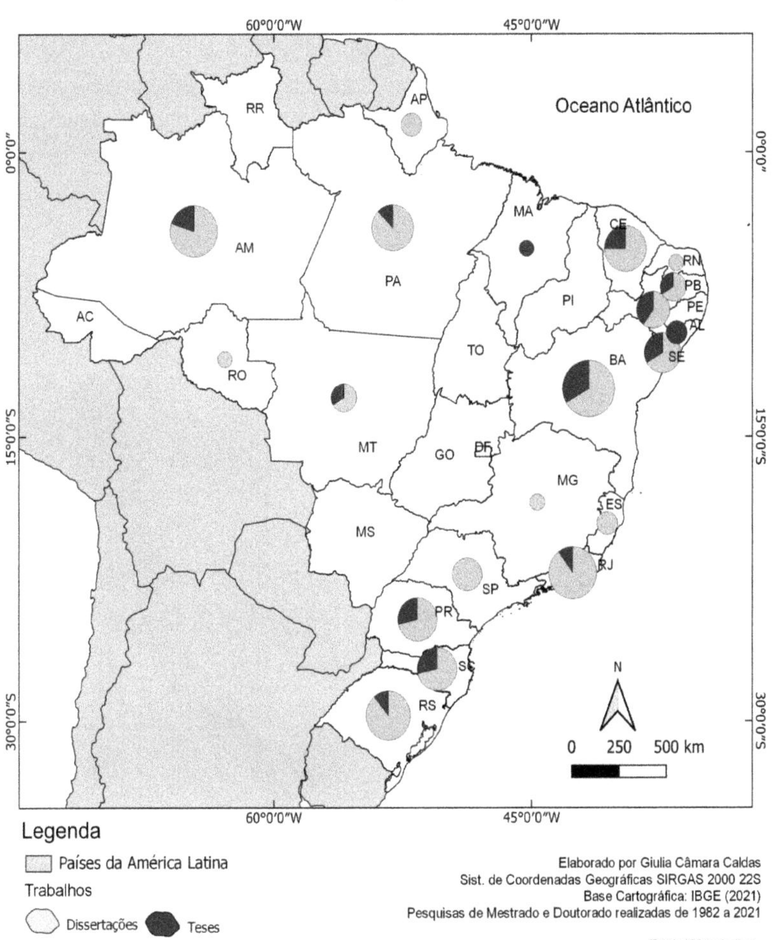

O mapa da figura 10 apresenta a distribuição de dissertações e teses por Unidade da Federação. As dissertações de mestrado foram os trabalhos mais numerosos considerados na análise (figura 10). Foram analisadas um total de 78 dissertações, distribuídas por todas as regiões brasileiras. A região Nordeste concentrou a maior proporção de dissertações de mestrado, representando 30,77% do total. Em seguida, temos a região Sul com 21,79% e a região Norte com 24,36% das dissertações. A região Sudeste concentrou 20,51% das dissertações de mestrado, enquanto a região Centro-Oeste teve a menor proporção, representando apenas 2,56%.

A figura 11 apresenta o mapa de densidade de áreas pesquisadas em dissertações de mestrado.

Figura 11 - Mapa de densidade de dissertações de mestrado, por áreas estudadas

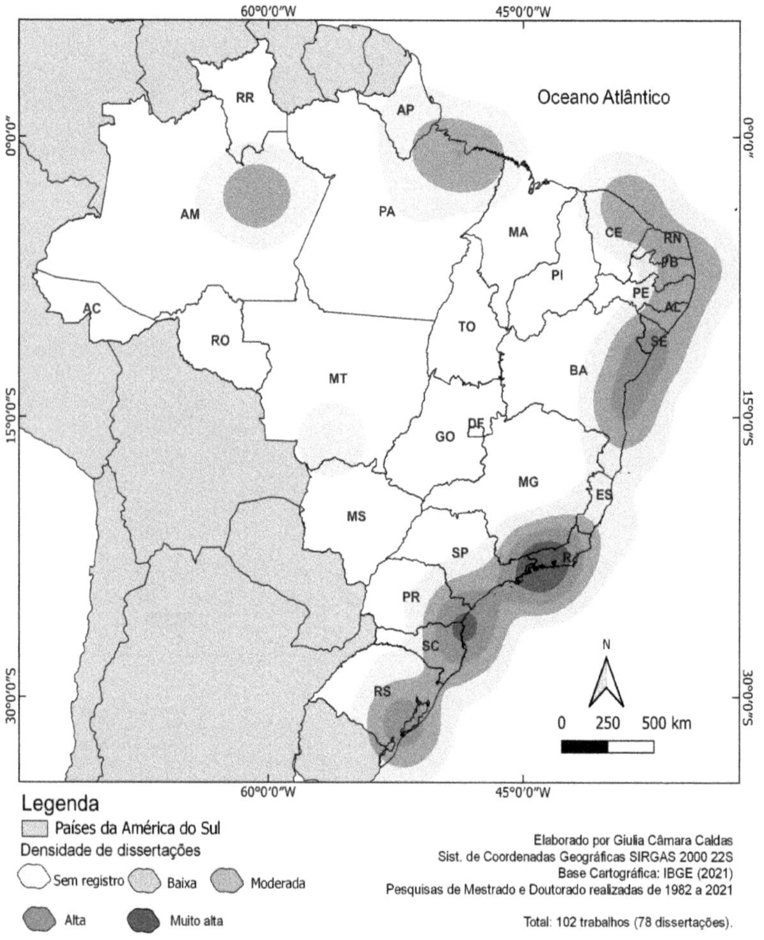

Quanto às teses, foram analisadas um total de 24. A região Nordeste também apresentou a maior proporção de teses, correspondendo a 54,17% do total. A região Sul teve 20,83% das teses, seguida pelo Norte com 16,67%. As

regiões Sudeste e Centro-Oeste tiveram proporções menores, representando 4,17% cada. A figura 12 apresenta a concentração de áreas pesquisas em pesquisas de doutorado.

Figura 12 - Mapa de densidade de teses de doutorado, por áreas estudadas

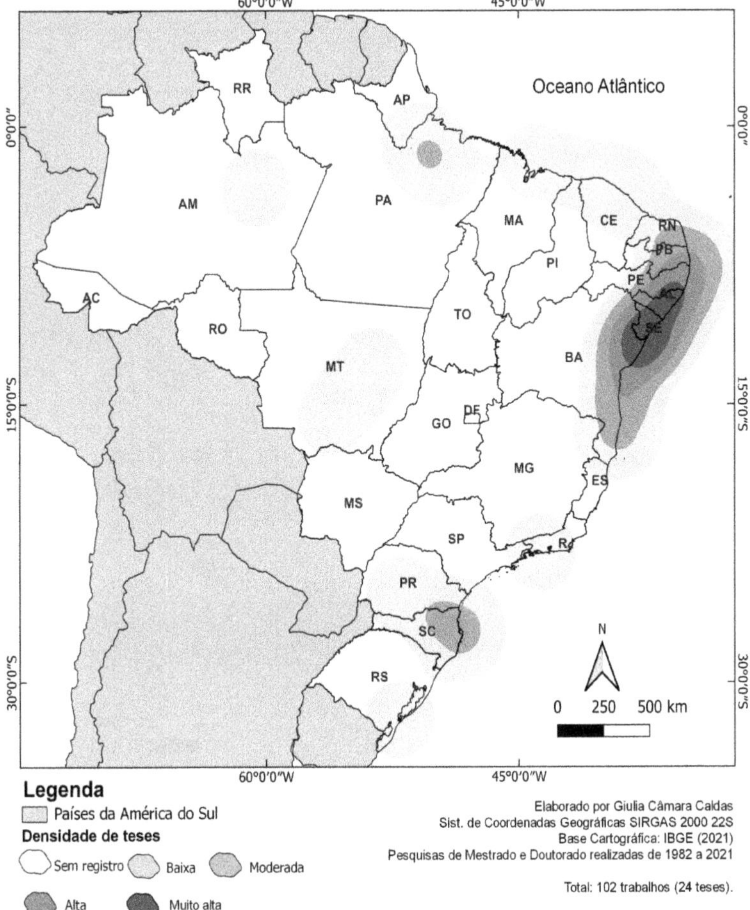

PRINCIPAIS PROBLEMÁTICAS DE PESQUISA

Com base nas dissertações e teses analisadas, observou-se que as principais problemáticas de pesquisa são: resistência à modernização (36.63%), abordagens de gestão da pesca e do ambiente (21.78%), trabalho (14.85%), cultura e modo de viver (11.88%), organização produtiva (11.88%) e educação ambiental (2.97%), conforme apresentado na figura 13.

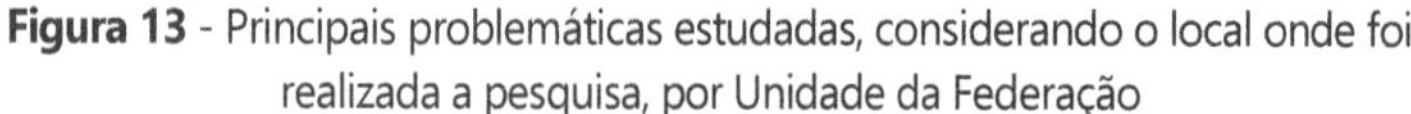

Figura 13 - Principais problemáticas estudadas, considerando o local onde foi realizada a pesquisa, por Unidade da Federação

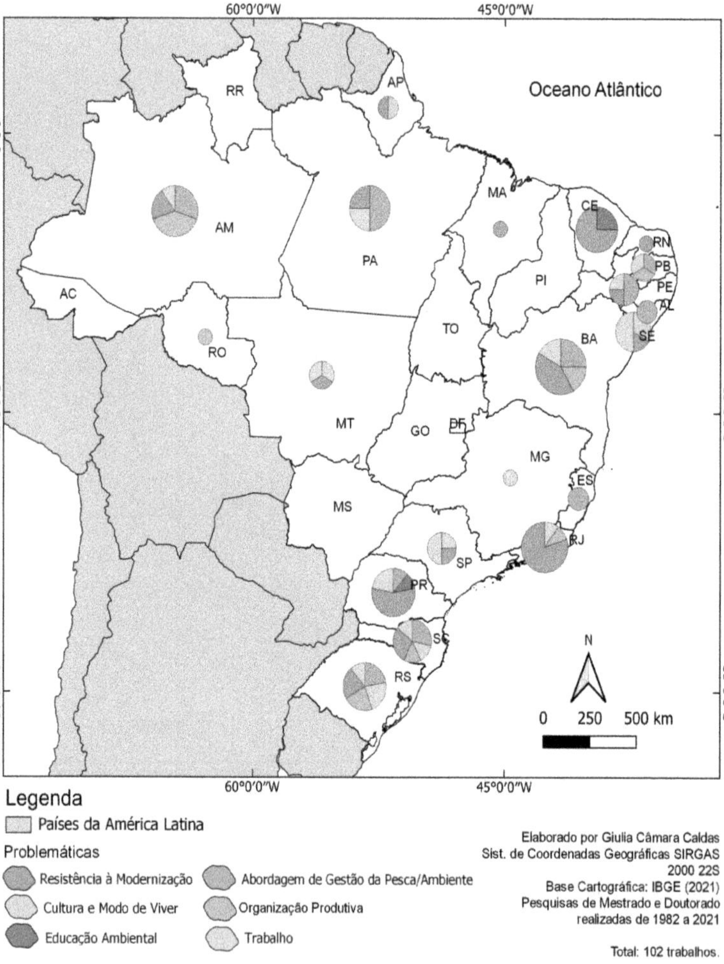

A problemática de **resistência à modernização** é amplamente abordada nas dissertações e teses analisadas, totalizando 37 ocorrências. Ao observarmos a

distribuição regional, notamos que essa problemática é explorada em diferentes regiões do país.

Na região Nordeste, a resistência à modernização é abordada em 13 pesquisas, com destaque para a Bahia, que possui cinco estudos conduzidos por autores como Lima (2002), Kuhn (2009), Rosário (2009), Rios (2012, 2017) e Alves (2015). O Ceará também se destaca com cinco estudos realizados por Rodrigues (2005), Costa (2010), Moraes (2010), Paula (2012) e Cavalcante (2012). Rio Grande do Norte e Sergipe, Maranhão e Pernambuco também são mencionados com um estudo cada: Neto (2009), Nunes (2011) e Pérez (2016).

Na região Norte, encontramos sete estudos que abordam a resistência à modernização. O Amazonas é representado por dois estudos de Cruz (2007) e Rodrigues (2014), enquanto o Amapá é mencionado em um estudo de Marinho (2018). Do Pará são citados dois estudos: Lima (2008) e Chaves (2018).

No Sudeste, a resistência à modernização é analisada em nove pesquisas, sendo o Rio de Janeiro o estado com maior número de estudos (oito), realizados por autores como Giannella (2009), Vinhas (2011, 2020), Chaves (2011), Ferreira (2013), Rainha (2015), Lindolfo (2016) e Simão (2021). São Paulo também é mencionado com um estudo conduzido por Camargo (2013).

Na região Sul, encontramos sete estudos que abordam a resistência à modernização. O Paraná é representado por três estudos de Peréz (2012), Scheibel (2013) e Barbosa (2014). O Rio Grande do Sul e Santa Catarina possuem dois estudos cada, com autores como De Paula (2013), Machado (2013, 2019) e Moraes (2015).

No Centro-Oeste, encontramos um estudo realizado no Mato Grosso, conduzido por Prado (2015).

A problemática das abordagens de **gestão da pesca e do ambiente** também foi abordada em várias pesquisas. No Nordeste, foram identificadas oito pesquisas que exploraram essas temáticas. Alagoas foi representada por dois estudos conduzidos por Souza (2003) e Cunha (2015). A Bahia se destacou com três estudos realizados por Dumith (2012, 2017) e Perry (2015). Paraíba contribuiu com um estudo conduzido por Araújo (2017), enquanto Pernambuco foi mencionado em dois estudos de Cunha (2006) e Silva (2017).

Na região Norte, encontramos um total de sete pesquisas relacionadas a essas problemáticas. O Amazonas foi representado por três estudos realizados por Cruz (2006, 2011) e Nascimento (2016). O Pará contribuiu com quatro estudos conduzidos por Silva (2006, 2012), Guedes (2009) e Ferreira (2016).

Na região Sul, identificamos cinco pesquisas que abordaram essa problemática. O Paraná foi mencionado em um estudo conduzido por Duarte (2018). O Rio Grande do Sul foi representado por dois estudos de Silva (2007) e

Maier (2009), enquanto Santa Catarina contribuiu com dois estudos conduzidos por Chamas (2008) e Santos (2019).

No Sudeste, observamos a contribuição de duas pesquisas relacionadas a essas problemáticas, ambas provenientes do Espírito Santo: Abreu (2020) e Oliveira (2020).

Na sequência, destacam-se trabalhos com a problemática **trabalho**. Na região Centro-Oeste, identificamos apenas uma pesquisa relacionada às temáticas em questão, realizada no Mato Grosso por Santos (2014). No Nordeste, encontramos oito pesquisas abordando essas problemáticas. A Bahia contribuiu com dois estudos conduzidos por Alencar (2003) e Figueiredo (2013). A Paraíba possui uma pesquisa realizada por Silva (2017), enquanto Pernambuco é mencionado com um estudo de Silva (1982). Sergipe se destaca com dois estudos realizados por Santos (2012, 2018).

Na região Sul, identificamos quatro pesquisas que abordaram essas problemáticas. O Paraná foi representado por dois estudos de Ferreira (2014) e Moreno (2021), enquanto Santa Catariana e Rio Grande do Sul contribuíram com um estudo cada: Costódio (2006) e Contato (2012), respectivamente.

No Sudeste, observamos a contribuição de duas pesquisas relacionadas a essas problemáticas, ambas provenientes de São Paulo. Os estudos foram conduzidos por Cardoso (1996) e Moreno (2017). Já na região Norte, encontramos apenas uma pesquisa relacionada a essa temática, conduzida no Amazonas por Silva (2009).

Destacam-se também trabalhos que tratam da problemática **cultura e modo de viver das comunidades**. Na região Norte, o Amapá é mencionado com um estudo conduzido por Lima (2020), enquanto o Pará contribui com duas pesquisas realizadas por Cunha (2011) e Araújo (2012). No Sudeste, temos três estados representados por uma pesquisa cada. São Paulo com a pesquisa de Furlan (2002), Minas Gerais é mencionado com o estudo de Braconaro (2011), e o Rio de Janeiro com a pesquisa de Gomes (2012). Na região Sul, encontramos três pesquisas relacionadas às problemáticas. O Rio Grande do Sul é representado por dois estudos de Lima (2003) e Santana (2013), enquanto Santa Catarina contribui com um estudo de Dorsa (2015). No Nordeste, Sergipe se destaca com dois estudos conduzidos por Torres (2014) e Silva (2020). Na região Centro-Oeste, encontramos uma pesquisa realizada no Mato Grosso por Santos (2019).

A problemática da **organização produtiva** também é tratada. No Nordeste, a Bahia se destaca com dois estudos conduzidos por Machado (2007) e Queiroz (2011). A Paraíba também é mencionada com um estudo de Madruga (1986), contribuindo para a compreensão das problemáticas na região. Na região Norte, o Amazonas é representado por quatro estudos realizados por Cruz (1999),

Abreu (2010), Queiroz (2012) e Pereira (2021). Rondônia também é mencionada com um estudo conduzido por Cruz (2018). Na região Sul, o Rio Grande do Sul é representado por dois estudos de Martins (1997) e Mendes (2019). Santa Catarina também é mencionada com um estudo conduzido por Carvalho (2019). No Sudeste, encontramos uma pesquisa realizada no Rio de Janeiro por Euzébio (2018).

A problemática da **educação ambiental** foi menos presente. No Nordeste, no estado do Ceará foram realizados dois estudos conduzidos por Santos (2008, 2013). No Sul, o estado do Paraná é representado por um estudo conduzido por Farias (2009).

PRINCIPAIS ABORDAGENS CONCEITUAIS

É importante destacar que as abordagens de território, espaço e ambiente são as mais frequentes nos trabalhos analisados. Dos conceitos empregados, 77,45% das abordagens estão relacionadas ao conceito de território, 51% aos conceitos de espaço e 25,49% ao conceito de ambiente (figura 14).

Os demais conceitos também desempenham um papel significativo nos trabalhos analisados. O conceito de lugar é mencionado em 24,51% dos casos, seguido por paisagem (18,63%), região (7,84%), modo de vida (2,94%) e natureza (0,98%). Além disso, 5,88% dos trabalhos utilizam outros conceitos não especificados. Esses dados atualizados fornecem uma visão abrangente sobre os conceitos mais comumente empregados nas pesquisas em Geografias da Pesca, evidenciando a importância dos conceitos de território, espaço e ambiente na área.

Figura 14 - Mapa de principais abordagens conceituais, considerando o local onde foi realizada a pesquisa, por Unidade da Federação

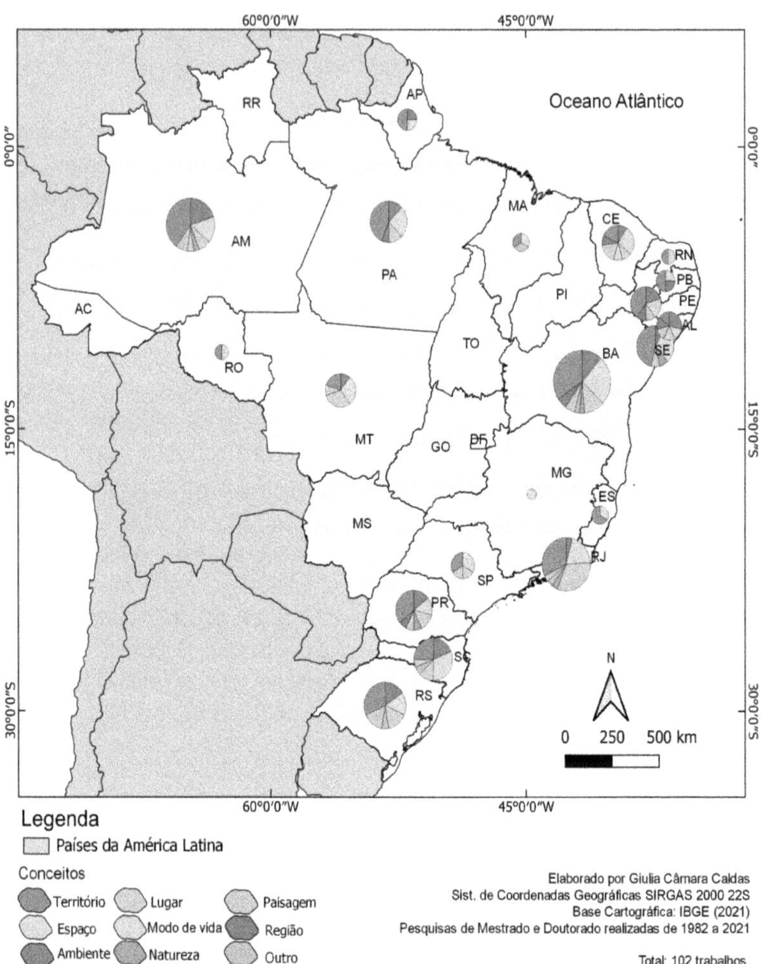

Abordagens de território

Os conceitos de território são os mais adotados nas pesquisas analisadas (79 de 102). Se comparar a densidade dos trabalhos que utilizam conceitos de território dos que estabelecem abordagens ambientais, verificamos que há relação. O que se evidencia é uma densidade muito alta de abordagens de território no Sudeste e densidade alta na região Sul (figura 15). A concentração semelhante das abordagens ambientais e territoriais, o que corrobora a hipótese de relação entre estes conceitos.

No Nordeste, temos significativa presença de trabalhos que abordaram a pesca por meio do conceito de território. Em Alagoas, destaca-se Souza (2003). Na Bahia, encontramos uma lista extensa de pesquisas realizadas por Alencar (2003), Machado (2007), Rosário (2009), Kunh (2009), Queiroz (2011), Rios (2012, 2017), Figueiredo (2013), Alves (2015), Dumith (2017) e Perry (2015). No Ceará, estão presentes os trabalhos de Lima (2002) e Cavalcante (2012). No Maranhão, temos o de Costa (2015). Na Paraíba, destacamos as pesquisas de Madruga (1986), Silva (2012) e Araújo (2017). Em Pernambuco, encontramos trabalhos de Silva (1982), Cunha (2006), Silva (2006), Pérez (2016) e Silva (2017). No Rio Grande do Norte, temos o trabalho de Neto (2009). E em Sergipe, estão presentes os de Nunes (2011, 2018), Santos (2012, 2018), Torres (2014) e Silva (2020).

Na região Norte, destacam-se trabalhos realizados no Amazonas, com autoria de Cruz (1999, 2007), Cruz (2006, 2011), Silva (2009), Abreu (2010), Queiroz (2012), Rodrigues (2014), Nascimento (2016) e Pereira (2021). No Amapá, temos pesquisas realizadas por Marinho (2018) e Lima (2020). No Pará, encontramos Silva (2006, 2012), Guedes (2009), Cunha (2011), Araújo (2012), Ferreira (2016) e Chaves (2018). E em Rondônia, está presente a pesquisa de Cruz (2018).

Na região Sul, destacamos pesquisas realizadas no Paraná, com autoras como Pérez (2012), Barbosa (2014), Ferreira (2014), Duarte (2018), Moreno (2021). No Rio Grande do Sul, encontramos trabalhos de Silva (2007), Contato (2012), Santana (2013), De Paula (2013), Moraes (2015) e Mendes (2019). E em Santa Catarina, temos Machado (2013, 2019), Dorsa (2015) e Carvalho (2019) realizando trabalhos com base no conceito de território.

Na região Sudeste, no Espírito Santo, encontramos pesquisas de Oliveira (2020) e Abreu (2020). No Rio de Janeiro, destacamos trabalhos de autoria de Gianella (2009), Vinhas (2011, 2020), Chaves (2011), Ferreira (2013), Lindolfo (2016), Euzébio (2018) e Simão (2021). Em São Paulo, temos as pesquisas de Camargo (2013) e Moreno (2017).

Na região Centro-Oeste, no estado do Mato Grosso, encontramos dois trabalhos: Santos (2014) e Santos (2019). Esses representam a totalidade das pesquisas analisadas encontradas dessa região.

Figura 15 - Mapa de densidade de trabalhos que abordam o conceito de território, considerando o local da pesquisa

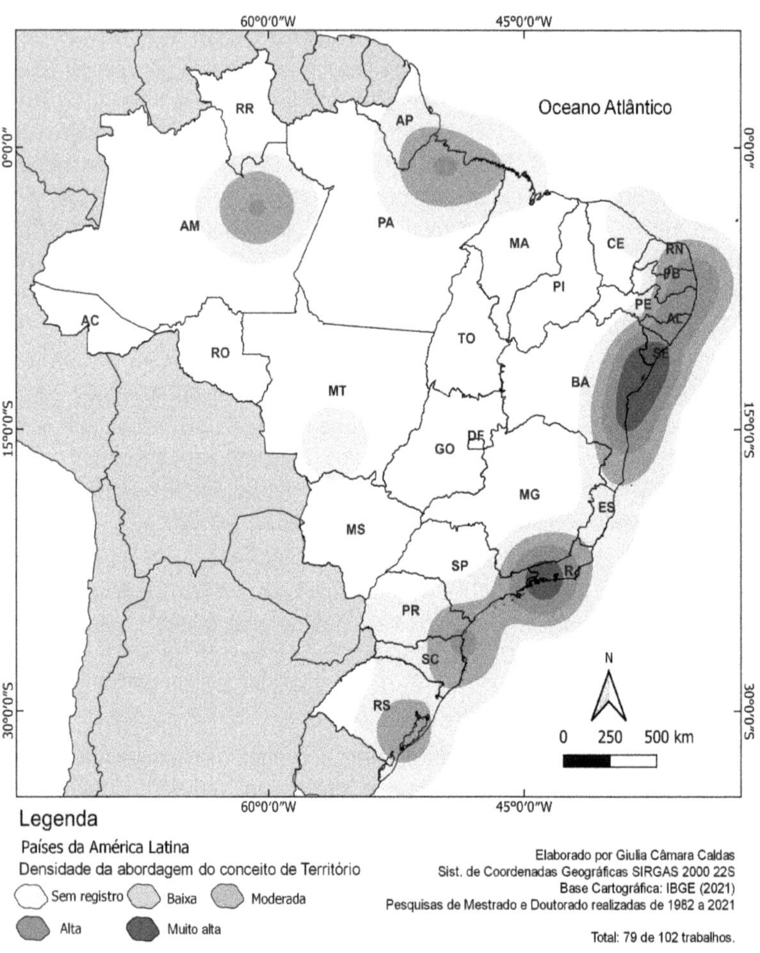

Abordagens de espaço

Neste momento, daremos ênfase ao conceito de espaço nas abordagens da "Geografia da Pesca". É possível observar uma alta densidade na adoção desse conceito, o qual é amplamente utilizado nos trabalhos analisados (51 de 102). Isso evidencia a importância dos conceitos relacionados ao espaço geográfico no contexto da Geografia brasileira. No entanto, é importante ressaltar a pluralidade de conceitos empregados para descrever o espaço, assim como as diferentes adjetivações utilizadas, tais como urbano, agrário, social e pesqueiro.

Ao analisar a frequência de uso do conceito de espaço nas pesquisas sobre pesca na Geografia brasileira, observa-se uma distribuição de áreas de alta densidade em todas as regiões do país (figura 16). Isso demonstra uma preferência pela utilização desse conceito na Geografia brasileira, adaptando-o às problemáticas em questão. As áreas de maior concentração estão localizadas principalmente no Sudeste e Nordeste do Brasil. Essa distribuição regional ressalta a importância do conceito de espaço geográfico para compreender as dinâmicas e relações envolvidas nas atividades pesqueiras em diferentes contextos do país.

No Nordeste, encontramos uma variedade de estados com contribuições significativas. Em Alagoas, destacamos o trabalho de Souza (2003). Na Bahia, há uma extensa lista de autores que utilizaram esse conceito, como Machado (2007), Rosário (2009), Kuhn (2009), Queiroz (2011), Rios (2012, 2017), Figueiredo (2013), Alves (2015) e Dumith (2017). No Ceará, temos as pesquisas de Costa (2010), Santos (2013) e Cavalcante (2012). O Maranhão apresenta o trabalho de Costa (2015). Na Paraíba, destacam-se trabalhos de Silva (2012) e Araújo (2017). Em Pernambuco, encontramos as pesquisas de Silva (2006) e Silva (2017). Em Sergipe, são relevantes os trabalhos de Nunes (2011, 2018), Santos (2012, 2018) e Silva (2020).

Na região Norte, há presença de diversos trabalhos, como de autoria de Silva (2009), Abreu (2010), Rodrigues (2014) e Nascimento (2016). No Amapá, temos o trabalho de Marinho (2018). No Pará, são relevantes os trabalhos de Lima (2008), Guedes (2009), Araújo (2012), e Chaves (2021). Em Rondônia, encontramos o autor Cruz (2018).

Na região Sul, destacam-se trabalhos realizados por autoras no Paraná, como Duarte (2018) e Moreno (2021) . No Rio Grande do Sul, encontramos os trabalhos de Martins (1997), Silva (2007) e Mendes (2019). Em Santa Catarina, temos os trabalhos de Custódio (2006), Dorsa (2015), Machado (2019), Carvalho (2019) e Santos (2019).

No Sudeste, no estado do Espírito Santo, identificamos o trabalho de Abreu (2020). Em Minas Gerais, temos a pesquisa de Braconaro (2011). No Rio de Janeiro, destacamos os trabalhos de Vinhas (2011, 2020), Rainha (2015), Lindolfo (2016) e Euzébio (2018). E em São Paulo, encontramos o trabalho relevante de Cardoso (2001).

Na região Centro-Oeste, mais especificamente no estado do Mato Grosso, foram identificados três trabalhos: Santos (2014, 2019) e Prado (2015).

Figura 16 - Mapa de densidade de trabalhos que abordam o conceito de espaço, considerando o local da pesquisa

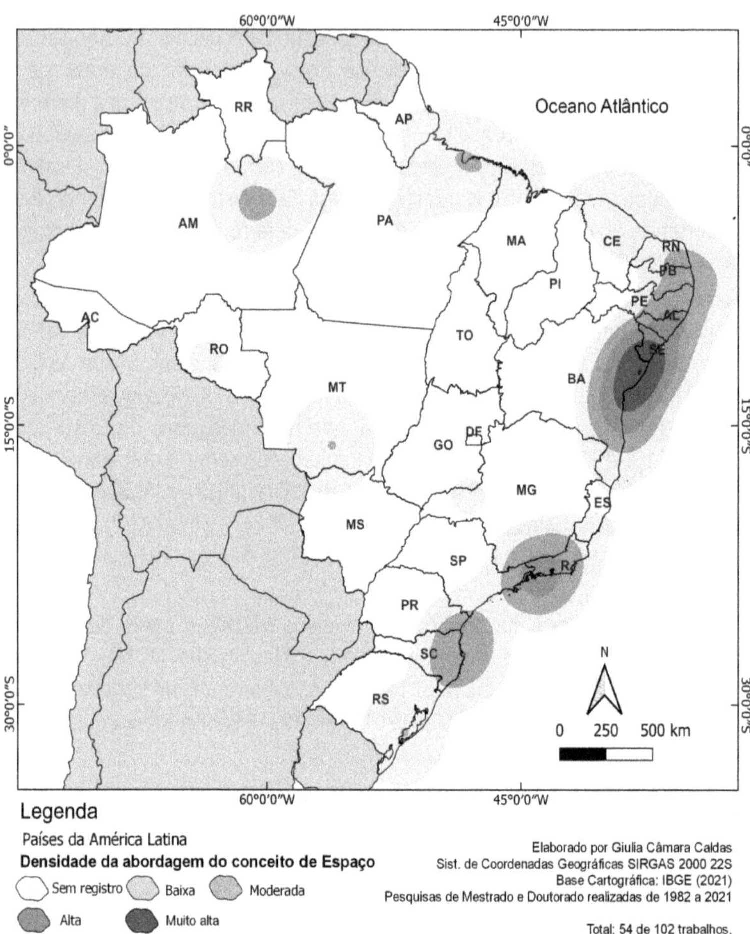

Abordagens de ambiente

O conceito de Ambiente desempenha um papel importante nas pesquisas analisadas sobre a pesca artesanal, como evidenciado pela sua frequente utilização em 26 dos 102 trabalhos analisados. Foi observada uma presença significativa desse conceito nas regiões Sul e Nordeste, onde se registra uma alta densidade de trabalhos que o abordam. Além disso, a região Sudeste também apresenta áreas com densidade elevada nesse aspecto. Na região Norte, por sua vez, é possível observar áreas com densidade moderada de estudos relacionados ao conceito de ambiente. No Centro-Oeste, embora o conceito esteja presente, a densidade de trabalhos é mais baixa em comparação com outras regiões (figura 17).

No Nordeste, destacam-se diversos estados com trabalhos relacionados à pesquisa em pesca em Geografia abordando o conceito de ambiente. Em Alagoas, temos Souza (2003) e Cunha (2015). Na Bahia, encontramos um total de quatro trabalhos realizados por Alencar (2003), Machado (2007), Rosário (2009) e Dumith (2017). No Ceará, Santos (2008) realizou uma pesquisa nessa área. Na Paraíba, destaca-se o trabalho de Silva (2012). Em Pernambuco, foram encontrados dois trabalhos realizados por Silva (1982) e Cunha (2006). Em Sergipe, Santos (2012) realizou um estudo sobre o tema.

Na região Norte, há uma presença significativa de pesquisas relacionadas à pesca com base nesse conceito. No Amazonas, encontramos cinco trabalhos realizados por Cruz (2006, 2011), Silva (2009), Abreu (2010) e Rodrigues (2014). No Amapá, temos Marinho (2018) e no Pará, Guedes (2009) também abordou a pesca a partir desse conceito.

Na região Sul, destacam-se pesquisas realizadas em diferentes estados. No Paraná, Farias (2009) contribuiu com um estudo. No Rio Grande do Sul, foram identificados três trabalhos realizados por Silva (2007), De Paula (2013) e Moraes (2015). Em Santa Catarina, Chamas (2008), e Machado (2013, 2019) realizaram pesquisas considerando o conceito de ambiente.

No Sudeste, foi identificado um trabalho realizado no Rio de Janeiro por Vinhas (2011). Na região Centro-Oeste, no estado de Mato Grosso, foi identificado um único trabalho realizado por Santos em 2019.

Figura 17 - Mapa de densidade de trabalhos que abordam o conceito de ambiente, considerando o local da pesquisa

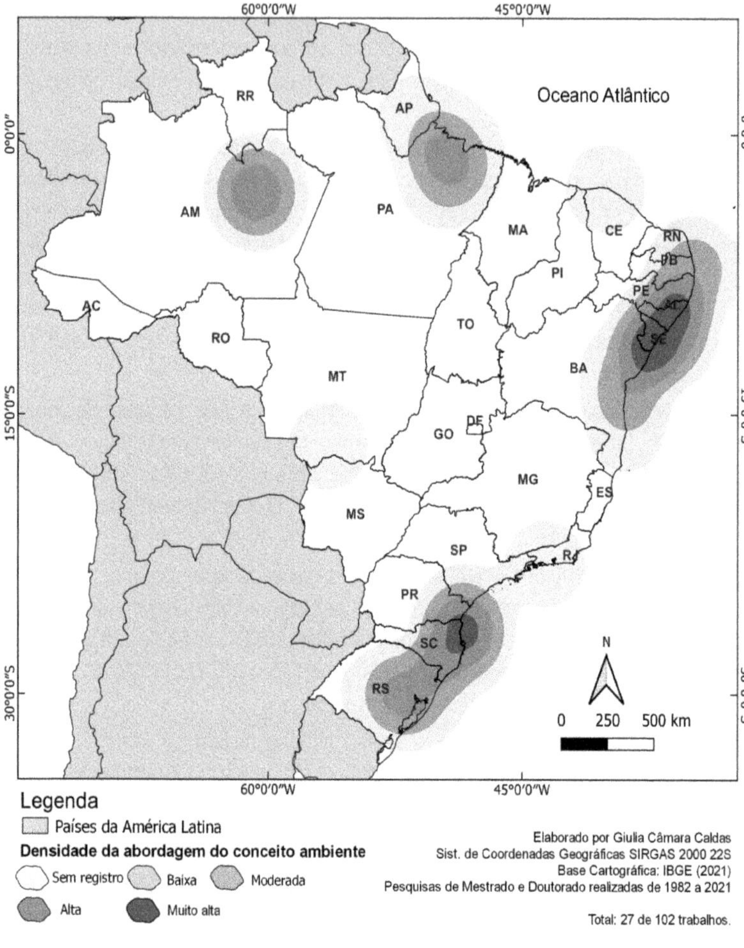

Outras abordagens conceituais

Outros conceitos geográficos foram apontados nos trabalhos analisados, destacamos: lugar (26 de 102), paisagem (15/102), região (8/120), natureza (6/120) e modo de vida (3/120).

Abordando o conceito de **lugar**, na região Sudeste, encontramos nove trabalhos com destaque para o Rio de Janeiro. Nesse estado, oito autores publicaram seus trabalhos, incluindo Vinhas (2011, 2020), Chaves (2011), Ferreira

(2013), Rainha (2015), Lindolfo (2016), Euzébio (2018) e Simão (2021). São Paulo também está representado com a publicação de Cardoso em 2001. A região Sul conta com seis trabalhos distribuídos em três estados. No Paraná, Duarte publicou em 2018. No Rio Grande do Sul, encontramos pesquisas de Lima (2003), Silva (2007) e Moraes (2015). Já em Santa Catarina, Dorsa (2015) e Machado (2019) contribuíram com suas publicações. No Nordeste, identificamos seis trabalhos em três estados. Em Alagoas, Souza publicou um trabalho em 2003. Na Bahia, encontramos pesquisas de Alencar (2003), Machado (2007), Rosário (2009) e Queiroz (2011). Já no Ceará, Santos publicou um trabalho em 2013. Na região Centro-Oeste, especificamente em Mato Grosso, encontramos três trabalhos: Santos (2014, 2019) e Prado (2015).

Tratando do conceito de **paisagem** no Nordeste, identificamos sete pesquisas em diferentes estados. Em Alagoas, Cunha (2015) publicou um trabalho. Na Bahia, encontramos as pesquisas de Machado (2007) e Rosário (2009). No Ceará, temos as pesquisas de Rodrigues (2005) e Moraes (2010). Pernambuco está representado por Cunha (2006), e em Sergipe, Santos (2018) contribuiu com sua publicação. Na região Sul, encontramos um total de cinco pesquisas: no Paraná, elaborada por Scheibel (2013); no Rio Grande do Sul, por Silva (2007), Maier (2009) e Moraes (2015); e em Santa Catarina, temos a publicação de Chamas (2008). No Sudeste, encontramos dois trabalhos, sendo um no Rio de Janeiro, de autoria de Gomes (2012), e outro em São Paulo, de autoria de Furlan (2002). Na região Centro-Oeste, encontramos um trabalho no Mato Grosso, elaborado por Santos (2019).

Abordando o conceito de **região**, no Nordeste, encontramos seis pesquisas distribuídas em diferentes estados. Em Alagoas, Cunha (2015) publicou um trabalho. Na Bahia, temos trabalhos de Alencar (2003) e Rosário (2009). No Ceará, Paula (2012) contribuiu com sua publicação. Na Paraíba, encontramos Madruga (1986), e em Pernambuco, Silva (1982), como autores de trabalhos. No Norte, identificamos apenas um trabalho no estado do Pará, publicado por Chaves (2018). E no Sul, encontramos um trabalho no estado do Paraná, de autoria de Scheibel (2013).

Tendo base no conceito de **natureza**, na região Nordeste, foram encontrados dois trabalhos. Na Bahia, encontra-se a pesquisa de Dumith (2017) e em Sergipe, Santos (2018) teve seu trabalho registrado. Na região Sul, há a presença de dois trabalhos que abordam o conceito no Paraná: Farias (2009) e Moreno (2021). No Sudeste, foi identificado um trabalho, no Rio de Janeiro, de autoria de Vinhas (2020). Na região Norte, representando o estado do Pará, temos apenas um trabalho elaborado por Pereira (2021).

O conceito de **modo de vida**, foi basilar em dois trabalhos da região Nordeste, cada um publicado em um estado diferente. No Ceará, a autora Lima

(2002) contribuiu com sua obra, e no Rio Grande do Norte, o autor Neto (2009) teve seu trabalho defendido. No Norte, temos um trabalho no Amazonas, de autoria de Nascimento (2016).

Principais abordagens metodológicas

É importante ressaltar que a maioria das pesquisas não realiza uma discussão sobre o método com base filosófica, mas sim trata de procedimentos de pesquisa. Com base no que foi possível identificar, existem cinco perspectivas predominantes: Composição, Materialismo Histórico e Dialético, Fenomenologia, Sistêmico e Pensamento Complexo. Além disso, foram destacadas as principais técnicas de pesquisa.

A figura 18 apresenta o mapa dos métodos utilizados nos trabalhos, divididos por Unidade da Federação. Observou-se que em 41,18% das abordagens ocorre a utilização da composição, o que significa que os autores não especificam o método adotado e utilizam procedimentos de diversos métodos em suas pesquisas. Por outro lado, 41,18% dos autores fazem referência direta ao Materialismo Histórico e Dialético. Outros 13,73% fazem referência direta ao método Sistêmico. Ainda, 7,84% dos autores fazem referência ao método Fenomenológico. Em menor proporção, 6,86% dos autores situam-se no horizonte de pensamento complexo.

Na abordagem metodológica de **Composição**, encontramos um total de 42 trabalhos. No Nordeste, foram identificados 11 trabalhos, distribuídos em Alagoas (SOUZA, 2003), Bahia (ALENCAR, 2003; KUHN, 2009; QUEIROZ, 2011; RIOS, 2012, 2017; PERRY, 2015), Ceará (PAULA, 2012; SANTOS, 2013), Pernambuco (PÉREZ, 2016) e Sergipe (SILVA, 2020). No Norte, foram identificados nove trabalhos, com destaque para o Amazonas (CRUZ, 2006, 2011; NASCIMENTO, 2016) e Pará (SILVA, 2006; LIMA, 2008; GUEDES, 2009; CUNHA, 2011; ARAÚJO, 2012). Também foi registrada uma publicação em Rondônia, por Cruz (2018). Na região Sudeste, foram identificados nove trabalhos. No Espírito Santo, encontramos as pesquisas de Abreu (2020) e Oliveira (2020), enquanto em Minas Gerais temos a de Braconaro (2011). No Rio de Janeiro, destacam-se os trabalhos de Giannella (2009), Chaves (2011), Gomes (2012), Ferreira (2013), Lindolfo (2016) e Euzébio (2018). Na região Sul, encontramos 13 trabalhos distribuídos nos estados do Paraná, Rio Grande do Sul e Santa Catarina. No Paraná, destacam-se pesquisas de autoria de Farias (2009), Scheibel (2013), Barbosa (2014), Ferreira (2014), Duarte (2018) e Pérez (2016). No Rio Grande do Sul, encontramos os trabalhos de Santana (2013), Moraes (2015) e Mendes (2019), enquanto em Santa Catarina temos os de Custódio (2006), Machado (2013, 2018) e Santos (2019).

Figura 18- Mapa de abordagens metodológicas, considerando o local da pesquisa, por UF

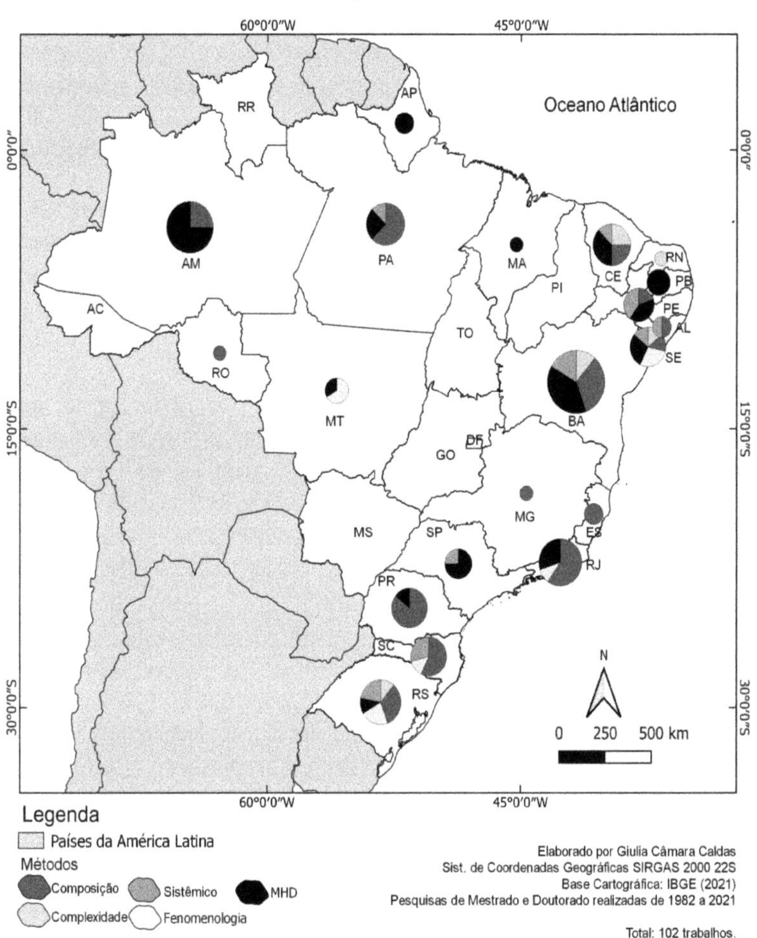

Com base no **Materialismo Histórico e Dialético** - MHD, identificamos um total de 40 trabalhos. Na região Centro-Oeste, especificamente em Mato Grosso, encontramos a publicação de Prado (2015). No Nordeste, foram identificados 18 trabalhos distribuídos em diferentes estados. Na Bahia, encontramos sete trabalhos de autoria de Alencar (2003), Kuhn (2009), Rosário (2009), Figueiredo (2013), Alves (2015), Rios (2017) e Dumith (2017). No Ceará, foram registrados três trabalhos de Lima (2002), Cavalcante (2012) e Costa (2015). Outros estados também contribuíram para a produção acadêmica no Nordeste, como Maranhão (COSTA, 2015), Paraíba (MADRUGA, 1986; SILVA, 2012; ARAÚJO, 2017), Pernambuco (SILVA, 1982; SILVA, 2017) e Sergipe (NUNES, 2011, 2018). No Norte, foram identificados 13 trabalhos, principalmente no estado do Amazonas, com autoria de Silva (2009), Cruz (1999, 2007), e Cruz (2006, 2011), Abreu (2012), Queiroz (2012), Rodrigues (2014) e Pereira (2021). Também foram registradas publicações no Amapá (MARINHO, 2018, LIMA, 2020) e Pará (FERREIRA, 2016; CHAVES, 2018). Na região Sudeste, encontramos seis trabalhos. No Rio de Janeiro, destaca-se os defendidos por Vinhas (2011, 2020) e Rainha (2015), enquanto em São Paulo, temos Cardoso (1996), Camargo (2013) e Moreno (2017). Na região Sul, identificamos dois trabalhos. No Paraná, encontramos a pesquisa de Moreno (2021), e no Rio Grande do Sul, de Martins (1997).

No método **Sistêmico**, foram identificados 14 trabalhos. No Nordeste, encontramos oito trabalhos distribuídos em Alagoas (CUNHA, 2015), Bahia (MACHADO, 2007; DUMITH, 2012, 2017), Ceará (RODRIGUES, 2005), Pernambuco (CUNHA, 2006; SILVA, 2006) e Sergipe (SANTOS, 2018). No Norte, temos um trabalho representando no Pará, de Silva (2012). Na região Sudeste, encontramos um trabalho em São Paulo, de Furlan (2002), e na região Sul, encontramos quatro trabalhos distribuídos entre Rio Grande do Sul (MAIER, 2009; CONTATO, 2012) e Santa Catarina (CHAMAS, 2008; CARVALHO, 2019).

No método **Fenomenologia**, encontramos um total de oito trabalhos. Na região Centro-Oeste, no Mato Grosso, encontramos as publicações de Santos (2014, 2018). No Nordeste, temos trabalhos de Santos (2014, 2019) e Torres (2014) em Sergipe, e no Sudeste, encontramos a publicação de Simão (2021) no Rio de Janeiro. No Sul, foram identificados três trabalhos, sendo dois no Rio Grande do Sul (LIMA, 2003; SILVA, 2007) e um em Santa Catarina (DORSA, 2015).

Na abordagem metodologica de **Complexidade**, foram identificados sete trabalhos. No Nordeste, destacam-se a Bahia (ROSÁRIO, 2009; DUMITH, 2017) e o Ceará (SANTOS, 2008; MORAES, 2010). No Rio Grande do Norte, encontramos a pesquisa de Neto (2009). Na região Sul, encontramos o trabalho de De Paula (2013) no Rio Grande do Sul.

Tendências de diálogos entre teorias e métodos

Dentro da diversidade de problemáticas e abordagens, na perspectiva crítica da Geografia, conforme enaltece Moraes (2005), há unidade no que se refere à postura combativa frente a realidades espaciais contraditórias e injustas. Isso perpassa a visão de ciência, bem como a *práxis*, o que se evidencia em um discurso geográfico evidentemente político. Silva (2017) destaca a necessidade de pensar o fazer geográfico no tempo presente, identificando novas possibilidades teóricas, metodológicas e epistemológicas e repensando teorias sobre os sujeitos sociais e suas geograficidades.

Esse discurso geográfico, inserido no campo das Geografias da Pesca, oferece possibilidades consideráveis na perspectiva teórica e metodológica adotada. Com base no gráfico apresentado na figura 19, iremos discutir as tendências em relação à interação entre as principais problemáticas e abordagens teóricas. Anteriormente, já foi apresentada a espacialização dessas teorias, destacando os principais conceitos utilizados, tais como "território", "espaço" e "ambiente", e as principais problemáticas, que são a "resistência das comunidades à modernização", "gestão da pesca" e "modo de viver".

Figura 19 - Gráfico de relação entre principais problemáticas e principais abordagens conceituais

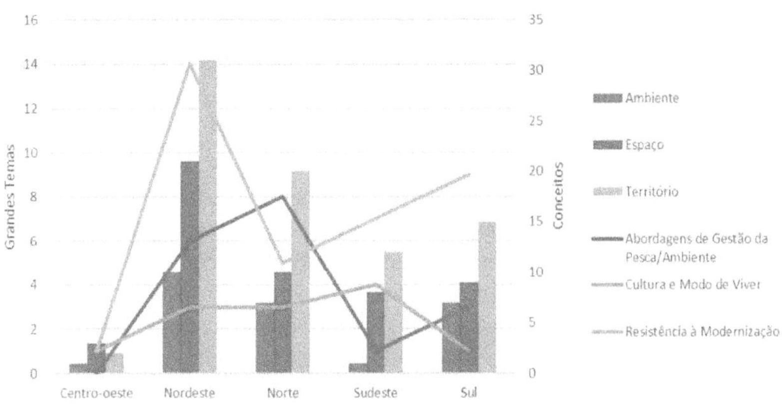

Fonte: Dados da pesquisa.

É relevante ressaltar que as problemáticas abordadas não estão isoladas, mas foram diferenciadas para uma melhor compreensão. No entanto, pressupõe-se que elas estão interconectadas na complexidade da realidade. Portanto, os contextos de resistência frequentemente são influenciados pela gestão e encontram apoio nos modos de vida tradicionais. Da mesma forma, a gestão é frequentemente questionada diante de contextos de resistência e é instigada a apresentar alternativas, levando em consideração as particularidades dos modos de vida. Os modos de vida também se evidenciam em situações de resistência e contrastam com as abordagens de gestão. Esses aspectos foram destacados entre as inúmeras possibilidades de relação entre as problemáticas mencionadas.

No entanto, diante do processo recente de institucionalização da

Geografia, por meio da expansão e consolidação da pós-graduação, é interessante compreender a relação entre as problemáticas e as abordagens conceituais nas diferentes regiões do Brasil. É importante ressaltar que em todas as regiões, há uma predominância das abordagens que tratam da resistência das comunidades, assim como destaque no uso do conceito de território em suas diversas abordagens. Portanto, há uma forte tendência de compreender nas Geografias da Pesca os processos de resistência enfrentados pelos pescadores artesanais em relação à modernização que avança sobre seu território tradicional.

No que se refere às abordagens sobre problemáticas relacionadas à gestão ambiental, destaca-se que elas também estão relacionadas à questão territorial. Essas problemáticas são evidentes na região Norte, onde alguns estudos abordam os Acordos de Pesca como possibilidades de gestão ambiental baseada no território, assim como na região Nordeste, onde se apresentam contextos de gestão baseados em Reservas Extrativistas (RESEX) dentro dessa mesma perspectiva. Ambas as abordagens têm a dimensão territorial acentuada e estão relacionadas à questão ambiental. Nessas regiões, também há evidências de problemáticas relacionadas aos modos de vida, assim como nas regiões Sudeste e Sul, que são tratadas tanto na perspectiva do território quanto nas relações ambientais. Isso tem levado a uma reflexão sobre a cultura associada à natureza, em abordagens mais híbridas, conforme proposto por Latour (1994).

Como foi enfatizado na análise dos principais conceitos, as abordagens do espaço também são recorrentes nas regiões, mas apresentam uma maior diversidade de concepções. Frequentemente, são abordadas na perspectiva do espaço geográfico, mas também são discutidas em campos mais específicos, como a produção do espaço urbano e agrário. É comum que a discussão sobre o espaço geográfico preceda uma abordagem do território. Portanto, compreende-se o espaço geográfico como pano de fundo das discussões, sendo operacionalizado por meio dos conceitos de território e ambiente.

Nessa perspectiva de análise, é importante destacar que as resistências das comunidades expõem situações de tensão, em que os sujeitos sociais enfrentam o avanço do capital sobre seus territórios. Esse campo conflituoso coloca essas pesquisas na perspectiva crítica, contrapondo-se ao discurso dominante que rotula essas comunidades como obstáculos para o desenvolvimento econômico. Essa disputa também ocorre no âmbito acadêmico, uma vez que o reconhecimento de que essas comunidades se apropriam de territórios rompe com interpretações clássicas do território e da política, que se restringem ao Estado. Assim, também no âmbito científico há disputas, muitas vezes com a desqualificação do discurso do outro. Entende-se que ambas as contribuições são importantes (o território do Estado e o território das comunidades). No entanto, a concepção uniescalar de território, nas pesquisas sobre comunidades tradicionais, tem promovido a invisibilidade de diversos sujeitos sociais.

Observa-se que cada vez mais as abordagens de território adotam uma perspectiva relacional, conforme proposto por Raffestin (1993; 1986B). Dessa forma, interessa abordar a resistência das comunidades diante das relações assimétricas de poder. Isso ocorre porque em determinados contextos as comunidades resistem por meio de estratégias para permanecer no território e entram em tensão com o poder dominante, enquanto em outros contextos as relações assimétricas de poder se impõem de forma contundente, impedindo qualquer possibilidade de contestação. A assimetria de poder evidencia o território como uma prisão.

Além disso, a perspectiva relacional pressupõe a concepção da territorialidade humana por meio de relações com territórios concretos e abstratos. Isso é fundamental para compreender o território na perspectiva do modo de vida, pois ele se constitui por meio das relações com a sociedade e o ambiente, que suscitam regras reconhecidas pelo grupo. Essas territorialidades são fundamentais para a gestão do ambiente a partir das comunidades (RAFFESTIN, 1986C).

Ao destacar a relação entre conceitos e problemáticas, é importante enfatizar também a relação entre essas problemáticas e os métodos empregados. Conforme ressaltado por Moraes (2005), a perspectiva crítica apresenta uma variedade de orientações metodológicas que sustentam, como traço comum, o discurso contestador. Portanto, é interessante compreender, dentro desse discurso crítico evidenciado nas principais problemáticas analisadas, a expressão das principais abordagens metodológicas: Composição, Materialismo Histórico e Dialético, Sistêmico e Fenomenologia.

Em suma, o estudo das relações entre problemáticas, abordagens conceituais, regiões brasileiras e métodos empregados (figura 20) é de fundamental importância para a compreensão aprofundada das dinâmicas socioambientais relacionadas à pesca. Essa análise permite identificar tendências, lacunas e possibilidades de abordagem, além de contribuir para a formulação de políticas e estratégias mais adequadas para lidar com os desafios enfrentados pelas comunidades pesqueiras e pela gestão ambiental. É um campo em constante evolução, que exige um olhar crítico e interdisciplinar para promover uma compreensão mais abrangente e justa dessas realidades.

Considera-se relevante enfatizar a presença do Materialismo Histórico e Dialético como método de pesquisa na Geografia brasileira. Essa presença é apontada pelos autores dos trabalhos e influencia o tratamento das problemáticas. Observa-se a importância desse método nos trabalhos das regiões Norte e Nordeste. No caso da região Norte, destaca-se a compreensão dos pescadores/ribeirinhos como partícipes da estrutura de classe camponesa. Nessa região, gestão e resistência são abordadas com destaque. Logo, o método permite expor a expropriação capitalista do trabalho, que resulta em resistência. Também apresenta o contraponto da gestão a partir dos camponeses, e suas tensões com outras formas de gestão.

Figura 20 -Gráfico de relação entre principais problemáticas e principais abordagens metodológicas

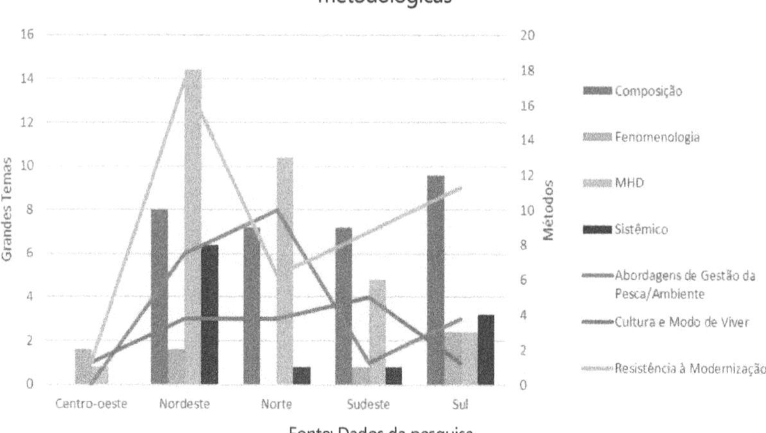

Fonte: Dados da pesquisa.

Quanto à categoria "composição", como já foi dito, integra trabalhos cujo método não é explicitado pelo autor. Nestes, é possível verificar a mesclagem de procedimentos metodológicos, mas seria audacioso apontar a predominância de um método. Muitos deles compõem a discussão com o Materialismo Histórico e Dialético, o que se verifica a partir das categorias utilizadas. Esse "ecletismo" se observa de forma proeminente nas regiões Sul e Sudeste, onde as principais problemáticas estão relacionadas à resistência e ao modo de vida. Esses trabalhos se caracterizam pela busca por respostas relacionadas às problemáticas da pesquisa, de forma centrada em múltiplos procedimentos metodológicos. Geralmente, as conclusões são apresentadas e evidenciam situações de tensão. Contudo, acredita-se que a discussão sobre o método de pesquisa contribui para a compreensão da Geografia do presente. Sendo assim, são pesquisas que debatem determinada problemática, mas dentro de um limite que não permite ter clareza sobre a forma como o pesquisador se posiciona. O risco que se observa em certas pesquisas que não delimitam o campo metodológico é a reprodução da Geografia Tradicional.

Também se evidenciam trabalhos que utilizam o método Sistêmico. Esse método costuma utilizar procedimentos relacionados às geotecnologias para responder às problemáticas de pesquisa. Essa perspectiva metodológica está bastante associada aos trabalhos que discutem a gestão e estabelecem propostas nesse sentido. Cabe também enfatizar que o trabalho de campo e o diálogo com as comunidades não são dispensados, afastando-se das propostas da Geografia quantitativa.

Outra questão que se faz necessária é a presença da fenomenologia como método. Considerando apenas o método explicitado pelo pesquisador, a fenomenologia é menos presente, mesmo que se identifique a utilização de procedimentos relacionados a esse método, principalmente quando se trata dos modos de vida e da cultura das comunidades. Contudo, a discussão sobre o método é pouco frequente.

Em relação aos métodos de pesquisa, observa-se que cada um, dentro de seu limite, responde às principais discussões das problemáticas apresentadas. Contudo, enquanto se observa que o debate teórico tem sido profícuo, a discussão sobre o método não tem sido tão evidenciada, em detrimento da descrição de técnicas de pesquisa. Acredita-se que superar esse limite é necessário para pensar articulações e ações em conjunto, no âmbito das Geografias da pesca.

Ainda sobre as metodologias de pesquisa, é fundamental enfatizar a presença de trabalhos de campo e as diversas abordagens de cartografia social. Isso é importante para pensar a Geografia do tempo presente, pois a prática do geógrafo está muito associada à sua presença, participação e ação nos contextos de pesquisa. Assim, cabe entender o geógrafo da pesca como promotor de uma Geografia do diálogo horizontal, que conhece a comunidade e busca, em certa medida, corresponder às suas expectativas. Como enaltece Suertegaray (pesquisa de campo), cada método implica em determinada abordagem de campo. Sendo assim, as possibilidades de diálogos de saberes no âmbito das comunidades tradicionais estão intrinsecamente relacionadas ao método da pesquisa.

Quanto à cartografia social, em suas diversas abordagens, como cartografia participativa, cartografia comunitária, mapeamentos comunitários, etc., é importante enaltecer essa expertise do geógrafo, que vem sendo aprimorada nos últimos anos. Nessa perspectiva, não se trata apenas do procedimento técnico do mapeamento, mas de uma série de conhecimentos que permitem o diálogo com base nas espacialidades dos sujeitos, grupos e comunidades. A informação resulta da tradução intercultural de saberes e práticas a partir do diálogo e deve expressar a simbologia do mapa. Do ponto de vista do território das comunidades, essa proposta metodológica é fundamental, pois permite a exposição de conflitos, bem como a reflexão sobre a gestão do território. Para que o mapa comunitário seja um instrumento de gestão e luta, é fundamental potencializar a participação em todos os processos relacionados à cartografia, para que corresponda aos objetivos do grupo (nova cartografia social).

Entende-se que o debate teórico e metodológico presente nos trabalhos analisados contribui para a realização de uma racionalidade cosmopolita, que, ao contrário da dominante, busca contrair o presente e expandir o futuro, criando um espaço de visibilidade para a experiência social que se manifesta no tempo presente (SANTOS, 2002). Trata-se, sobretudo, de reconhecer as experiências e solidariedades que se expressam no local, como propõe Milton Santos (2006) no enfrentamento das consequências da globalização.

Instituições/entidades de pescadores artesanais

O mapa na figura 21 apresenta a representação das instituições abordadas nas pesquisas, levando em consideração o local de estudo. Observa-se que a maioria dos trabalhos não menciona uma instituição específica, mas sim as comunidades. As colônias de pescadores são mencionadas em várias pesquisas, enquanto as associações, conselhos deliberativos, fóruns e movimento social aparecem em menor número.

A pesquisa acadêmica sobre pesca artesanal tem dado destaque à participação das **comunidades pesqueiras** como interlocutoras nos estudos. No Nordeste, observamos uma diversidade de estados onde as pesquisas são realizadas junto à comunidades pesqueiras. Na Bahia identificamos as pesquisas de Alencar (2003), Machado (2007), Kuhn (2009), Rosário (2009), Queiroz (2011), Rios (2012, 2017) e Dumith (2017). No Ceará, destacam-se os trabalhos de Lima (2002), Rodrigues (2005), Santos (2008, 2013), Costa (2010), Moraes (2010) e Paula (2012). No Pernambuco, encontramos uma diversidade trabalhos, de autoria de Silva (1982), Cunha (2006), Silva (2006), Silva (2017) e Pérez (2016). No Sergipe, destacam-se as pesquisas de Nunes (2011, 2018), Torres (2014) e Santos (2018). Na Paraíba, os autores Madruga (1986) e Araújo (2017) também realizam pesquisas com comunidades. Em Alagoas e Maranhão, destacam-se as pesquisas de Souza (2003) e Costa (2015), respectivamente.

Na região Norte do Brasil, também são numerosas as pesquisas junto às comunidades pesqueiras. No Amazonas, encontramos os trabalhos de autoria de Cruz (1999, 2007), Cruz (2006, 2011), Silva (2009), Abreu (2010), Queiroz (2012), Rodrigues (2014) e Nascimento (2016). No Amapá, destacam-se as pesquisas de Marinho (2018) e Lima (2020). No Pará, encontramos os trabalhos de Lima (2008), Guedes (2009), Cunha (2011), Silva (2012) e Ferreira (2016).

No Sudeste, no Rio de Janeiro, destacam-se pesquisas de autoria de Giannella (2009), Chaves (2011), Rainha (2015), Euzébio (2018) e Simão (2021). Em São Paulo, temos os trabalhos de Cardoso (1996) e Furlan (2002) junto as comunidades pesqueiras. Minas Gerais é representado pelo autor Braconaro (2011).

Na região Sul do Brasil, no Paraná destacam-se pesquisas de Barbosa (2014), Pérez (2012) e Scheibel (2013). No Rio Grande do Sul, encontramos os trabalhos de autoria de Martins (1997), Lima (2003), Silva (2007), Maier (2009), Contato (2012) e Santana (2013). Em Santa Catarina, Dorsa (2015), Chamas (2018), Santos (2019) e Carvalho (2019) também realizaram pesquisas com comunidades.

No Centro-Oeste, especificamente no Mato Grosso, as principais pesquisas são de autoria de Santos (2014, 2019) e Prado (2015).

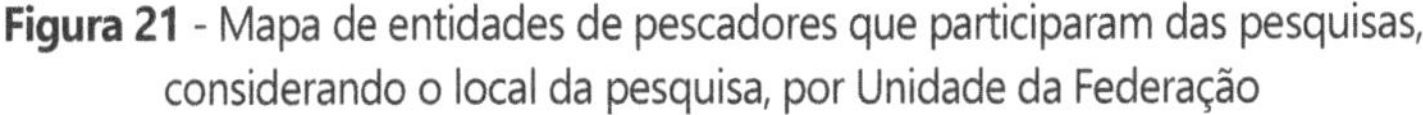

Figura 21 - Mapa de entidades de pescadores que participaram das pesquisas, considerando o local da pesquisa, por Unidade da Federação

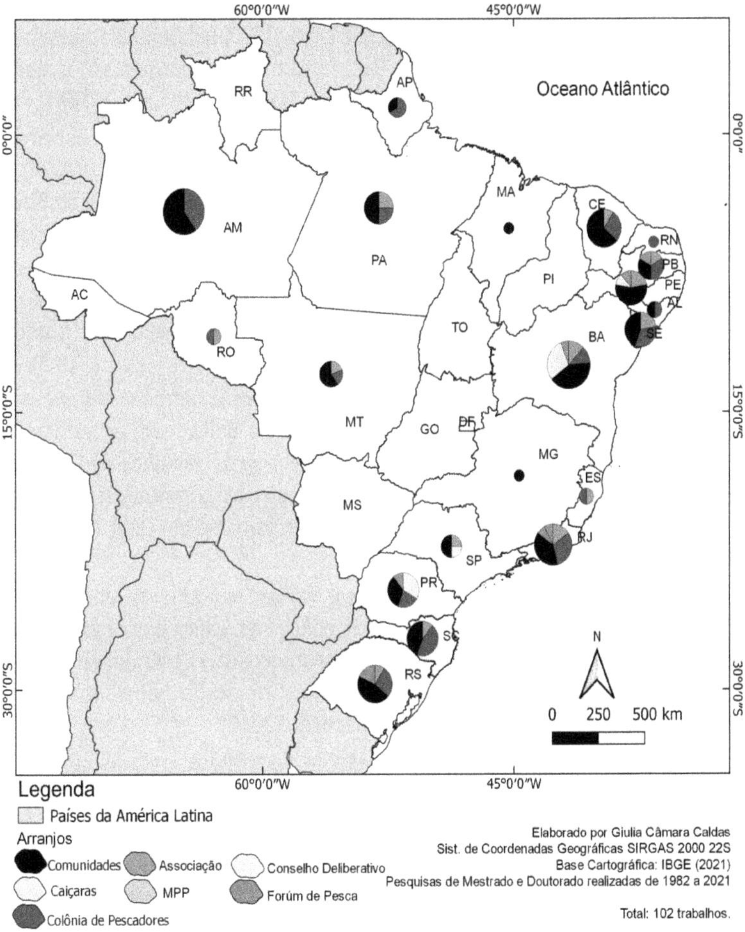

Também são numerosos os trabalhos que têm como interlocutores as **colônias de pescadores**. Na região Nordeste, destacam-se os trabalhos realizados na Bahia, por Alencar (2003), Rosário (2009) e Rios (2017). No Ceará, identificamos as pesquisas de Rodrigues (2005), Cavalcante (2012) e Santos (2013). Na Paraíba, destacam-se os trabalhos de Silva (2012) e Araújo (2017), enquanto em Sergipe destaca-se pesquisas de Santos (2012, 2018) e Torres (2014). No Pernambuco, Rio Grande do Norte e Alagoas, encontramos um trabalho em cada um, sendo de Silva (2006), Neto (2009) e Cunha (2015), respectivamente.

Na região Norte do Brasil, as colônias de pescadores também são integradas em estudos. No estado do Amazonas, mencionam-se os trabalhos dos autores Cruz (2006, 2011), Silva (2009), Rodrigues (2014), Nascimento (2016) e Pereira (2021). No Amapá, Marinho (2018) e Lima (2020) também contribuem com pesquisas sobre essas entidades. No Pará, encontramos pesquisas dos autores Silva (2006), Guedes (2009) e Araújo (2012), e em Rondônia, de Cruz (2018).

No Sudeste, destacam-se os trabalhos realizados no Rio de Janeiro, de autoria de Vinhas (2011), Gomes (2012), Ferreira (2013) e Euzébio (2018). No Espírito Santo, menciona-se o trabalho de Oliveira (2020). Na região Sul do Brasil, a pesquisa junto às colônias de pescadores também é frequente. No Rio Grande do Sul, são autores Silva (2007), Moraes (2015) e Mendes (2019). Em Santa Catarina, destacam-se os trabalhos de Custódio (2006), Machado (2013), Dorsa (2015) e Carvalho (2019). No Paraná, os autores Ferreira (2014) e Moreno (2021) também abordaram colônias em suas pesquisas.

Os trabalhos junto às **associações de pescadores** também são relevantes. No Nordeste, ocorrem em alguns estados, como na Bahia, com as autoras Rios (2017) e Dumith (2017). Em Pernambuco, destacam-se os trabalhos de Silva (2017) e Pérez (2016), enquanto no Sergipe encontramos as contribuições de Santos (2018) e Silva (2020). No Ceará e na Paraíba, há um trabalho em cada, de autoria de Lima (2002) e Araújo (2017), respectivamente.

No Sudeste, destacam-se as pesquisas realizadas no Rio de Janeiro, com os trabalhos de Vinhas (2011) e Lindolfo (2016). Em São Paulo e no Espírito Santo, encontramos um trabalho em cada um, de Moreno (2017) e Abreu (2020). Já na região Sul, foi encontrado um trabalho no Rio Grande do Sul e um em Santa Catarina, cujos autores são Silva (2007) e Machado (2019).

Na região Norte, destaca-se a presença de estudos junto às **associações pesqueiras** no Pará, com Chaves (2018), e em Rondônia, com Cruz (2018). Na Região Centro-Oeste foi identificado o trabalho de Santos (2019).

Ao analisar as pesquisas junto a **conselho deliberativo** em diferentes regiões do Brasil, é possível identificar que o estado da Bahia se destaca no Nordeste, com trabalhos de autoria de Rosário (2009), Dumith (2012, 2017), Figueiredo (2013) e Perry (2015). Em Pernambuco, Silva (2017) também aborda esse tipo de conselho. No Sudeste, encontramos trabalhos relevantes como de Camargo (2013) em São Paulo e Simão (2021) no Rio de Janeiro.

Os **fóruns de pesca** são pouco mencionados, com apenas duas pesquisas no Sul, ambas no Rio Grande do Sul, de De Paula (2013) e Contato (2012). No Sudeste, no Rio de Janeiro, os fóruns são analisados por Vinhas (2020).

Outra entidade mencionada é o **MPP** (Movimento dos Pescadores e Pescadoras Artesanais). No Nordeste, a Bahia apresenta pesquisas das autoras Rios (2012) e Alves (2015). Na Paraíba, Silva (2012) também considerou esse movimento social. No Sudeste, o Rio de Janeiro, temos o trabalho de Euzebio (2018), e no Sul, a pesquisa de Duarte (2018).

O DIÁLOGO COM OS SUJEITOS SOCIAIS

Considera-se relevante destacar o diálogo estabelecido entre pesquisadores e sujeitos sociais, bem como entre pesquisadores no âmbito da Geografia e das Ciências Humanas. Para tanto, serão enfatizados tais sujeitos, como organizações de pescadores e pesquisadores, e em seguida algumas possibilidades de diálogo expressas no material analisado.

Conforme destacado no panorama anterior, a maioria dos trabalhos estabelece diálogo no âmbito das comunidades. No entanto, também são frequentes os estudos sobre colônias e associações de pescadores. Em cada um desses contextos, observam-se limites e possibilidades que merecem ser brevemente discutidos.

A possibilidade de diálogo com os sujeitos sociais é entendida a partir das noções de "diálogos de saberes" propostas por Leff (2006). No campo científico, isso permite recuperar e reconstruir outras versões da história e da ciência, abrindo novos caminhos para histórias globais e multiculturais do conhecimento, superando a colonialidade do saber (SANTOS, MENESES e NUNES, 2006).

O diálogo com as comunidades tem permitido o conhecimento da pesca artesanal brasileira e a relação entre o território aquático e o território terrestre (de moradia e vivência). Esses diálogos expressam os modos de vida e os desafios enfrentados pelas comunidades diante de diversos contextos. Eles revelam a vida no lugar e no cotidiano, bem como as estratégias para a subsistência e resistência. Tais abordagens trazem a dimensão política por meio de debates, acordos comunitários e defesa do território. Contudo, a dimensão política não se manifesta plenamente no campo institucional.

O diálogo institucional com as comunidades tem ocorrido no âmbito das associações e cooperativas de pescadores. Essas entidades têm proporcionado espaços para a discussão democrática das problemáticas da pesca e questões sociais dos pescadores artesanais, além de contestarem a representação das colônias de pescadores. Além disso, costumam envolver os pesquisadores em seu processo de constituição, favorecendo o debate político institucional, cujos encaminhamentos têm sido analisados nas pesquisas sobre a pesca artesanal brasileira.

Tomando como base essas instituições, é importante enfatizar os limites do diálogo, especialmente entre associações e colônias de pescadores. Isso ocorre porque muitas vezes as associações são criadas em resposta aos descontentamentos dos pescadores em relação às colônias, estabelecendo um contexto de disputas sobre qual entidade tem o direito de representar os pescadores artesanais. Essas situações conflituosas acabam por dividir as comunidades de pescadores em grupos políticos, e isso tem implicações nos territórios tradicionais, como será discutido posteriormente.

No que diz respeito à frequência do diálogo estabelecido entre pesquisadores e colônias de pescadores, é importante enfatizar que geralmente decorre do reconhecimento social que essas instituições possuem como representantes da pesca artesanal. Sendo assim, elas fornecem informações, documentos, possibilitam reuniões e, em certa medida, preservam a história da pesca na região. Contudo, não costumam promover um debate político mais amplo e horizontal, o que limita a análise das tensões que ocorrem no território.

É igualmente importante observar a crescente presença das organizações de pescadores na perspectiva dos novos movimentos sociais (SANTOS, 2001). Identificam-se uma série de grupos organizados que representam interesses coletivos localizados, mas possivelmente universalizados. Nesse sentido, destacam-se os Fóruns de Pescadores (por exemplo, Fórum Delta do Jacuí, Fórum da Lagoa dos Patos, Fórum de Pescadores em defesa da Baía de Sepetiba), o Movimento dos Pescadores Artesanais do Litoral do Paraná (MOPEAR) e a Articulação Nacional de Pescadoras. Em âmbito nacional, destaca-se a ação do Movimento dos Pescadores e Pescadoras Artesanais (MPP). Ressalta-se que o diálogo com os movimentos sociais apresenta diferenças, pois pressupõe que o trabalho do pesquisador corresponda às expectativas do grupo. Assim, não é o pesquisador que estabelece a agenda de pesquisa, mas esta deve ser construída conjuntamente, por meio do diálogo.

Além disso, no que diz respeito aos diálogos entre pescadores e geógrafos, é fundamental superar a hierarquia estabelecida pela ciência moderna entre conhecimento científico e tradicional. Reconhecer nos saberes tradicionais a possibilidade de conexão entre conhecimento e prática, entre saber e pensar (SANTOS, MENESES e NUNES, 2006), é igualmente importante. Nesse sentido, os caminhos apresentados por Leff (2006), na perspectiva da racionalidade ambiental, devem ser amplamente empregados nas pesquisas, pois relacionam conhecimentos tradicionais e científicos, distinguindo sem separar (MORIN, 1990). Dessa maneira, é fundamental compreender a ação comunicativa proposta por Habermas (2012A; 2012B) e a tradução intercultural de Santos (2002). O primeiro expõe a dialógica a partir dos mundos da vida em que estão situadas as compreensões, e o segundo propõe reconhecer o que há em comum entre as compreensões de diferentes culturas.

Santos et al. (2006) destacam a importância, na perspectiva da epistemologia crítica, de compreender que todo conhecimento é situado, correspondendo a capacidades de realização em determinados contextos e lógicas. Portanto, não é apenas o conhecimento tradicional que deve ser questionado, mas também o conhecimento científico.

FUTURO DA PESCA ARTESANAL, NA PERSPECTIVA DOS PESQUISADORES

Após analisar as pesquisas considerando a dinâmica da área de estudo, foi necessário abrir o diálogo com os pesquisadores para enfatizar os desafios e possibilidades que se apresentam para o futuro da pesca artesanal. No questionário respondido pelos geógrafos, fez-se a seguinte pergunta: "Qual é a sua compreensão sobre o futuro da pesca artesanal brasileira?" Destaca-se que 51 pesquisadores responderam a essa pergunta, e o conjunto de respostas está representado na nuvem de palavras (figura 22).

As principais respostas para essa pergunta foram: a) Depende do reconhecimento das comunidades tradicionais b) O problema se deve a falhas na gestão e na falta de políticas públicas; c) A pesca artesanal é ameaçada pelo avanço de outras atividades econômicas; d) A pesca enquanto atividade econômica está em declínio.

a) Depende do reconhecimento das comunidades tradicionais

Para 38,89% dos pesquisadores, o futuro da pesca artesanal seria mais "promissor" se o Estado brasileiro reconhecesse as comunidades tradicionais de pescadores. Isso implica envolver os pescadores na criação de normas para a pesca e reconhecer os territórios das comunidades tradicionais de pescadores. Assim, os pescadores artesanais seriam reconhecidos como sujeitos de direito, com especificidades por serem comunidades tradicionais. Nas palavras de Eduardo Schiavone Cardoso (UFSM), a pesca "vai resistir no tempo, com a gestão cada vez mais sendo elaborada pelos pescadores".

Figura 22 - Nuvem de Palavras "Futuro da Pesca Artesanal"

Fonte: Dados da pesquisa.

Retoma-se que essa problemática foi destacada nos trabalhos que revelam o modo de viver por meio da tradição. Estes são realizados prioritariamente com comunidades de pescadores, envolvendo uma grande diversidade de métodos, onde o trabalho de campo ganha importância fundamental na relação entre pescador e pesquisador. Segundo os trabalhos, essa discussão deve estar baseada teoricamente na relação que os pescadores têm com o ambiente e na constituição de territórios.

Ressalta-se que essa resposta foi comum entre pesquisadores em todas as regiões brasileiras e predominante no Nordeste e Sudeste. Rodrigo Corrêa Euzébio (NUTEMC - UERJ/FFP) destaca os ataques às comunidades tradicionais:

> "A pesca artesanal tem sofrido ataques em três frentes: perda dos territórios; restrição no acesso aos direitos, com uma forte burocratização das formas de acesso às políticas públicas e na obtenção e/ou manutenção dos registros de pesca; e redução das suas formas de pesca, com a criminalização pelos órgãos ambientais, do uso de determinadas técnicas e da pesca de determinadas espécies. Nesse contexto, observa-se o crescimento da Aquicultura, que recebe vultosos investimentos do Estado brasileiro e começa a aumentar sua participação na produção do pescado brasileiro. Nesse sentido, creio que seja importante uma reorganização dos pescadores no sentido de aumentarem suas participações nas tomadas de decisões e na organização da economia pesqueira."

Guiomar Germani (GeograFar - UFBA) entende que o caminho é visibilizar a pesca artesanal, inclusive no meio acadêmico:

> "Considero que o principal desafio da pesca artesanal no Brasil é tirar sua invisibilidade. Evidenciar quem são estes pescadores e pescadoras, onde e como se encontram, quais suas especificidades, fazer avançar as políticas públicas de apoio e de reconhecimento de seus territórios, de seus saberes e artes e, sobretudo, reconhecer a importância da atividade em seu âmbito social, econômico e político. Atualmente, este desafio aumenta em todas as dimensões, pois tudo parece ir na contramão das necessidades do grupo social dos pescadores e pescadoras artesanais. Isto coloca muito mais responsabilidade aos pesquisadores envolvidos com esta temática e dá sentido a suas atividades de ensino, pesquisa e extensão."

Para Kássia Aguiar Norberto Rios (UFRB e GeograFar - UFBA), "O maior desafio é a regularização dos territórios pesqueiros, assim como a luta contra a invisibilidade histórica dessas comunidades. Daí a importância na construção de debates, discussões e pesquisas sobre a temática".

b) Problemas na gestão e política pública

Já 31,48% dos pesquisadores associam as problemáticas da pesca à gestão estatal e carência de políticas públicas específicas para a pesca artesanal. Assim, é fundamental destacar que no Brasil o Estado tem a prerrogativa da gestão da pesca. Contudo, como destaca Eneias Guedes (UFOPA), existem "pressões e políticas que vão na contramão dos interesses dos pescadores". Em situações específicas, essa gestão é compartilhada com as comunidades. Contudo, decisões técnicas e políticas acarretam prejuízos de ordem ambiental e econômica, deixando os pescadores artesanais em situação de vulnerabilidade social. Frente a esse quadro, também há a necessidade de políticas públicas para o pescador artesanal.

Retomando as problemáticas analisadas nas dissertações e teses, verifica-se um diálogo direto com as abordagens de gestão da pesca e do ambiente. Neste caso, é importante destacar que a discussão se baseou, prioritariamente, em trabalhos de campo com as comunidades, reconhecendo seus saberes e formas de gestão, e as consequências da inadequada gestão. Acrescenta-se a emergência dos conceitos de ambiente e território uma vez que, na perspectiva das comunidades, a gestão do território se dá também por meio de saberes adquiridos na relação com o ambiente.

Essa linha de compreensão predomina entre os pesquisadores das regiões Norte e Sul. Cristina Buratto Gross Machado enfatiza que a pesca industrial é privilegiada por políticas de Estado:

> "Vejo avanços nos últimos 12 anos, mas a pesca industrial ainda é privilegiada diante das políticas governamentais. Com relação à

> legislação, áreas e espécies permitidas à pesca artesanal, também tem muitas coisas que deveriam ser revistas, bem como uma fiscalização eficiente por parte dos órgãos públicos que os protegesse dos conflitos com os barcos industriais (isso na realidade que conheço em SC), por exemplo."

Já Marcia Aparecida da Silva Pimentel (UFPA) destaca que o futuro da pesca depende de políticas públicas para o setor:

> "Há vertente que defende sua extinção em função do 'rolo compressor' do sistema capitalista urbano-industrial. No entanto, acredito na articulação política, nas políticas públicas sociais e de apoio técnico aos pescadores e tiradores de caranguejo, presentes em minha área de estudo. Os desafios são muitos porque o conflito é inerente e envolve interesses divergentes."

Em relação à aplicação de políticas públicas, Ana Paulina Aguiar Soares (UEA) destaca que, apesar de algumas existirem, a aplicação das mesmas encontra dificuldades. Como os "desafios quanto aos desvios na execução de políticas como o seguro defeso (uma conquista dos movimentos)".

Como destaca Larissa Tavares Moreno (UNESP), as dificuldades impostas pelo Estado aos pescadores artesanais parecem objetivar a desmobilização dos mesmos, contudo encontram resistência no corpo social:

> "Pensando pelo viés mercadológico e institucional-burocrático do Estado, a pesca artesanal na realidade nunca foi prioridade e realmente incentivada com o devido valor que merece. Mas diante de alguns casos e exemplos de pescadores artesanais espalhados pelo país, há um elemento intrínseco a eles que os movem para o confronto diário para com os desafios, problemáticas e conflitos que persistem em desmotivá-los, mas a cada dia esses pescadores e pescadoras ainda lutam e resistem como podem. Ou seja, os desafios que o futuro reserva são vários. O embate e a luta são iminentes assim como será fundamental a forte organização social e política dos pescadores e pescadoras."

c) Ameaçada por outras atividades econômicas

Ainda 18,52% dos pesquisadores que responderam aos questionários entendem que o futuro da pesca artesanal brasileira é ameaçado pelo avanço de outras atividades econômicas. Essa perspectiva de resposta teve maior destaque nas regiões Nordeste e Sul.

Essa compreensão dos pesquisadores dialoga com a análise dos trabalhos que expõem a resistência à modernização. Retoma-se que essas dissertações e teses destacam o avanço de outras atividades econômicas e da pesca predatória sobre as comunidades de pescadores e pesqueiros tradicionais. Promovem consequências no território pesqueiro, como perda de produtividade, insalubridade ambiental, remoção das famílias. Sendo assim, integram tanto abordagens de conceitos de território quanto de ambiente e se evidenciam no trabalho de campo.

Como destaca Shauane Itainhara Freire Nunes (UFS), o avanço de outras atividades econômicas expõe o conflito entre atividade tradicional e capital:

> "Os territórios onde se dá a prática da atividade são territórios do capital, então, alguns processos tendem a dificultar ou mesmo impedir a prática da atividade, o que não quer dizer que a atividade continue resistindo".

Tiago Rossi de Moraes (UFSM) destaca que, devido à pesca industrial e, mais recentemente, à aquicultura, por incentivo do Estado, os "pescadores artesanais do Brasil constantemente têm seus territórios e o direito legal sobre eles ameaçados por interesses do capital".

Júlio César Suzuki (USP) entende que o avanço de atividades econômicas tem reduzido a quantidade de pescado, e o enfrentamento da pesca artesanal tem se dado por meio da luta dos movimentos sociais:

> "Há enormes dificuldades, como a redução do volume do pescado, a realização da pesca predatória, aumento dos dejetos no oceano, avanço da urbanização sobre áreas de moradia de pescadores, ausência de política de apoio à permanência dos pescadores, criação de áreas de proteção ambiental sobre terras de uso consuetudinário de pescadores artesanais; mas há perspectivas de luta com a criação de movimentos sociais que demandam direitos necessários à sobrevivência destes sujeitos."

Catherine Prost (UFBA) destaca que "Entre os principais desafios, estão os conflitos territoriais e/ou ambientais com atores econômicos na região costeira sob a forma de grandes projetos industriais ou de infraestrutura, ou ainda, de urbanização ou avanço de instalações turísticas". A pesquisadora vê possibilidades a partir do território pesqueiro, das Reservas Extrativistas e da valorização dos saberes:

> "É importante, portanto, ressaltar o peso econômico e social da pesca artesanal, garantir os territórios de pesca. No tocante às Resex, o desafio é demonstrar que o modelo pode representar uma alternativa ao modo dominante de produção uma vez que existem ameaças a sua perpetuação. A valorização dos saberes ambientais deve ser ampliada para favorecer a ecologia dos saberes e alternativas ao desenvolvimento."

d) Declínio da pesca como atividade econômica

Por fim, 11,11% dos pesquisadores compreendem que a pesca artesanal está em declínio como atividade econômica.

Nesse contexto, observa-se o diálogo direto com as problemáticas das dissertações e teses que abordam o trabalho tradicional. Retoma-se que o trabalho como mediação do pescador e o ambiente só é possível com a gestão adequada dos recursos. No mundo da pesca, isso ocorre por meio de saberes aprendidos, mas quando essa lógica é rompida em detrimento da exploração econômica sem limites, a atividade entra em declínio. Sendo assim, nem o ambiente se recupera, nem o pescador consegue sua reprodução social. Diante disso, cada vez mais os pescadores defendem seus territórios e recursos do ambiente presentes neles.

Fernando Custódio Soares destaca que, devido à sujeição da atividade pesqueira artesanal ao capital, o futuro não se apresenta muito promissor:

> "Identifiquei este ponto em uma das pesquisas que efetuei, na comunidade do Perequê, onde pescadores artesanais de camarão, ainda utilizando objetos e maquinário tradicional, eram forçados (compelidos) a lutar contra frentes difíceis de se vencer na atividade diária de pesca, como o alto preço do combustível das embarcações, as absorções de lucro cada vez maiores de atravessadores/ processadores de pescados, a competitividade de valor do pescado de pescadores artesanais contra quantidades imensas de pescados de embarcações industriais-pesqueiras. Ao meu ver, o quadro que se desenha no futuro da pesca tradicional não é promissor, infelizmente, e isso acarretará em perdas não apenas na tradicionalidade da pesca, mas também na perda da tradicionalidade das comunidades que as praticam."

Christian Nunes da Silva (UFPA) entende que a sobre-exploração dos recursos extrativistas tende a levar ao declínio da produção. Em decorrência disso, abre-se espaço para o crescimento da produção aquícola.

> É importante ressaltar que as questões emergentes identificadas na análise das questões abertas dos questionários não foram tomadas a priori da análise das dissertações e teses. Contudo, observa-se que os pesquisadores se posicionam dentro do horizonte em que estabeleceram as pesquisas. Também se evidencia que as abordagens teóricas e metodológicas adotadas pelos geógrafos promovem discussões que questionam o futuro da pesca, logo, há um processo de entendimento que pode auxiliar as comunidades e a gestão.

Possibilidades de diálogos na Geografia e com as Ciências Humanas

Tendo destacado o diálogo entre geógrafos e pescadores, cabe agora apresentar o diálogo entre pesquisadores. Para isso, serão destacados limites e possibilidades a partir do diálogo expresso nas dissertações e teses, por meio de citações. Em seguida, transpõe-se esses diálogos para o âmbito das ciências humanas e sociais, apontando potenciais para a dialógica. O mapa da figura 23 apresenta a relação entre os autores, que pesquisam a pesca artesanal na Geografia, e que foram citados nas dissertações e teses analisadas.

Figura 23 - Mapa da expressão regional das referências nos trabalhos aos pesquisadores que responderam os questionários

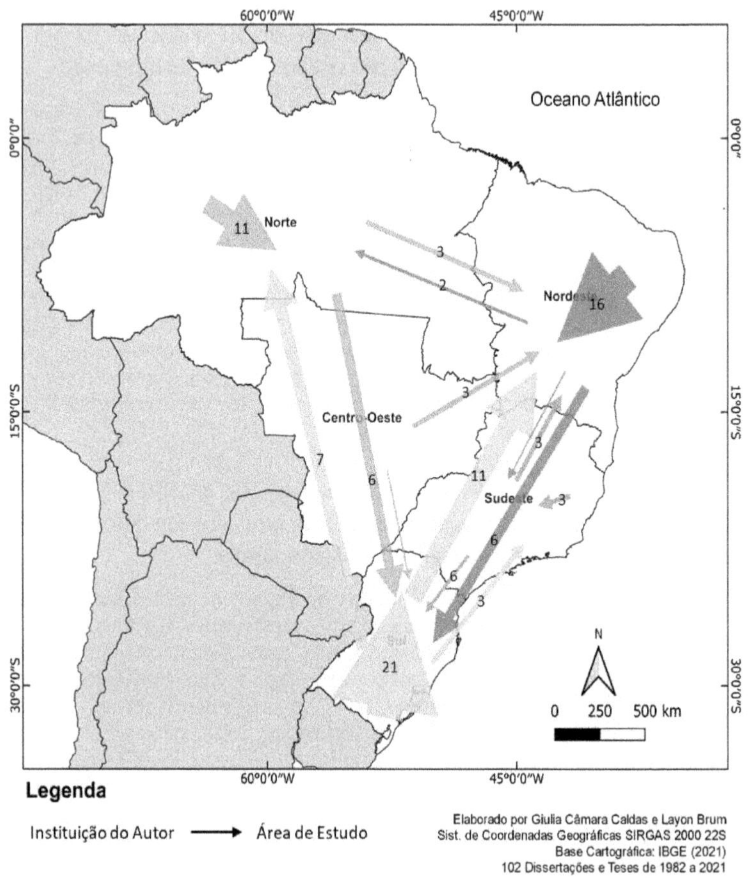

A primeira questão que deve ser destacada é que dos 102 trabalhos analisados, entre dissertações e teses, a partir da área de estudo, 48 não fazem nenhuma referência aos autores geógrafos identificados nesta pesquisa, como pesquisadores da pesca artesanal. Essa ausência se manifesta mesmo em trabalhos que ocorrem na mesma área de estudo e com abordagens teóricas semelhantes. Sendo assim, o desconhecimento sobre a pesquisa em pesca artesanal na Geografia brasileira se apresenta como uma lacuna importante dentro dos trabalhos e limita o diálogo/debate direto entre eles. Esse aspecto, em contraposição à opinião de alguns pesquisadores que responderam as questões qualitativas do questionário, de que ainda são poucas as referências, indica a necessidade de produzir estratégias para uma melhor divulgação do que tem sido produzido na Geografia brasileira sobre a pesca artesanal.

Outro fator a destacar nas pesquisas realizadas em áreas de estudo das regiões Sul, Nordeste e Norte, respectivamente, é que o maior número de citações identificadas é de autores lotados institucionalmente na região. Ressalta-se que nessas regiões observou-se a relação entre áreas e programas de pós-graduação. Logo, há relação entre os trabalhos, cuja área de pesquisa é a mesma, o que no contexto da pós-graduação propicia o diálogo entre as pesquisas no âmbito regional. Isso permitirá inferir que a área de estudo é o principal fator de diálogo entre tais pesquisas. Contudo, especialmente o impacto dos autores da região Sul sobre as demais regiões leva a compreender que essa relação não é uma regra.

O professor Eduardo Cardoso, lotado na UFSM, é mencionado em 31 trabalhos, o que resulta na densidade das setas que saem da região Sul. Ressalta-se que o autor é muito referenciado a partir da tese "Pescadores artesanais: natureza, território, movimento social" de 2001, que aborda os territórios dos pescadores artesanais em escala nacional. Diante disso, evidencia-se a importância dessa referência em pesquisas realizadas em outras regiões, principalmente no Nordeste e no Norte.

Outro ponto a destacar trata das reduzidas citações a autores vinculados atualmente a instituições da região Sudeste em trabalhos realizados em outras regiões. Esse é um comportamento contrário ao esperado, pois, como se evidenciou, os programas de pós-graduação da região Sudeste promovem pesquisas sobre a pesca artesanal em diversas regiões. Contudo, o que se observa é que, ao concluírem a pós-graduação, os pesquisadores frequentemente retornam à região de origem. A própria tese de Cardoso (2001) foi realizada no Programa de Geografia Humana da USP, mas o autor retornou ao Rio Grande do Sul, assim como Cruz (2007), que realizou o mesmo programa e retornou ao estado do Amazonas, onde está vinculado atualmente à UFAM. Desta forma, conclui-se que os egressos da região Sudeste são citados, mas isso se expressa na região onde têm o vínculo atual.

Um comportamento contrário se observa na seta que sai da região Centro-Oeste para a região Nordeste. Nesse caso, a autora Ednizia Khun é citada na Bahia, pois realizou a pesquisa na UFBA, contudo, atualmente está vinculada à instituição no Distrito Federal. Logo, a citação se deve ao vínculo da pesquisa com a área de estudo situada em São Francisco do Paraguaçu, Bahia.

Também cabe destacar características regionais e locais da pesca que motivam a interlocução entre pesquisas. Na seta que sai da região Norte para a região Sul, por exemplo, as citações estão relacionadas às territorialidades típicas da Amazônia e aos Acordos de Pesca.

Cabe ressaltar que a questão das citações não se limita à questão quantitativa, mas à socialização do conhecimento. Supõe-se que o diálogo entre os autores é fundamental no movimento das compreensões construídas. Muitas vezes, as pesquisas voltam-se a um início que já foi superado por outros trabalhos. Nesse sentido, considera-se importante conhecer para debater, dialogar e responder à - e com a - sociedade a partir do conhecimento produzido na Geografia.

Em relação ao diálogo entre pesquisadores, também é significativo ressaltar a importância dos eventos acadêmicos promovidos no âmbito da Geografia brasileira. Nesse sentido, destacam-se os Encontros Nacionais de Geógrafos - ENGs e os Encontros da Associação Nacional de Pós-Graduação e Pesquisa em Geografia - ENANPEGEs, nos quais os pesquisadores estabelecem diálogos, sobretudo em Espaços de Diálogos e Grupos de Trabalho. Cabe destacar que tem se criado a "cultura" de encontro dos pesquisadores da pesca nesses eventos, com o objetivo de aproximar tais sujeitos e, assim, potencializar o diálogo em rede.

Em relação ao diálogo com outras áreas do conhecimento, é importante destacar as convergências no âmbito das ciências humanas e sociais, na perspectiva do momento histórico e institucional. As ciências humanas, onde se encontra a Geografia, estão em um processo semelhante de expansão e consolidação da pós-graduação. O tratamento dado no campo das humanidades pelos PNPG (2005-2010, 2011-2020) não apresenta grandes distinções.

As Geografias da Pesca estão muito influenciadas por outras áreas das ciências humanas e sociais. Os trabalhos fazem referências a diversos autores, sobretudo das ciências sociais, como ciência política, sociologia e antropologia. Também há discussão com base em autores da história e filosofia. Geralmente, essas referências dizem respeito a teorias e paradigmas de compreensão da sociedade de forma mais ampla, não tratando especificamente da realidade brasileira.

Os autores brasileiros, via de regra, são referenciados para permitir interpretações a respeito da sociedade brasileira diante de determinados contextos. Quanto à pesca artesanal, é unânime a referência aos trabalhos do antropólogo Antônio Carlos Diegues. Este autor tem influenciado os geógrafos com conceitos de pescador, pesca artesanal, comunidade tradicional, entre muitos outros. Sua referência também se refere a estudos realizados em diversas partes do território nacional, apresentando as comunidades caiçaras, açorianas, ribeirinhas, etc.

Entende-se que a Geografia tem a capacidade de dialogar no campo das ciências humanas, pois compartilha problemáticas e implicações institucionais e históricas semelhantes. Contudo, como ensina Milton Santos (2006), é fundamental que a Geografia se aprofunde na discussão epistemológica para o diálogo com outras áreas do conhecimento. Nesse sentido, parece necessário avançar para que, no diálogo com outras áreas do conhecimento, a Geografia não se esvaneça. Por conseguinte, o diálogo, mesmo no campo científico, deve permitir o novo sem suprimir a contribuição de cada ciência. Entende-se que a contribuição da Geografia está na dimensão espacial, portanto, deve enaltecer isso no diálogo interdisciplinar.

Na perspectiva do pensamento complexo, o encontro entre Geografia e outras ciências ocorre no campo da interdisciplinaridade. Essa surge na medida em que se concebem os limites de cada área do conhecimento, bem como suas insuficiências para responder às incertezas inerentes à complexidade do real. Reconhecendo o desconhecimento do conhecimento, o diálogo é estabelecido como possibilidade de construir o novo. Destaca-se que esse diálogo não se limita ao campo científico, mas deve paulatinamente transcender as ciências, sendo transdisciplinar, com o diálogo de saberes para além das ciências (MORIN, 1990).

Na perspectiva da racionalidade ambiental, as ciências humanas e sociais devem estar comprometidas na construção de estratégias conceituais que permitam reagir às consequências da crise ambiental planetária, por meio da gestão democrática dos recursos do ambiente. Nesse sentido, deve-se abrir-se ao saber ambiental, inserindo-se na compreensão da complexidade ambiental, para entender o diálogo de saberes, no sentido da interpretação do outro (LEFF, 2010).

A perspectiva do cosmopolitismo subalterno, ou a construção de epistemologias do Sul, encontra-se com outras perspectivas que buscam a superação da primazia da racionalidade ocidental (europeia) sobre os outros saberes e racionalidades (SANTOS, 2007). Desta forma, busca-se o reconhecimento e a valorização das diversas culturas e a construção de conhecimentos a partir dos próprios sujeitos implicados nos processos sociais em estudo. Tais estratégias contribuem para a superação da colonialidade do poder e do saber (QUIJANO, 2005).

A REDE COMO POSSIBILIDADE

Quanto à relação entre pesquisadores, principalmente no âmbito da Geografia brasileira, uma iniciativa que vem sendo tomada é a constituição de uma rede de pesquisas chamada Rede de Geografias da Pesca. Esse processo de construção de um trabalho em rede tem sido frutífero, na medida em que tem aproximado pesquisadores. Ressalta-se que a pesquisa da tese de De Paula (2018) se deu nesse processo de articulação em rede. Em seguida, serão apresentadas algumas possibilidades para o avanço desse trabalho. Por fim, será discutida a ética inerente a essa rede, a partir de diálogos estabelecidos com os pesquisadores.

No XVII Encontro Nacional de Geógrafos em Belo Horizonte, cerca de 30 pesquisadores se encontraram no Espaço de Diálogos e Práticas: Comunidades tradicionais: pescadores, ribeirinhos e caiçaras. Nessa oportunidade, houve intenso debate e reflexão sobre a pesquisa sobre pesca artesanal na Geografia. Havia um entendimento comum de que poucos geógrafos pesquisavam a pesca, o que tornava a pesquisa muito solitária. A professora Dirce Suertegaray, que participou do EDP, apontou durante sua intervenção que só naquele evento havia uma sala repleta de geógrafos que pesquisavam nessa perspectiva e que, no âmbito da Associação de Geógrafos Brasileiros (AGB), esse grupo deveria promover a articulação para superar esse estado de isolamento. A professora Catia Antonia da Silva estava presente e estimulou o grupo a promover essa articulação. Foi então que surgiu a ideia de construir uma rede de pesquisadores que integrasse diversas formas de fazer Geografia, em diálogo com as comunidades de pescadores artesanais.

Assim, criou-se a Rede de Geografias da Pesca, que inicialmente se organizou por meio de lista de endereços eletrônicos e de um grupo na rede social Facebook. Também foi decidido que, até que a rede pudesse construir eventos próprios, o caminho seria incentivar encontros nos eventos nacionais de Geografia. No V Congresso Brasileiro de Geógrafos em Vitória, ES (2014), no XVIII Encontro Nacional de Geógrafos em São Luís, MA (2016), no XIX Encontro Nacional de Geógrafos em João Pessoa, PB (2018) e no XX Encontro Nacional de Geógrafos (ocorreu online devido à pandemia de COVID-19, em 2022) os participantes da rede propuseram Espaços de Socialização de Coletivos. Também houve encontros da rede nos Grupos de Trabalho dos XI, XII, XIII e XIV em Encontros Nacionais da ANPEGE (2015, 2017, 2019 e 2021).

Como resultado do ESC de 2014, foi lançado em 2016 o livro "Brasil e Moçambique: diálogos geográficos sobre a pesca artesanal" (SILVA e DE PAULA, 2016). Em 2019 foram publicados dois volumes do Livro Geografia e Pesca Artesanal Brasileira (DE PAULA, SILVA E SILVA, 2019).

Sendo um objetivo desde o princípio da Rede de Geografias da Pesca, em 2019 foi lançada a Mares: revista de Geografia e Geociências. Esse periódico, além de publicar artigos científicos, abriu espaço para textos intercientíficos e para cartas ou outros documentos de movimentos sociais.

Por iniciativa da Prof. Catia Antonia da Silva (UERJ), foi realizado o III Encontro da Rede de Geografias da Pesca em 2019, na cidade do Rio de Janeiro, com apoio da FAPERJ. Junto a esse encontro da rede, foi realizado o II Seminário Socioambiental Global da Baía de Sepetiba e Baía de Ilha Grande.

É importante destacar que a rede social também foi importante para o estabelecimento de diálogos entre pesquisadores, agregando geógrafos e outros pesquisadores, principalmente das ciências humanas e sociais. Esses pesquisadores compartilham trabalhos, eventos e denunciam contextos de luta das comunidades. Além disso, a rede tem agregado pescadores de diversas partes do Brasil, muitos envolvidos com o Movimento de Pescadores e Pescadoras Artesanais (MPP), que utilizam a rede social para ter acesso a informações sobre a pesca e expor suas denúncias, ações e lutas.

Dentro do que vem sendo discutido entre os geógrafos, a rede persegue dois pressupostos. O primeiro é o respeito à pluralidade de pesquisas, principalmente no que diz respeito às abordagens teóricas e metodológicas. Sendo assim, não constitui um objetivo construir uma Geografia da Pesca, mas reconhecer as diversas Geografias e colocá-las em diálogo. O segundo pressuposto trata da relação entre pesquisadores e pescadores, em que a rede se entende como acadêmica e social, disponibilizando-se para o diálogo com as comunidades e os movimentos sociais, e promovendo debates na Geografia para a constituição de respostas às problemáticas apresentadas pelos grupos.

É importante ressaltar que esses pesquisadores desenvolvem pesquisas em instituições de todas as regiões do Brasil. Além disso, integram grupos de pesquisa que vêm elaborando importantes contribuições na compreensão da pesca artesanal em nível regional, principalmente. Também é importante destacar a presença de professores universitários, devido à possibilidade de abordarem a pesca artesanal no ensino, pesquisa e extensão.

Em relação aos pesquisadores que já são professores universitários, eles atuam como elos ou nós da rede, pois a participação em bancas de defesa, principalmente de dissertações e teses, tem promovido importantes diálogos entre pesquisadores. Muitos desses professores não abordaram a pesca em suas pesquisas de mestrado e doutorado, mas gradualmente incorporaram em suas pesquisas as problemáticas dos pescadores artesanais.

Ressalta-se que a Rede de Geografias da Pesca vem se constituindo em um ritmo lento, mas está ganhando força à medida que o diálogo entre os pesquisadores é potencializado e os intercâmbios de conhecimento são gerados. Dessa forma, a promoção da pesquisa em pesca artesanal em diversas partes do Brasil tende a fortalecer a rede.

Uma experiência que merece ser destacada é a disciplina Geografia e Pesca Artesanal que foi oferecia em 2021 de forma remota em rede, integrando os Programas de Pós-Graduação em Geografia da FURG,UERJ, UFBA, UFSM e UFPA. Além dos docentes dessas instituições a disciplina abriu espaço para convidados de outras instituições e de movimentos sociais como o MPP e CPP. Outro ponto relevante foi que a discilina integrou mais de 80 alunos, de mais de 20 programas de pós-graduação.

Antes de finalizar essa seção, considera-se relevante fazer uma breve reflexão sobre a ética na pesquisa. Pretende-se abordar essa questão de forma mais aprofundada em trabalhos futuros, a partir do diálogo em rede. No entanto, como essa discussão ainda não foi elaborada coletivamente, não expressa um conjunto ético definido da Rede de Geografias da Pesca, mas sim a visão do pesquisador sobre uma possível abordagem ética.

Edgar Morin (2005) compreende a ética a partir da tríade "indivíduo-sociedade-espécie". Nessa perspectiva, o ato moral expressa a religação do indivíduo com a sociedade e da sociedade com a espécie humana, o que pode resultar em uma regeneração das ações humanas. Entre as implicações dessa visão de ética, o autor propõe o "pensar bem", pois o pensamento alimenta a capacidade de julgamento ético dos indivíduos. Implicada na teoria do pensamento complexo, a ética apresenta, segundo Morin (2005), integra aspectos relacionados ao "pensar bem", que podem ser concebidos como diretrizes epistemológicas (formas de pensar), metodológicas (formas de agir) e da relação com os sujeitos, nas pesquisas sobre pesca artesanal (SILVA, 2016).

Na perspectiva do "pensar bem", as pesquisas abrem possibilidades de descobrir outros conhecimentos e, com eles, (re)aprender conceitos que foram separados no contexto moderno da ciência. Assim, contribuem para superar pontos de vista fragmentados e mutiladores, favorecendo o diálogo entre as ciências e entre estas e a sociedade. Isso abre espaço para outras racionalidades e envolve pesquisadores e sujeitos sociais na busca por caminhos que permitam arquitetar um futuro no presente. No entanto, é necessário estar ciente das incertezas e das contradições inerentes à complexidade da realidade. Também é fundamental nunca perder de vista a dialógica entre o local e o global, suas mútuas implicações, reações e resistências (MORIN, 2000).

Portanto, o "pensar bem" está articulado às formas de agir (metodologia), com base em princípios que permitem distinguir e religar. Assim, enfrenta-se a ciência moderna e a lógica clássica que promoveram a separação do conhecimento. Para enfrentar essa situação, a dialógica se coloca como princípio orientador para unir, sem suprimir as diferenças, reconhecendo na multiplicidade a unidade. Isso resulta na abordagem hologramática, superando o reducionismo que vê apenas as partes e o holismo que concebe apenas o todo, para compreender o todo na parte e a parte no todo. Essa relação circular, passado-presente-futuro, expõe a importância do processo e expressa o princípio recursivo. O processo ganha destaque em relação ao produto, que nunca está acabado. Dessa forma, a busca pela junção nunca se esgota (MORIN, 1990).

Nesse sentido, o "pensar bem" de Morin (2005) se expressa na relação entre saberes e práticas. A primeira religação necessária é entre o pensar e o fazer. Essa separação que fundamenta a ciência moderna não se manifesta no conhecimento tradicional dos pescadores artesanais. Portanto, mais do que estudar ou evidenciar tais saberes, é necessário aprender com eles. Acredita-se que a renovação ocorre por meio do diálogo, que não suprime a importância da ciência em determinadas condições, mas a problematiza. Para essa renovação, a ciência deve estar aberta ao novo, que resulta da dialógica entre saberes. Assim, cada contexto de pesquisa passa a dialogar com contextos mais amplos, que questionam os limites do conhecimento e da racionalidade científica moderna. Da mesma forma, a problemática estudada na pesquisa sobre pesca artesanal deve ser entendida e interagir com problemáticas mais amplas. Dessa forma, a produção de um novo conhecimento científico - as Geografias da Pesca - implica associação de diversos saberes e práticas, e vai se evidenciando nas novas respostas às questões que surgem no processo.

Por fim, o "pensar bem" destaca os sujeitos sociais (MORIN, 2005), reconhecendo a autonomia do indivíduo, a noção de sujeito e a consciência humana. Assim como os elementos do todo são solidários, entende-se que a consciência do sujeito deve estar presente. Isso também requer reconhecer e enfrentar a cegueira da mente humana, que estabelece limitações na memória, esquecimentos seletivos e autojustificação.

"Pensar bem" envolve, portanto, "enxergar os sujeitos" e compreender as consequências do conhecimento sobre os contextos em que estão inseridos. Exige responsabilidade diante das decisões tomadas no processo de construção do conhecimento. No caso da pesquisa em pesca, é fundamental que o pesquisador avalie as implicações de suas pesquisas nos contextos espaciais desiguais em que as comunidades estão inseridas. No entanto, assim como se destacam as consequências do conhecimento, é importante ressaltar as consequências do desconhecimento gerado pela invisibilidade a que as comunidades estão submetidas em análises de processos com os quais estão estritamente relacionadas. Essa cegueira, que invisibiliza os sujeitos sociais, resulta em ausências, e no âmbito das Geografias da Pesca, deve ser superada na promoção de emergências.

PARTE 2

TERRITÓRIO, AMBIENTE E PESCA ARTESANAL: UMA LEITURA A PARTIR DA GEOGRAFIA BRASILEIRA

INTRODUÇÃO

Na primeira parte deste livro, a análise das dissertações e teses apontou que os principais conceitos abordados para tratar as problemáticas da pesca artesanal brasileira são espaço, território e ambiente. Neste momento, será dada ênfase a território e ambiente, que segundo Suertegaray (2001) correspondem a conceitos de análise do espaço geográfico.

Inspirada em Bruno Latour (1994), que estabelece o conceito híbrido "natureza-cultura", Suertegaray (2002; 2021) propõe a análise do híbrido que se expressa no contínuo estabelecido entre o "território da natureza" e a "natureza do território". Para considerar a natureza transfigurada pela sociedade, a proposta analítica está centrada na relação entre território e ambiente.

Nos trabalhos analisados, foi possível distinguir, dentro da perspectiva da complexidade, três relações entre território e ambiente na pesca artesanal brasileira. A primeira está centrada em impactos ambientais provocados por outras atividades econômicas que levam à extinção de territórios tradicionais de pesca. Nessa abordagem, é acentuado o conceito de ambiente como condição para a perenidade do território. A segunda apresenta um quadro de disputas no território, onde se evidenciam relações de apropriação do território com o objetivo de acessar os recursos ambientais, destacando os conceitos de território e ambiente. Por fim, a terceira abordagem evidencia a situação de conflitos por território, onde indivíduos de outras atividades econômicas buscam o domínio do território apropriado pelas comunidades de pescadores artesanais, destacando o conceito de território como espaço de exercício do poder.

É fundamental destacar que, na primeira abordagem, muitas vezes não há uma situação de disputa e/ou conflito entre pescadores artesanais e outras atividades econômicas. Geralmente, os impactos decorrem de uso indireto ou de um uso que já está consolidado e, por isso, acaba não sendo questionado pelos pescadores artesanais. Mas, tais impactos põe em risco o próprio território, uma vez que para a existência do mesmo, é fundamental a presença da "reserva", conforme apontado por Raffestin (1986; 1986C), a qual podemos ler como recursos ambientais.

A relação dialética entre ambiente e território se expressa na ideia de "disputa" que tanto pode ser pelo recurso presente, gerando impactos ambientais que desestabilizam a dinâmica territorial, quanto pode ser originada a partir de relações onde o jogo de forças pela apropriação e/ou domínio prejudica a capacidade de suporte do ambiente. No caso das disputas, ainda é fundamental destacar que há o reconhecimento dos territórios e das territorialidades dos pescadores artesanais. Isso diferencia da abordagem anterior, em que o território dos pescadores era visto unicamente como ambiente (fonte de recursos ou depositório). Também se diferencia da terceira abordagem, onde os conflitos decorrem da relação assimétrica de poder exclusivamente. Em algumas situações, a mediação dos conflitos decorrentes da disputa pode permitir a presença de múltiplos territórios.

Já os conflitos por território são apontados para destacar contextos em que a apropriação do território pelos pescadores artesanais encontra limites no domínio estabelecido por outras atividades econômicas. Isso pressupõe a negação ao território anteriormente ocupado pelas comunidades, como se não existissem. A falta de entendimento inerente ao conflito e a resistência das comunidades para permanecerem no território resultam em confrontos, que evidenciam a dissimetria do poder. Os conflitos por território não se esgotam até que um dos lados saia vitorioso. Além do uso da violência, as atividades econômicas que se impõem sobre o território tradicional encontram apoio nos agentes do Estado, que viabilizam sua permanência e domínio. Frente aos conflitos, é fundamental a existência de leis que garantam a presença no território tradicional.

Os referenciais teóricos apresentados pretendem dar sustentação à discussão sobre territórios e territorialidades, destacando que há relação com concepções de natureza e de ambiente. Para isso, toma-se como principal teórico o geógrafo Claude Raffestin, que ao tratar da territorialidade humana, da ecogênese territorial e dos processos de territorialização, desterritorialização e reterritorialização, integra compreensões de natureza e distingue sociedades tradicionais e modernas.

Tendo estabelecido uma análise que permite compreender a relação entre ambiente e território, esta seção tem continuidade na revisão de conceitos entorno da pesca artesanal, estabelecendo uma perspectiva geográfica sobre os mesmos. Desta forma, buscou-se discutir os conceitos de pescador artesanal, comunidade tradicional, conhecimento tradicional e território tradicional a partir da perspectiva da tese (relação território e ambiente) e em diálogo com outras concepções acadêmicas, da gestão e do movimento social.

Diante do exposto, o objetivo desta seção foi: evidenciar, a partir das dissertações e teses dos geógrafos, as principais problemáticas relativas aos territórios da pesca artesanal brasileira; e estabelecer uma proposta analítica sobre os territórios pesqueiros no Brasil, considerando os diálogos entre pescadores e geógrafos no âmbito da pesquisa geográfica, e apontar potencialidades e desafios na gestão da pesca artesanal brasileira a partir da pesquisa geográfica sobre a pesca artesanal.

TERRITÓRIO E TERRITORIALIDADE

Raffestin (1986) recorre à metáfora do corpo para explicar a sua compreensão do território. O corpo humano é composto por um conjunto de órgãos que podem ser compreendidos como endossomáticos. Contudo, a historicidade acrescentou ao ser humano um número infinito de instrumentos exossomáticos, que ele produziu e continua (re)produzindo. Quando pensa a "Terra" como corpo, entende que a mesma também é constituída de instrumentos endossomáticos (solo, mar, montanhas, florestas, desertos, etc.), que não devem nada originalmente à ação humana. Pelo contrário, o território é um microinstrumento exossomático que resulta da capacidade dos homens de transformar tanto a natureza envolvente como suas relações sociais através do trabalho. Assim, o território é o produto da transformação do endossomático terrestre pelo exossomático humano (RAFFESTIN, 1986, p. 176-177).

Desta forma, Raffestin e Barampama (1998, p. 67) situam a Geografia Humana do poder como forma de análise espaço-temporal das realizações das sociedades. Para isso, é necessária uma teorização relacional que abre espaço para a semiótica, que fornece um quadro de referências para análises do poder por meio de símbolos. Enfatizam que a relação de poder não se desenvolve em um tempo único e uniforme, mas é significada por temporalidades específicas para os atores em questão. Assim, o quadro analítico é multidimensional e deve integrar atores, energia e informação, códigos, objetivos, estratégias, contexto espaço-temporal e o canal de relacionamento ou comunicação.

No entendimento dos autores, o poder pode ser concebido de três formas: um valor a ser adquirido - o "poder atributo"; como uma esfera confinada à "política" e ao comportamento do *homo politicus*, de acordo com a tradição enraizada nas obras de Weber; e como um processo "relacional". O poder atributo é adquirido, mantido e perdido através de atores, onde a compreensão depende da noção de influência, autoridade e poder. O poder como uma esfera da política está bem ilustrado pela clássica Geografia política alemã, inglesa, americana, italiana e francesa; tem a tendência de valorizar a relação estado/poder e/ou estado/política. Uma nova perspectiva de interpretação é a concepção relacional de poder, o qual passa a ser concebido como fluxo, isto é, como um processo de comunicação inerente a qualquer relacionamento (RAFFESTIN; BARAMPAMA, 1998, p. 64).

Di Méo (2006) destaca que o território contém os recursos necessários para o desenvolvimento do indivíduo e expressa territorialidades individuais e coletivas. Logo, no território, seus atores e agentes são capazes de imaginar, criar e gerenciar políticas e medidas que atendam aos seus objetivos e intencionalidades de apropriação da natureza. Para ele, o território político, frequentemente, se torna um instrumento de exclusão, dominação e segregação. Entretanto, a lei, quando é projetada e decidida por uma democracia, também gera realizações altruístas e generosas, favorecendo a integração ou a diversidade social, cidadania, justiça, partilha e cooperação, etc. O território torna-se espaço de legitimidade e validade, mas também gera um contexto de contrato social.

Suertegaray (2001) concorda quando entende que na Geografia o território se expressa no âmbito do espaço geográfico e privilegia a dimensão política ou a dominação-apropriação deste. Frisa que, conceitualmente, o território está associado às relações de poder sobre o espaço e seus recursos. Destaca que as abordagens clássicas incidiam na escala nacional, onde o conceito de território era associado à ideia de Estado-Nação. Atualmente, embora com a perspectiva analítica da apropriação-dominação do espaço, admite-se tratar as territorialidades como expressão da coexistência de grupos em um mesmo espaço físico, inclusive em tempos diferentes.

Tratando-se da coexistência de grupos, é importante enaltecer que não necessariamente a presença de múltiplas territorialidades incide em conflitos, como apresenta Heidrich (2010):

> Muitas territorialidades coexistem sem conflito, mas também não são poucas as relações em que o conflito se estabelece por causa da ação de territorializar. Como já foi possível observar anteriormente (HEIDRICH, 2009), quando uma determinada territorialidade consistir em ação no mesmo plano de outra, a sua ocorrência, então, lhe afeta diretamente. Porém, o que se percebe em profusão na condição multiterritorial, é que se multiplicam as territorialidades em planos diferenciados (p. 30).

Ainda sobre o papel da comunicação, Raffestin e Barampama (1998) retomaram Luhmann, que parte da teoria da complexidade. O exercício do poder, trata-se de exercício e não de aquisição, é uma comunicação bem-sucedida quando o critério adotado por uma das partes é, ao mesmo tempo, a estrutura de motivação da outra, nisto os símbolos assumem a função de mediação (RAFFESTIN; BARAMPAMA, 1998, p. 65).

Destaca-se então que o problema vai além do poder do Estado e suas articulações para conduzir relações humanas, mas abrange todos os tipos de relações condicionadas pela circulação do poder. Logo, a fonte do poder não é única, pelo contrário, é fragmentada e onipresente.

> Os fenômenos de distribuição que tratam de população, língua, religião, atividade econômica ou expressão cultural não se esgotam em si mesmos, mas sempre remetem a assimetrias que os atores determinados buscam preservar, aumentar, restringir ou anular. A produção territorial em si pode ser interpretada como uma projeção do campo de poder sobre um espaço dado. Basta uma mudança nos códigos políticos, por exemplo, a referência a códigos centralizadores ou descentralizadores, para modificar os arranjos, reorganizar as redes e as hierarquias (RAFFESTIN; BARAMPAMA, 1998, p. 67. (Tradução livre).

Heidrich (2010) ressalta que as relações de conflitos no âmbito da abordagem territorial dizem respeito tanto aos indivíduos quanto às instituições. O autor afirma que:

> Muitos problemas que afetam a territorialidade humana são exatamente problemas entre indivíduos e instituições, especialmente aqueles que se referem aos conflitos territoriais, como as ocupações de áreas em que a sociedade estipula a redefinição de uso, por exemplo, as áreas de preservação da natureza" (HEIDRICH, 2009; SANCHES, 2004). Sendo assim, a abordagem territorial pode ser vista como um caminho de reflexões que se refere (a) à territorialidade das instituições e das sociedades, que envolvem o poder político; (b) à territorialidade dos indivíduos, grupos e comunidades, que envolvem o poder social; (c) às questões territoriais em que se intersectam, se entrelaçam e se conflitam instituições e indivíduos, que envolvem o entrechoque de poderes políticos e sociais (2010, p. 27-28).

Em Raffestin (1993), utiliza-se a metáfora da prisão, onde o território constitui a prisão que os homens constroem para si. A ideologia da prisão pode ser definida pelo estabelecimento de relações assimétricas para permitir que o prisioneiro se integre à sociedade. No caso da prisão, o paradoxo está em seu auge, pois as relações são dissimétricas. De fato, a territorialidade fora da prisão é constituída por relações assimétricas e simétricas, mas na prisão, as características dissimétricas são sobredeterminadas e as relações de poder estabelecidas negam a possibilidade de simetria. Assim, a territorialidade simétrica pertence ao mais puro imaginário. O axiomático da simetria leva à dissimetria relacional! (RAFFESTIN, 1986B, p. 95).

O tratamento desta questão pelo paradigma da territorialidade tem sido muito frutífero, tanto mais quanto lida com um "território" isolado e delimitado de maneira absoluta. Assim, a interferência com o exterior não está ausente, mas estritamente controlada e controlável. Para explicar o paradigma da territorialidade quanto ao problema da tortura, Raffestin (1986B) propõe que uma das maneiras de lidar geograficamente com uma questão social era levar em conta os sistemas de relacionamento: *"As condições de possibilidade da tortura existem sempre que a sociedade está infestada por relações assimétricas que forçam o poder a restringir a circulação, monitorar o habitat e multiplicar os locais de controle* (RAFFESTIN 1985)" (RAFFESTIN, 1986B, p. 95. Tradução livre).

Quanto à abordagem relacional de análise, em entrevista concedida à Castilho (2013), Raffestin afirma que essa perspectiva é ainda mais fundamental no momento atual e que *"A Geografia é a explicitação do conhecimento e da prática que os seres humanos têm da realidade material que é a Terra. O objeto da geografia é relacional, e não material!*" (CASTILHO, 2013, p.176. Tradução livre). O autor complementa que a problemática relacional permanecerá por muito tempo, uma vez que o objeto das ciências humanas é relacional. Ou seja, explicar o conhecimento do conhecimento e da prática que os homens têm da realidade material. "*A geografia não é o estudo da Terra, mas a explicitação do conhecimento e da prática que os homens têm da Terra*" (CASTILHO, 2013, p.179. Tradução livre).

Dentro desses conhecimentos e práticas, pretende-se enaltecer a ideia de natureza com base em Raffestin (1996). O autor entende que o ser humano "produz" a ideia da naturareza - seja a *physis* dos gregos ou a *natura* dos latinos - para afirmar sua presença e seu papel (RAFFESTIN, 1996, p. 37). Em diálogo com Moscovici (1968), Raffestin enfatiza que não existe uma única "história" humana, da mesma maneira que não existe uma, mas muitas classificações de objetos naturais que são expressões culturais das relações humanas com a exterioridade (RAFFESTIN, 1996, p. 38).

> Isso dito, os ecossistemas não são, na verdade, nada além de imagens de uma realidade imperfeitamente conhecida, mas que cada cultura formaliza para si mesma e considera como a NATUREZA. Desses ecossistemas, possuímos apenas um conhecimento imperfeito e muito parcial, mesmo que conheçamos ou acreditemos conhecer os mecanismos gerais. As imagens que temos deles são apenas o resultado do uso que fazemos. Isso significa que nossas imagens são muito lacunares e que a precisão de nossas construções só avança em momentos de crises, ou seja, de rupturas. Poderíamos imaginar uma teoria das lacunas que teria como fio condutor, não o que as sociedades utilizam, mas exatamente o que elas não utilizam em um determinado ecossistema. Seria, em suma, a imagem invertida da natureza (RAFFESTIN, 1996, p. 38. Tradução livre).

Raffestin (1996) destaca que a relação com a natureza é sempre de uso e não de conhecimento por si. Segue a perspectiva do "embarque" da natureza de Heidegger, que propõe derivar as forças, as energias, os materiais, mas absolutamente não entender independentemente de qualquer uso. Assim, revela-se a técnica, mas a intenção está sempre inserida em um sistema cultural. Portanto, não há conhecimento puro que esteja completamente separado de qualquer preocupação utilitária (p. 39). Desta forma, a natureza enquanto ideia é uma criação humana.

> Isso significa que a ideia de natureza é profundamente paradoxal, uma vez que ela serve para fundamentar, justificar e legitimar as relações que os seres humanos mantêm com o que eles denominam "a natureza", cujas imagens são fornecidas por seus modelos culturais, no cerne dos quais reside a necessidade das necessidades. Uma instância eternamente oculta, dissimulada e aprisionada, a natureza, portanto, só existe na ideia e, nesse sentido, desagradando a muitos, ela não pode ser senão uma criação antropocêntrica essencial, porém relativa (RAFFESTIN, 1996, p. 40. Tradução livre).

Na modernidade, a natureza foi compreendida, seja pela cultura, política ou economia, como externa ao humano. Desta forma, a "leitura de nossa base filosófico-científica se inscreve na necessidade atual de decifrar um mundo extremamente complexo, onde, sob muitos aspectos, a natureza não é natural" (SUERTEGARAY, 2017). Milton Santos (2006) compreende que a natureza é socialmente construída. Ele aponta que a natureza artificializada é uma característica da atualidade, no meio técnico-científico-informacional.

As consequências desse movimento são, entre outras, os privilégios concedidos à informação funcional, cujos fluxos sustentam a técnica e, inversamente, o esquecimento das informações regulatórias susceptíveis de impedir a destruição do mundo não humano. A ação humana parece ter abolido a fronteira entre *polis* e *physis*. Logo,

> A diferença entre o artificial e o natural desapareceu; o natural foi engolido pela esfera do artificial. Ao mesmo tempo, o artefato total, as obras do homem transformadas em mundo, agindo sobre si mesmo e por si mesmo, gera uma nova espécie de "natureza", isto é, uma necessidade dinâmica própria, à qual a liberdade humana se confronta de forma completamente nova. (RAFFESTIN, 1996, p. 41. Tradução livre).

Ao contrário, para o estabelecimento de políticas para a sustentabilidade ambiental, Di Méo (2006) supõe que é necessária a definição das entidades territoriais que viabilizem ferramentas de gestão adequadas e eficazes para os grupos sociais, gerando novas formas de relação com o ambiente. A boa governança requer o envolvimento prático e emocional dos diferentes grupos e de sua ação.

Suertegaray (2017) compreende que, na leitura ambiental, as formas de socialização do uso dos recursos da natureza estão presentes nas marcas deixadas no território pelas técnicas. Assim, "Decifrar e até mesmo redimensionar essas marcas exigem o reconhecimento de que muitos dos problemas ambientais, como ensina Alier, são conflitos ecológicos distributivos ou, na expressão geográfica, territoriais" (p. 24).

Para elaborar a compreensão da territorialidade, Raffestin se inspira em Moscovici (1968) - na ideia de estados da natureza -. Estes forneceram um quadro para uma compreensão geral e "evolutiva" da territorialidade, onde o "trabalho de reprodução e invenção desempenha um papel fundamental, seja no estado orgânico, mecânico, sintético ou cibernético da natureza" (RAFFESTIN, 2012, p. 128).

> A esses estados da natureza correspondem territorialidades ou sistemas de relações que restringem a admissão de que a oposição clássica entre natureza e cultura não existe precisamente porque a natureza transmitida de um estado da natureza para outro é fortemente marcada por culturas anteriores. A ideia de natureza muda ao longo do tempo, assim como os atores que moldam os ecossistemas futuros. A moldagem dos ecossistemas é um processo dual, pois é material através do trabalho manual (körperliche Arbeit) e imaterial através do trabalho intelectual (Geistesarbeit) (RAFFESTIN, 2012, p. 128. Tradução livre).

Nessa compreensão geográfica, a natureza, ao ser transfigurada, passa a ser outra - socializada, instrumentalizada, tecnificada ou cibernética. Assim, a ótica ambiental da Geografia se distingue da ecológica, pois inclui o homem não como ser naturalizado, mas como um ser social que, ao mesmo tempo, é produtor e produto de tensões ambientais (SUERTEGARAY, 2001).

Nessa perspectiva, Raffestin (1986B) apresenta a territorialidade não como um conceito, mas como um paradigma que expõe a relação complexa entre o grupo humano e seu ambiente. O ambiente é então compreendido como um entorno espaço-temporal (constituído tanto de propriedades espaciais quanto temporais), onde se interconectam comportamentos que estão ocorrendo em determinado espaço e tempo (p. 94).

Raffestin (1986C) destaca que a territorialidade humana não é apenas constituída por relações com territórios concretos, mas também por relações com territórios abstratos, como línguas, religiões, tecnologias, etc. *"Existe uma relação complexa entre o ser humano, em sua manifestação social, e o ambiente físico em que atua: essa relação pode ser descrita como organizada de acordo com uma série de regras, comunicáveis e implícitas nas próprias relações sociais"* (p. 77. Tradução livre). Deste modo, como tem sido frisado, mediadores e processos de comunicação são fundamentais no estudo da territorialidade humana (p. 78).

Compreendendo a territorialidade a partir da superação da dicotomia natureza-cultura, observa-se que a transformação dos ecossistemas resulta de um processo duplo de trabalho (manual e intelectual). O primeiro desempenha um papel essencial na produção material, enquanto o segundo é importante na produção de representações, "mas devem ser considerados em conjunto, como dois lados da mesma moeda". Para o autor, uma limitação da Geografia contemporânea é não ter tomado em consideração o trabalho e, portanto, não ter analisado-o como tal. Assim, o trabalho é apresentado como uma categoria constitutiva da territorialidade.

> O trabalho é uma categoria constitutiva da territorialidade, pois está na origem do poder. Sem trabalho, não há transformação, conservação ou manutenção dos ecossistemas, e tampouco representação. Como fonte original de poder, o trabalho desempenha um papel fundamental na ecogênese que é difícil de reconstituir, mas é possível esboçar com alguma validade, como é feito por historiadores rurais e urbanos (RAFFESTIN, 2012, p. 128. Tradução livre).

Pensando na territorialidade a partir de sistemas sucessivos, o autor adverte que todos os sistemas de relações são complexos, e os mais antigos não são mais fáceis de compreender do que os mais recentes. Logo, uma sociedade tradicional não é mais simples de compreender do que a contemporânea. Ainda cabe compreender os acréscimos culturais decorrentes de momentos de transgressão que destacam as normas ligadas à interdição. Em outras palavras, em toda territorialidade, funciona uma dialética de "proibição e transgressão, interdição e violação, normas e falta de respeito" (RAFFESTIN, 2012, p. 128). Justamente a transgressão leva à noção de limite:

> Esse problema de transgressão nos leva à noção de 'limite', não apenas em um sentido concreto, no espaço, mas também no espaço abstrato de regras e símbolos. É impossível compreender a produção territorial sem as noções de fronteira ou transgressão, sendo esta última um mecanismo cultural de regulação: a cultura é um catálogo de limites, e a história é um catálogo de suas transgressões. Uma cultura também é um catálogo de transgressões possíveis: cada limite é uma oportunidade para transgressão e, assim, em certo sentido, uma ocasião para a criatividade (RAFFESTIN, 2012, p. 128. Tradução livre).

Acrescenta-se que a compreensão de Raffestin (2012) de que a construção de território mobiliza três "mundos": coisas e estado material; emoção e conhecimento subjetivo - estados de consciência -; e conhecimento tomado objetivamente. O território é então o ponto de convergência entre esses três mundos, em um determinado momento, mas múltiplo em representações.

O autor destaca o efeito da intervenção no estado material do território: "A distinção desses níveis é ainda mais indispensável, uma vez que a intervenção na materialidade do território corre o risco de provocar modificações nos outros dois mundos. Como uma proeminência material, o território construído desencadeia ressonâncias que podem afetar os outros dois mundos" (RAFFESTIN, 2012, p. 130. Tradução livre). Enfatiza que na construção de territórios a questão da escala não costuma ser abordada, exceto na sua dimensão material, e que poucos tem se interessado em abordar esse problema nos aspectos dos dois outros mundos. Contudo, entende que as "proeminências e as ressonâncias" não podem ser explicadas, no entanto, sem uma visão sintética de escala (RACINE et al. 1980 apud RAFFESTIN, 2012, p. 130).

Os territórios são, então, construídos e desconstruídos em diferentes escalas espaciais e temporais, em um campo de forças onde se manifestam relações de poder espacialmente delimitadas (SOUZA, 1995). Logo, o território deve ser abordado de acordo com os contextos históricos e geográficos em que foi produzido. Interessa tanto como articulador de conexões ou redes em escala global quanto como uma área-abrigo e fonte de recursos em escala local (HAESBAERT, 2007, p. 97).

Buscou-se em Claude Raffestin e Mercedes Bresso (1982) elementos que permitem compreender a distinção da dinâmica territorial em sociedades tradicionais e modernas, tomando por base conhecimentos e práticas. Vale salientar que o texto apresenta alguns limites para leituras da América Latina, pois trata sobre o tradicional em sociedades europeias (feudais). Contudo, expõe considerações importantes para compreender os territórios e territorialidades, e a hibridização entre conhecimentos tradicionais e modernos.

Nas sociedades tradicionais, conhecimentos e práticas se confundem na vida cotidiana, que é o lugar de viver e sobreviver. Desta forma, na vida cotidiana, a apropriação é feita por meio de tentativas repetidas e marcadas por falhas e sucessos em relação ao objetivo. A partir desses testes repetidos e sua adequação ou inadequação aos objetivos, é desenhada uma experiência, memorizada, acumulada e transmitida: a tradição (RAFFESTIN; BRESSO, 1982, p. 187).

Na tradição, a "prática" é atualizada enquanto o "conhecimento" garante a potencialidade da coerência, tanto na "*physio-logique*" quanto na "*éco-logique*" e na "*socio-logique*". Vive-se, no passado, nas tradições do corpo, da natureza e da sociedade, as quais alimentaram a ação, enquanto trabalho (RAFFESTIN; BRESSO, 1982, p. 188). Desta forma, a mobilização da tradição através do trabalho estava intimamente ligada a condições determinadas pela eco-lógica e socio-lógica de determinado lugar e tempo.

> O espelho dessas tradições tem sido quase sempre o trabalho, no qual se concentram as capacidades e habilidades consagradas pela "experiência". O trabalho era não apenas o espelho da tradição, mas também o encenador dessa experiência. Nessas condições, o trabalho era essencialmente de reprodução, enquadrado por um aprendizado longo e, em seguida, entregue dentro de limites fixados, que eram bastante estreitos. Como mediador original, o trabalho também refletia a territorialidade, ou seja, a rede de relações que poderiam ser tecidas com seres e coisas; através de sua organização, o trabalho garantia a coesão de toda a sociedade (Raffestin e Bresso, 1979, p. 153) (RAFFESTIN; BRESSO, 1982, p. 188. Tradução livre).

No entendimento dos autores, no contexto tradicional, há estabilidade nas territorialidades. Quando essa territorialidade é destruída, isso se traduz em toda uma desestabilização do cotidiano, até que se estabeleça um novo equilíbrio. Como conhecimentos e práticas se confundem, o processo de constituição de novas práticas é mais lento, tendo em vista que são mais o resultado de adaptações de longo prazo do que respostas de curto prazo a mudanças na rede de relações subjacentes à cotidianidade (RAFFESTIN; BRESSO, 1982, p. 188).

Por outro lado, explicar o conhecimento ou preferir a dicotomia entre conhecimento e prática é precisamente o que caracteriza a modernidade, que pode ser definida como um processo de divisão característico do pensamento ocidental. Raffestin e Bresso (1982) complementam.

> Essa cisão característica, que vai dar origem ao princípio da modernidade, se concretizará entre os séculos XVI e XVII. Entre o século XVI e o século XVII, há uma ruptura, uma descontinuidade, uma crise sobre as origens das quais poderíamos questionar, mas este não é realmente o lugar para fazê-lo. Limitemo-nos a constatar que essa crise marca o início da ciência moderna, que efetivamente distinguirá claramente o conhecimento de um lado e a prática de outro (p. 189. Tradução livre).

Desta divisão (dicotomização) surge o princípio da modernidade: O homem da Idade Média e do Renascimento vive em uma natureza de "formas" e "substâncias" que recebem "qualidades", cujas combinações formam e explicam a diversidade de coisas. Assim, a natureza está submetida a uma ordem coerente com as necessidades da sociedade. O homem do século XVII, pelo procedimento da medida, inaugura uma nova fase de explicitação dos fenômenos. Explicação que requer a criação de conceitos é o início desta divisão anunciada: o conhecimento de um lado e as práticas do outro. Esta é a aparência do princípio da modernidade. Este princípio da modernidade encontra na matemática sua linguagem preferida (RAFFESTIN; BRESSO, 1982, p. 189).

Raffestin e Bresso (1982) acrescentam o fenômeno da convergência entre o princípio da modernidade e a atitude técnica, pela conjunção da ciência e da tecnologia, que modificará a vida cotidiana e a territorialidade. Em um primeiro momento, a tradição não deixou de inspirar a vida cotidiana como um todo, e o princípio da modernidade ainda se expressava apenas em espaços limitados. No entanto, pelo avanço da técnica, a divisão mencionada é irreversível e não vai parar de investir gradualmente todo o corpo social (RAFFESTIN; BRESSO, 1982, p. 190).

Para explicar os limites entre tradição e modernidade, Raffestin e Bresso (1982) apresentam dois contextos: "tradição pura" e "modernidade pura". A tradição pura corresponde ao estágio em que práticas e conhecimentos se confundem. O trabalho, então, consiste em um conjunto de operações globais aprendidas e processadas em determinadas situações. Há pouca ou nenhuma mudança, pois a prática é conduzida pelo que foi aprendido para alcançar o objetivo estabelecido. A análise dessa experiência acumulada pode revelar um conhecimento e/ou prática muito notáveis e úteis. Portanto, é possível, através da aplicação do princípio da modernidade, recuperar na tradição o conhecimento e/ou prática que o sustenta (RAFFESTIN; BRESSO, 1982, p. 190).

Em contraste, na modernidade pura, há uma combinação de conhecimentos e práticas totalmente novos. A modernidade pura ocupa um lugar cada vez maior, infiltra todos os lugares, substitui tudo. Por isso, deve-se retornar a essas duas noções de informação funcional e informações regulatórias. A informação funcional é tudo o que é usado para produzir algo (objetivo a ser alcançado). As informações funcionais estão concentradas na produtividade e no custo da saída. Mas o processo de produção implica em relações com o Outro (ambiente físico e humano, orgânico e inorgânico), relações que podem ser mais ou menos destrutivas do Outro (RAFFESTIN; BRESSO, 1982, p. 190).

A crise atual, que afeta em vários graus o fisio-eco e o sociológico, demonstra que a pura modernidade privilegia o resultado em detrimento do processo. A falta da informação regulatória ameaça as três lógicas, logo pela falta de controle dos processos envolvidos. A permanência de certas sociedades tradicionais só pode ser explicada pela presença simultânea de informação funcional e informação regulatória nos processos que iniciam para satisfazer suas necessidades. Por outro lado, a fragilidade da sociedade moderna se explica pelo privilégio concedido às informações funcionais sobre informações regulatórias (RAFFESTIN; BRESSO, 1982, p. 190).

Raffestin e Bresso (1982) estabelecem a hipótese de que, nas sociedades que reivindicam a tradição, os objetivos têm base em um referencial real, expresso nessa relação complexa de "cotidiano-territorialidade" imperfeitamente conhecida, mas vivida. Em sociedades modernas, os objetivos são definidos por um quadro imaginário de referência que não é o "cotidiano da territorialidade" vivido, mas o utópico, sonhado, projetado no futuro e que deve cumprir os desejos de todos.

> As sociedades tradicionais não ignoravam a utopia, mas esta era, na maioria das vezes, moral e não técnica (exceto a de Bacon, que coincide exatamente com o surgimento do princípio da modernidade). As sociedades modernas, ao aplicarem métodos de extrapolação técnica, científica e sociológica, entraram na futurologia ativa: o futuro se tornou o referencial. Nesse contexto, o princípio da modernidade desterritorializa, no sentido de que seus objetivos levam cada vez menos em conta a rede de relações físico-ecológicas e sociológicas que, apesar da conhecida capacidade de adaptação do ser humano, não podem ser constantemente modificadas (RAFFESTIN; BRESSO, 1982, p. 191. Tradução livre).

A modernidade pura está repleta de perigos, pois, ao se libertar das restrições estabelecidas pela sociedade tradicional, criou proibições absolutas. As ideias de crescimento e poder, que eram noções relativas nas sociedades tradicionais, tornaram-se praticamente absolutas nas sociedades modernas. A modernidade se mobiliza pelas noções de crescimento e poder, logo, dá uma importância excessiva à informação funcional, mas pouca atenção às informações regulatórias que podem questionar a escolha feita por esse ou aquele repositório imaginário (RAFFESTIN; BRESSO, 1982, p. 191).

Entre a tradição pura e a modernidade pura, Raffestin e Bresso (1982) estabelecem limites de possibilidades:

> Entre a tradição pura e a modernidade pura, encontramos duas outras situações possíveis: a combinação de conhecimentos tradicionais explícitos e práticas novas, ou ainda a combinação de conhecimentos modernos e práticas tradicionais. Em ambos os casos, o princípio da modernidade atua enquanto recupera o que a tradição pode fornecer. Esse é todo o problema das tecnologias apropriadas ou intermediárias que permitem iniciar transformações com custos humanos e econômicos suportáveis, ou seja, sem uma perturbação radical das redes de relacionamento e preservando a informação reguladora essencial (RAFFESTIN; BRESSO, 1982, p. 191. Tradução livre).

Ecogênese territorial

Após compreendermos a relação entre conhecimento e prática, e sua repercussão nos territórios e territorialidades em sociedades tradicionais e modernas, pretendemos dar ênfase à produção de territórios. Para tanto, tomaremos como referência Raffestin (1986), que discute a ecogênese territorial.

"A ecogênese territorial é a crônica de um "corpo a corpo", a história de uma relação na qual natureza e cultura se fundem". O território é entendido, na perspectiva de Moscovici (1968), como um estado de natureza que resulta do trabalho humano exercido sobre uma parcela do espaço. Essa parcela está sujeita a uma combinação complexa de forças e ações mecânicas, físicas, químicas, orgânicas e outras. O

território é, portanto, uma reordenação do espaço, cuja ordem é baseada nos sistemas de informação disponíveis, os quais pertencem a uma determinada cultura. Dessa forma, o território pode ser considerado como um espaço informado pela semiosfera (RAFFESTIN, 1986, p. 177).

> A semiosfera é caracterizada por uma fronteira, uma limitação abstrata e/ou concreta que desempenha o papel de "membrana" (analogia biológica utilizada por Lotman), cujas funções são limitar o acesso, filtrar e transformar o "externo" em "interno" (RAFFESTIN, 1986, p. 178. Tradução livre).

O autor faz referência a áreas que não sofreram mudanças decorrentes da atividade humana voluntária, ou seja, do trabalho. Esses lugares escaparam, portanto, da ecogênese territorial e podem ser concebidos como zonas de fronteira entre espaço e território. Na realidade, esses espaços estão integrados aos territórios, mas aparecem como "esquecidos", fora da "fronteira territorial". Essas áreas, chamadas de áreas relíquias ou persistentes, permanecem fora da ecogênese territorial, ou seja, não foram objeto de tradução para o sistema de significados que transforma o espaço em territórios (RAFFESTIN, 1986, p. 178).

A ecogênese territorial não leva em consideração todas as formas espaciais disponíveis. Os limites da ecogênese territorial são definidos pelos limites da semiosfera considerada. Portanto, é possível definir a ecogênese territorial como um processo de tradução e transformação de formas espaciais de uma semiosfera. Nesse sentido, a questão da ecogênese territorial é considerada como um processo de "semiotização" do espaço (RAFFESTIN, 1986, p. 179-180).

> Para desenvolver uma teoria ecogenética do território, é necessário buscar nos códigos o ponto de apoio da alavanca teórica. (...) A "chave de decifração" não está na realidade material do espaço, mas sim na semiosfera que o grupo humano mobiliza para transformar essa realidade material. Para agir, o ser humano se refere a um espaço semiótico, no sentido amplo, delimitado por uma fronteira que possui uma dupla função abstrata e concreta, determinando o que é retido e transformado, o que é traduzido ou não traduzido na exterioridade (RAFFESTIN, 1986B, p. 94. Tradução livre).

Na semiosfera, os arranjos territoriais não são aleatórios, mas sim o resultado de uma prática e um conhecimento de apropriação de uma "superfície". Nesse contexto, "superfície" não se refere apenas à superfície da Terra, mas a qualquer superfície onde seja possível distribuir elementos (RAFFESTIN, 1986, p. 181).

Qualquer representação do espaço, em sua forma mais simples, requer os três elementos da geometria euclidiana: superfície, ponto e linha. No entanto, esses elementos são apenas "projetos de territórios". A produção territorial em si é constituída por malhas, nós e redes, que representam, de forma invariável, instrumentos que qualquer grupo humano utiliza para constituir uma "reserva" e, assim, proteger-se contra as modificações do ambiente. *"As malhas, os nós e as redes são invariantes no sentido de que todas as sociedades, desde a pré-história até os dias atuais, as têm mobilizado em suas práticas e conhecimentos, mas em graus diferentes e com morfologias variáveis"* (RAFFESTIN, 1986, p. 181. Tradução livre). Raffestin (1986B, p. 95) destaca que os territórios de pequenas dimensões são como "laboratórios naturais da ecogênese", onde essa diversidade evidente na semiosfera é sempre sustentada pelas referidas invariantes territoriais.

Para Raffestin (1986), a produção territorial sempre combina malhas, nós e redes, mas a combinação desses elementos invariantes varia entre as civilizações, resultando em diferentes construções de reservas. Em outras palavras, essas civilizações utilizam os três instrumentos essenciais, porém dão privilégio a um ou outro para estabelecer sua autonomia, que é o cerne da territorialidade. O propósito dessa territorialidade é o controle e a regulamentação das referidas "reservas" (RAFFESTIN, 1986, p. 78).

Raffestin (1986) distingue as sociedades caçadoras-coletoras, que serão abordadas como sociedades extrativistas, das sociedades sedentarizadas por meio da agricultura, da sociedade urbana e da sociedade contemporânea (p. 182). É importante ressaltar que, em Raffestin (1986), os dois primeiros grupos são considerados sociedades tradicionais, enquanto os dois últimos são categorizados como sociedades modernas.

A compreensão da autonomia aqui permite pensar no domínio da territorialidade humana:

> O sistema de relações que uma comunidade mantém - e, portanto, um indivíduo que pertence a ela - com a exterioridade e/ou alteridade é feito por meio de mediadores. Os mediadores estão diretamente relacionados à semiosfera, pois os limites de minha territorialidade são os limites de meus mediadores (RAFFESTIN, 1986, p. 183. Tradução livre).

Nas civilizações tradicionais extrativistas, nômades ou seminômades, as três invariantes territoriais são encontradas, mas são apresentadas de forma fluida. Na verdade, há uma "malha" que cobre o território, o qual é delimitado e constitui a área que representa a reserva de recursos úteis. Os "nós" são justamente pontos de fixação de alimentos e abrigo: são as reservas que são periodicamente renovadas de forma sazonal. As "redes" consistem em rotas percorridas com frequência (RAFFESTIN, 1986, p. 78).

Raffestin (1986) entende que entre os extrativistas existe uma estreita relação entre autonomia e território. Assim, a ecogênese territorial integra imediatamente as noções de limite, centralidade no local de coleta e circulação.

Portanto, a delimitação, a centralização e a comunicação são o cerne do processo de territorialização, desterritorialização e reterritorialização (RAFFESTIN, 1986, p. 182).

Quanto aos limites, Saquet (2010, p. 84) acrescenta que esses podem mudar, conforme as estratégias de controle e delimitação de espaços. Logo, a territorialidade não tem caráter estático; ela pode ser ativada ou desativada e é mantida por meio de um esforço constante, às vezes através de uma ação não territorial. A territorialidade não exige uma área definida, envolve estratégias de influência, e a delimitação só cria território se as fronteiras afetarem o comportamento ou controlarem o acesso. No entanto, como destaca Heidrich (2010, p. 242), a territorialidade não se limita à demarcação do espaço, mas existe pelo que o poder deseja definir. Portanto, embora a demarcação seja um aspecto fundamental, ela só ganha sentido por meio da objetividade daquilo que se deseja e do que existe em seu interior.

Ressalta-se que os extrativistas têm meios de produção suficientes para satisfazer suas necessidades materiais, e por isso o território é delimitado por sinais que constituem a reserva natural. Quando os limites não são respeitados por pessoas de fora do território, ou quando parte do território não está acessível ao grupo, ocorre uma crise. A perda de autonomia resulta em um desequilíbrio que pode levar ao desaparecimento do grupo em questão (RAFFESTIN, 1986, p. 78). Assim, a autonomia depende da manutenção da reserva no território.

> No território do grupo primitivo, a organização privilegia principalmente a dimensão horizontal e são os homens que "se movem", passando de uma "reserva renovável" para outra. Eles vivem, portanto, constantemente na incerteza, devido à total ausência de previsão; seu grau de autonomia é uma função da probabilidade de renovação dos recursos de uma estação para outra. Em outras palavras, a reserva existe, mas não constitui um estoque no sentido de que é apenas uma reserva por um período determinado, perfeitamente conhecida na medida em que é medida (RAFFESTIN, 1986C, p. 80. Tradução livre).

Já entre os agricultores, o aumento da probabilidade de armazenamento implica na constituição de *"estruturas protetoras, cercas ou muralhas"*. O "nó" agrícola, a quadratura do solo, é o fundamento material da propriedade, que viabiliza o imposto sobre a propriedade (RAFFESTIN, 1986, p. 182).

A sedentarização revela um alto grau de autonomia baseado na mobilidade dos homens de um ponto a outro e na criação de um sistema de reserva. Esse sistema de reserva mobiliza recursos para mantê-los à disposição dos homens em pontos fixos determinados. O sistema existe porque há uma "cadeia de recursos" desde a produção de um novo estado da natureza que deve ser preservado com mão de obra até que os bens sejam armazenados, sendo a primeira forma de capitalização. Nesse tipo de civilização, a "malha" é atualizada por toda a produção territorial, com destaque para o sistema de reserva (RAFFESTIN, 1986, p. 80).

A cidade representa o centro, o *"hub"*, conforme expressão de Leroi-Gourhan, uma nova organização. A cidade é um "nó" que controla as malhas, sendo o fundamento de sua autonomia. O mercado da cidade, por meio do jogo de preços, organiza as superfícies ao seu redor. Com base em Von Thünen, Raffestin (1986) entende que não são apenas sinais como os preços que organizam as "malhas", mas todas as informações, onde a cidade é o local de chegada ou partida (p. 182).

A partir desse momento, o sistema de reserva se torna uma verdadeira cadeia de elementos territoriais interconectados. A cidade nas civilizações tradicionalistas é um nó. A partir desse momento, mesmo que de forma lenta e progressiva, o sistema de reserva está conectado aos nós urbanos. O nó, como ferramenta territorial, é privilegiado. As cidades pré-industriais possuíam uma autonomia que dependia de seu grau de controle dessa articulação, considerada como um todo, e seus elementos eram levados em consideração. A relação entre cidade e campo é identificada com o histórico de aquisição ou perda de autonomia, sendo dos séculos XIV e XV, quando as cidades começaram a se desenvolver, que essa relação se tornou conflituosa. Em suma, a relação entre cidade e campo é identificada com o histórico de aquisição ou perda de autonomia (RAFFESTIN, 1986, p. 81-82).

A produção territorial passa a ser condicionada pelos atores urbanos e seus objetivos. As rotas de circulação são abertas, construídas, bem conservadas e controladas para aumentar o nível de autonomia da cidade, assumindo a forma de "raios" ligados ao sustentáculo constituído pela cidade. O mercado urbano é, por si só, um mecanismo regulatório, determinando os preços dos recursos. Mas a cidade utiliza, por meio de seus regulamentos, o mercado para aumentar indevidamente suas reservas. O sistema de reservas inclui diferentes ferramentas territoriais: campos cultivados, estradas, mercados e celeiros (RAFFESTIN, 1986, p. 82).

Na contemporaneidade, o terceiro invariante privilegiado é a rede. Hoje, a ecogênese territorial reside no controle das redes de circulação, comunicação e telecomunicações. A informação é, juntamente com a energia, o recurso essencial que passa por redes cada vez mais complexas. É a teoria da comunicação que atualmente gerencia a ecogênese territorial e o processo de territorialização, desterritorialização e reterritorialização (RAFFESTIN, 1986, p. 182).

Raffestin (1986C) destaca que as redes de circulação de pessoas e mercadorias foram ativadas há muito tempo, mas a novidade reside no surgimento e na multiplicação de redes de comunicação, distintas das redes de circulação.

Atualmente, uma das condições para a autonomia reside no controle das redes de comunicação e informação. A informação, juntamente com a energia, é o recurso essencial que circula por redes cada vez mais complexas. O fato de que as redes condicionam cada vez mais a autonomia das sociedades se deve ao fato de que a informação multifacetada (como publicações de patentes, dados técnicos, publicidade e ficção) se tornou um recurso básico para a gestão. Portanto, o acesso à informação é fundamental, inclusive quando se trata de questões relacionadas à natureza.

> No entanto, dessa banalidade deve-se extrair uma consequência séria: a autonomia depende cada vez mais do acesso a essa informação. Se a distribuição dos recursos renováveis e não renováveis deriva de fatores não humanos, como climáticos, pedológicos e geológicos, a distribuição da informação decorre de decisões humanas: "existem agora países ricos e países pobres em dados (data rich and data poor)" (RAFFESTIN, 1986C, p. 83. Tradução livre).

As informações são fundamentais para todas as políticas e determinam o processo de territorialização, desterritorialização e reterritorialização das sociedades. A nova lógica informacional é responsável pela distribuição dos trabalhadores e do capital. Portanto, a informação é limitada, e o que importa é a rede para comunicá-la e divulgá-la. A teoria da comunicação na atualidade organiza o sistema territorial e o processo de territorialização-desterritorialização-reterritorialização, por meio do qual é possível adquirir, perder ou recuperar autonomia (RAFFESTIN, 1986C, p. 84).

Raffestin (1986) enfatiza que, ao considerar a ecogênese territorial dos chamados países desenvolvidos, observa-se que até o século XX, os territórios materiais concretos, a externalidade, eram em grande parte "regionalizados". Em outras palavras, a regulação intrassocietal ainda tinha um significado (RAFFESTIN, 1986, p. 183).

Nesse sentido, observa-se que havia coerência entre o território e a territorialidade porque havia uma correspondência entre a ação de uma sociedade e a semiosfera à qual se referia. Essa unidade relativa e o processo de territorialização-desterritorialização-reterritorialização (T-D-R) foram modificados, pois a regulação passou a ser externa. "*A territorialidade é menos 'espacializada' do que 'temporalizada', porque é comandada pela modernidade, cuja 'moda é o emblema'*". No entanto, a modernidade é desenvolvida em apenas alguns lugares que têm meios de difusão ultrarrápida. O território concreto tornou-se menos significativo do que o território da informação, em termos de territorialidade (RAFFESTIN, 1986, p. 183).

> O fato de a região se reduzir a apenas um discurso demonstra claramente que avançamos para uma territorialidade "temporalizada", ou seja, um sistema de relações que depende da variação da

> quantidade de informação em um determinado território (RAFFESTIN, 1986, p. 183. Tradução livre).

O autor complementa que no período atual se retorna ao regionalismo, e a ressurgência de certos valores. "*Nessa última perspectiva, a territorialidade é frequentemente entendida como identidade*". O autor enfatiza que na perspectiva da "identidade cultural" não devem ser confundidos os conceitos, pois não se trata de um "retorno" impossível para uma cultura local, mas para uma reinterpretação ou projeção de uma tradição (RAFFESTIN, 1986, p. 184).

TERRITORIALIZAÇÃO-DESTERRITORIALIZAÇÃO-RETERRITORIALIZAÇÃO (TDR)

Raffestin (2012) destaca a produção de territórios sobre territórios preexistentes. Nesse caso, as mudanças no ambiente físico e na natureza implicam em uma oferta de território que não é utilizado, ou é menos utilizado do que no passado, e uma demanda por território para integrar novas atividades. Assim, dois processos se associam: desterritorialização e reterritorialização (p. 131). Dessa forma, como ressalta Haesbaert (2007), a dinâmica territorial é um processo contínuo de territorialização, desterritorialização e reterritorialização.

Diante disso, o autor apresenta duas possibilidades: a destruição total do território anterior ou a reciclagem:

> Para isso, haverá duas possibilidades: ou há um espaço imediatamente disponível, ou o território é reciclado, criando uma paisagem para atender à demanda. De acordo com as circunstâncias, os custos não são os mesmos, e tudo depende dos recursos disponíveis. A recomposição pode ser total ou parcial. É total quando tudo é arrasado e reconstruído; é parcial quando o exterior é preservado e o interior é alterado. Existe uma ampla variedade de resultados possíveis, dependendo do grau em que todos os parâmetros afetados pela operação são levados em conta (RAFFESTIN, 2012, p. 131. Tradução livre).

Nesse processo, Raffestin (2012) aponta dois eixos: o paradigmático e o sintagmático. Ele entende que toda recomposição é realizada por meio do empréstimo de elementos paradigmáticos, a fim de transformá-los em sintagmas adaptados a novas atividades. Dessa forma, observamos novas modificações nos perfis das paisagens emergentes, que revelam, por um tempo, a nova estrutura de territorialidade. A produção de territórios a partir de territórios é uma operação de criação ou recriação de valores em ambos os sentidos do termo: valores econômicos, culturais, sociais e políticos (RAFFESTIN, 2012, p. 131).

Ressalta-se que essa criação de valores ocorre por meio da memória e do esquecimento, dissoluvelmente ligados. "*Por trás da memória de uma cultura, há o esquecimento de outra cultura, cujos elementos foram nutridos antes de serem eles próprios esquecidos para permitir a constituição de outra memória e assim por diante, enquanto houver comunidades e sociedades*". Nesse processo, territórios podem ser construídos, desconstruídos e reconstruídos, funcionalizados, desfuncionalizados e refuncionalizados (RAFFESTIN, 2012, p. 131).

Na perspectiva da produção de territórios, observa-se a constituição de Geografias fabricadas, implementadas por uma determinada cultura, inclusive por meio da propaganda. Essa Geografia produzida já não é mais fruto de esforços de gerações passadas, mas sim projetada de acordo com um plano publicitário. "*O território não é mais uma causa, mas é 'causado' da mesma forma que a maioria dos outros objetos. Em toda essa fabricação, há o entrelaçamento do sintagma e do paradigma. Todos os espaços e territórios fictícios, mas produzidos, agora servem como referência positiva ou negativa: a ficção informa o real*". (RAFFESTIN, 2012, p. 131. Tradução livre).

Raffestin (1986) já apontava que o processo de territorialização-desterritorialização-reterritorialização está submetido, em certa medida, ao ciclo do produto caracterizado pela inovação, desenvolvimento e maturidade, de acordo com a função da informação técnico-econômica. Portanto, a territorialidade é uma função da informação e do tempo. Esse tipo de territorialidade não contempla o espaço vivido, a identidade regional ou a cultura local. Na melhor das hipóteses, trata-se de informações consumadas, cuja identidade está condicionada aos modelos culturais dominantes. Dessa forma, mesmo que a sociedade continue a viver e atuar em um território concreto resultante de uma produção, suas relações são muito menos condicionadas por esse território do que pela informação disseminada nele (p. 184).

Raffestin (1986C, p. 86) enfatiza que a territorialidade humana pode ser expressa, nesse caso, pela evolução das fases de um ciclo duplo, dinâmico e constituído de continuidade e descontinuidade. Trata-se de ciclos de territorialidade em pequena e grande escala. Esses ciclos são condicionados por sistemas de informação que desencadeiam ações: inovação, difusão, obsolescência (IDO). Assim, a territorialidade é definida pela interação de dois processos, um territorial (TDR) e outro informativo (IDO). Dessa forma, a territorialidade expressa a interação entre dois sistemas, um espacial e outro informativo, na perspectiva de garantir a autonomia de um grupo ao longo do tempo. Para o autor, isso constitui um eixo de reflexão que se baseia na hipótese de que as relações com a externalidade e a alteridade são em grande parte condicionadas pelas mudanças que ocorrem nos sistemas informacionais.

Impactos ambientais, disputas no território e conflitos por território

A análise do uso dos conceitos de território e ambiente nas dissertações e teses permitiu estabelecer um horizonte de compreensão do híbrido estabelecido entre o território da natureza e a natureza do território (SUERTEGARAY, 2002, 2021). Como já destacado, o conceito de território é fundamental nesta pesquisa, no entanto, é importante ressaltar as relações com a natureza (ambiental) que distinguem as sociedades tradicionais e modernas, conforme apontado por Raffestin.

A relação entre as abordagens dos conceitos de território e ambiente permitiu distinguir três possibilidades de interpretação de tensões na pesca artesanal brasileira: Impactos Ambientais, Disputas no Território e Conflitos por Território.

A composição dos procedimentos metodológicos que permitiram essa análise está orientada pela teoria do pensamento complexo (MORIN, 1990, 1996, 2008). Foram analisados os conteúdos de 102 trabalhos, sendo 78 dissertações e 24 teses, conforme apresentado na primeira parte deste livro, e identificado 327 contextos de tensões. A análise dos trabalhos, permitiu reconhecer os conceitos mais adotados (BARDIN, 2007) para abordar as problemáticas da pesca artesanal, bem como elaborar mapas temáticos. Seguindo a perspectiva de Bardin (2007), a análise das abordagens conceituais permitiu distinguir três questões emergentes: Impactos Ambientais, Disputas no Território e Conflitos por Território (figura 24).

Dos 327 contextos identificados nos trabalhos analisados, 14.68% abordam impactos ambientais. No entanto, cabe destacar que a leitura geográfica deve se distinguir da ecológica e reconhecer que além de impactar os ecossistemas, esses impactos têm repercussões sobre as comunidades que dependem do ambiente e de seus recursos (SUERTEGARAY, 2017, 2021). Dessa forma, os impactos no

ambiente repercutem no território tradicional de pesca e frequentemente levam ao fim da territorialidade. Raffestin (1986C) enfatiza a importância da "reserva" na constituição das territorialidades das sociedades extrativistas e na permanência de suas territorialidades tradicionais. O autor destaca a relação entre os estados de natureza e os territórios/territorialidades, assim, a transformação ou transfiguração das condições naturais implica em consequências nos processos de territorialização e desterritorialização (RAFFESTIN, 2012).

Figura 24 - Diagrama de análise da relação ambiente/território nas dissertações e teses

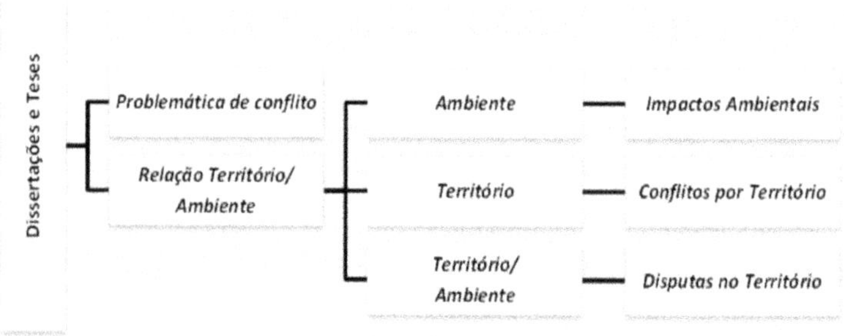

Já 35.47% dos contextos identificados se referem a disputas no território. Esses estudos abordam a relação entre território e ambiente, na medida em que a presença de recursos ambientais gera disputas territoriais que, por sua vez, tendem a comprometer tais recursos. Assim, as disputas no território expressam tanto os impactos ambientais quanto os conflitos por território. Ressalta-se que, além das disputas por recursos, ocorrem confrontos entre visões de natureza e lógicas de apropriação (RAFFESTIN, 1996; SUERTEGARAY, 2017), o que impede a perenidade dos recursos no território. É importante destacar que tais disputas pressupõem o reconhecimento de territórios e territorialidades, e nem sempre resultam em desterritorialização. Heidrich (2010) destaca contextos nos quais múltiplas territorialidades coexistem no espaço, no entanto, essas disputas podem levar a conflitos.

Por fim, 49.85% dos contextos analisados tratam de conflitos por território. Como destacado por Raffestin (1986C), quando o território/territorialidade não é reconhecido por aqueles que estão fora do contexto, resulta na perda de autonomia em uma situação de desequilíbrio que pode levar ao desaparecimento de um determinado grupo. Os conflitos resultam principalmente do exercício do poder (RAFFESTIN; BARAMPAMA, 1998), que nesse caso é assimétrico ou dissimétrico (RAFFESTIN, 1986B). O poder exercido pelas atividades detentoras do capital econômico encontra apoio no Estado e em suas instituições (HEIDRICH, 2010). Ressalta-se a proeminência da rede informacional, uma vez que essas atividades econômicas estão inseridas em uma lógica de relações externas ao local. Na pesca, esses conflitos além de incidirem sobre os pesqueiros tradicionais, expulsam as comunidades de seus territórios tradicionais de moradia e vivência.

Do ponto de vista das invariantes territoriais destacadas por Raffestin (1986; 1986C), observa-se que a malha territorial na pesca artesanal é composta por uma ampla área que integra os pesqueiros tradicionais, as áreas de moradia e de vivência. Os nós são expressos nos pesqueiros tradicionais, que representam a reserva. As redes conectam a área de moradia e vivência aos pesqueiros tradicionais, assim como permitem o deslocamento entre os pesqueiros.

Impactos ambientais

Quanto às invariantes territoriais, observa-se que além da malha que constitui o território pesqueiro, observa-se a influência da rede da cidade (urbano). Dessa forma, o território tradicional constitui para a cidade uma fonte de recursos necessária para sua manutenção. A cidade forma então um nó, que está ligado em rede ao território tradicional. Em um primeiro momento, evidencia-se a subjunção da malha do território tradicional ao nó do urbano, pela rede expressa na dinâmica do mercado. Na contemporaneidade, destaca-se ainda a influência da rede informacional, que situa a cidade em uma dinâmica global. A partir dessa rede, novos fatores, como a instalação de indústrias e serviços, passam a se instalar na cidade, gerando demandas, consequências e avançando sobre o território tradicional. Dentro desse contexto, as consequências são percebidas em toda a malha do território tradicional, contudo, provocam a desterritorialização do nó – pesqueiro tradicional.

Os impactos ambientais impedem a permanência dos nós que expressam os pesqueiros tradicionais. Por afetarem os ecossistemas, assim, a territorialidade deixa de existir, pois atingem a reserva, fundamental para a condição territorial das sociedades extrativistas. Por consequência, a reterritorialização dos pescadores acaba sendo realizada em áreas mais distantes, influenciando a rede que liga pesqueiro e área de moradia e vivência. Acrescenta-se que a reterritorialização ocorre ao longo do tempo, na medida em que os pescadores adquirem conhecimentos sobre o ambiente inerente ao novo território – malha.

Na análise das dissertações e teses que abordaram a pesca artesanal na Geografia brasileira, identificou-se 48 contextos de impactos ambientais que têm atingido o ambiente e, consequentemente, a produtividade da pesca. Como são impactos no ambiente, comprometem as condições da água, solo e ar e, também, comprometem a qualidade de vida das comunidades de pescadores que estão presentes no território.

Com base no mapa presente na figura 25, pode-se verificar os impactos ambientais discutidos nas pesquisas, os quais foram mais presentes nas regiões Nordeste (45.83%) e Sul (39.58%). A região Norte concentrou 8.33% das pesquisas analisadas, seguidas das regiões Sudeste (4.17%) e Centro-Oeste (2.08%).

Figura 25 - Mapa de quantitativo de impactos ambientais, identificados nas dissertações e teses, por Região

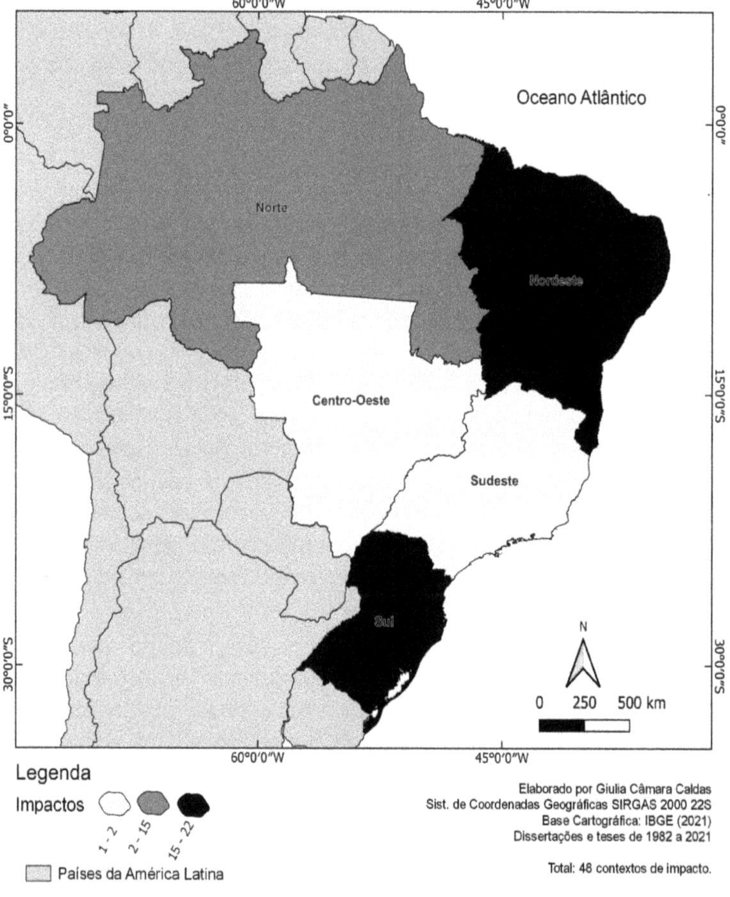

A figura 26 evidencia que as principais causas de impacto ambiental presentes nos trabalhos analisados são industrialização, urbanização, agricultura e pesca industrial. Cabe destacar que, nesse contexto, a análise está centrada no ambiente, ou seja, nas condições ambientais que permitem a presença da fauna aquática em condições de qualidade e quantidade necessárias para a atividade pesqueira artesanal.

Figura 26 - Mapa de principais impactos ambientais, identificados nas dissertações e teses, por Região

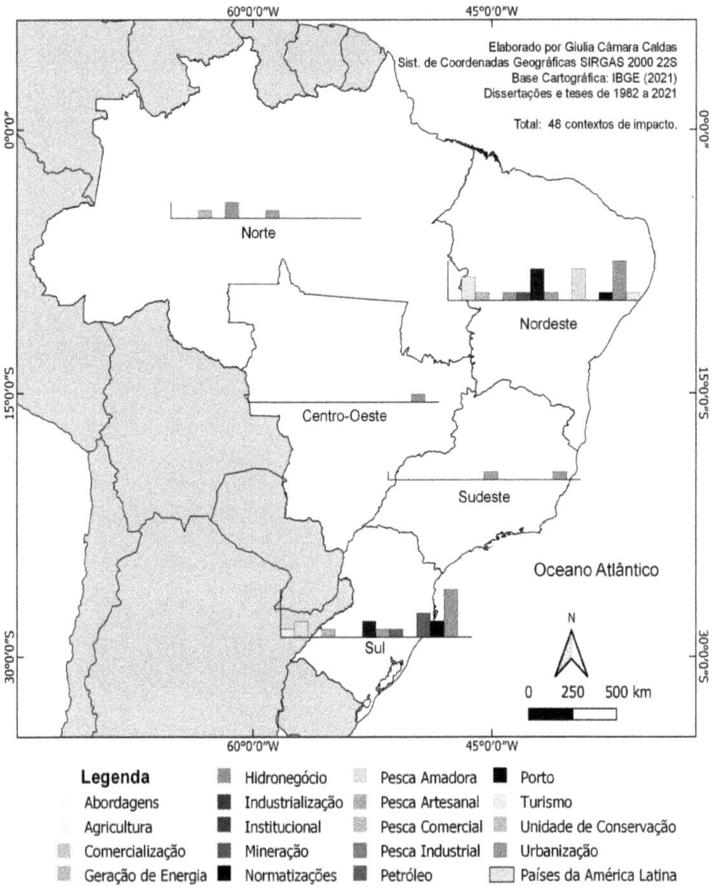

O quadro 5 apresenta as principais atividades/ações causadoras de impactos ambientais que foram identificadas nas dissertações e teses analisadas, bem como sua distribuição regional e por unidade da federação. Também são apontados os trabalhos de referência sobre a incidência de impactos ambientais para cada atividade/ação.

Quadro 5 - Relação de trabalhos de abordam atividades/ações promotoras de impactos ambientais, por região e UF

Atividades	Região	UF	Autores
Abordagens (1)	S (1)	SC (1)	C. B. G. Machado (2013)
Agricultura (5)	S (2)	RS (2)	D. A. Lima (2003); T. R. Silva (2007)
	NE (3)	BA (2)	R. A. S. Machado (2015); M. M. A. Figueiredo (2013)
		SE (1)	E. A. Santos (2018)
Comercialização (2)	NE (1)	SE (1)	E. A. Santos (2012)
	N (1)	PA (1)	G. R. F. Araújo (2012)
Esportes Náuticos (1)	S (1)	RS (1)	T. R. Silva (2007)
Geração de Energia (3)	N (2)	AP (1)	V. N. M. Marinho (2018)
		RO (1)	S. S. L. Cruz (2018)
	NE (1)	SE (1)	S. I. F. Nunes (2018)
Hidronegócio (1)	NE (1)	SE (1)	R. P. A. Torres (2014)
Industrialização (6)	NE (4)	PB (1)	S. M. Silva (2012)
		SE (1)	R. P. A. Torres (2014)
		PE (1)	J. B. Silva (2006)
		BA (1)	M. M. A. Figueiredo (2013)
	S (2)	RS (2)	C. Martins (1997), T. R. Silva (2007)
Mineração (4)	S (1)	RS (1)	T. R. Silva (2007)
	NE (1)	SE (1)	H. R. C. Silva (2020)
	N (1)	AP (1)	L. M. Lima (2020)
	SE (1)	ES (1)	P. C. Oliveira (2020)
Normatização (1)	S (1)	RS (1)	E. L. B. Maier (2009)
Pesca Artesanal (4)	NE (4)	AL (1)	C. J. Cunha (2006)
		BA (1)	T. S. Alves (2015)
		PE (1)	J. B. Silva (2006)
		SE (1)	E. A. Santos (2012)
Pesca Industrial (3)	E (3)	RS (2)	D. A. Lima (2003); E. L. B. Maier (2009)
		SC (1)	G. L. Santos (2019)
Porto (2)	NE (1)	PB (1)	S. M. Silva (2012)
	S (1)	RS (1)	A. B. Mendes (2019)
Turismo (1)	NE (1)	BA (1)	R. A. S. Machado (2015)
Urbanização (12)	S (5)	RS (3)	D. A. Lima (2003); T. R. Silva (2007); A. B. Mendes (2019)
		SC (2)	G. L. Santos (2019); A. R. D. (2015)
	NE (5)	PE (2)	J. B. Silva (2006); S. M. Silva (2017)
		CE (1)	M. A. Santos (2013)
		BA (1)	M. M. A. Figueiredo (2013)
		SE (1)	S. I. F. Nunes (2018)
	CO (1)	MT(1)	I. R. S. Santos (2019)
	SE (1)	RJ (1)	A. L. F. Vinhas (2020)

Fonte: Dados da pesquisa.

O mapa da figura 27 apresenta as densidades de impactos ambientais identificados nas dissertações e teses analisadas. Destaca-se que, mesmo com densidade baixa, esse tipo de contexto foi apontado em pesquisas de diversas regiões brasileiras. Além disso, as pesquisas ainda estão muito concentradas intrarregionalmente. Na zona costeira, há uma certa continuidade na ocorrência desses trabalhos, e encontram-se áreas de densidade moderada, alta e muito alta. As áreas de maior densidade são identificadas nas regiões Sul e Nordeste. Especificamente, na região Nordeste, é onde se concentram as áreas de alta densidade.

Figura 27 - Mapa de densidade de impactos ambientais, identificados nas dissertações e teses

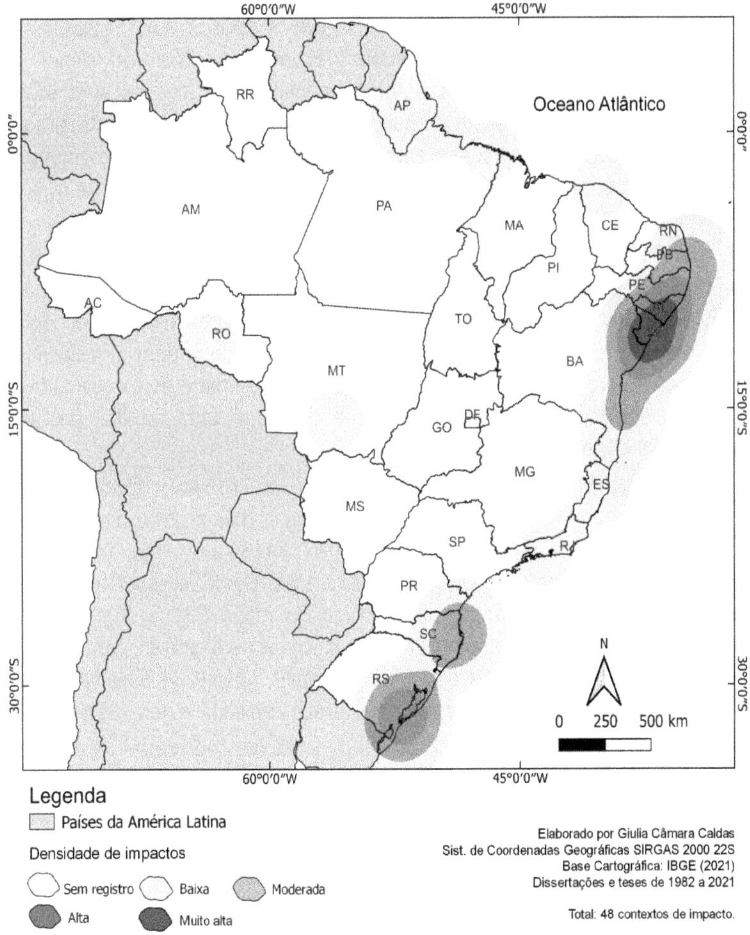

Disputas no território

A segunda abordagem propõe a distinção de disputas tanto pelo domínio (poder) quanto pelos recursos do ambiente. Por consequência, essas disputas causam tanto impactos quanto conflitos, que influenciam a dinâmica territorial da pesca artesanal. As atividades econômicas utilizam o território por meio de uma lógica de apropriação/domínio descomprometida com a perenidade dos recursos, pois visam apenas desenvolver seus processos, resultando em impactos e conflitos. As disputas no território ocorrem tanto pelos recursos pesqueiros quanto pelo local adequado para a realização de outras atividades econômicas. Nessa perspectiva, destaca-se a influência das invariantes territoriais na dinâmica territorial da pesca artesanal.

Observa-se que a dinâmica territorial evidencia uma disputa entre pescadores artesanais e outras atividades econômicas. Essas atividades estão relacionadas em redes técnicas e informacionais de outras escalas: regional, nacional e global. Dentro desse contexto, percebe-se a atividade pesqueira como uma subutilização dos recursos do ambiente. A pressão das redes e a conjunção de uma perspectiva de fomento da economia levam os gestores públicos a privilegiar e flexibilizar a entrada desses novos atores no território.

As disputas no território provocam pressão nos nós (pesqueiros tradicionais) e nas redes (que ligam território de moradia e vivência aos pesqueiros). Isso ocorre porque determinadas atividades impõem seu domínio sobre o território e geram impactos no ambiente e/ou impedem o deslocamento do pescador para o pesqueiro. Quando a pesca artesanal e essas atividades não estão em equilíbrio, surgem conflitos e a desterritorialização dos pescadores artesanais se torna frequente.

As disputas no território foram evidenciadas 116 vezes nas dissertações e teses analisadas. A região Nordeste concentrou a maior parte dessas disputas mapeadas (39.66%). A região Norte apresenta (22.41%) e a região Sul (19.83%). A região Sudeste totaliza (16.38%), e a região Centro-Oeste representa (1,72%) dos trabalhos analisados, conforme apresentado no mapa (figura 28). A figura 29 apresenta as causas/ações que resultam em disputas no território identificadas nas dissertações e teses analisadas. As principais disputas observadas estão relacionadas à aquicultura, pesca industrial, pesca comercial e geração de energia.

O quadro 6 expõe as principais atividades/ações causadoras de disputas no território, identificadas nas dissertações e teses analisadas, e sua distribuição regional e por unidade da federação. Também foram apontados os trabalhos de referência relativos às disputas no território para cada atividade/ação.

Figura 28- Mapa de quantitativo de disputas no território, identificados nas dissertações e teses, por Região

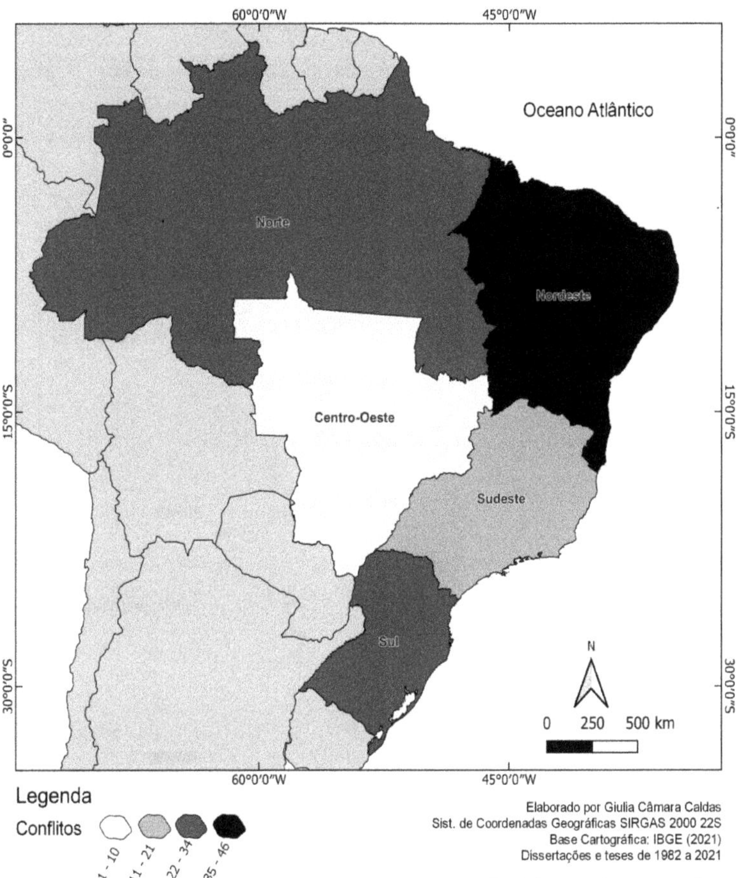

Figura 29 - Mapa de principais disputas no território, identificados nas dissertações e teses, por Região

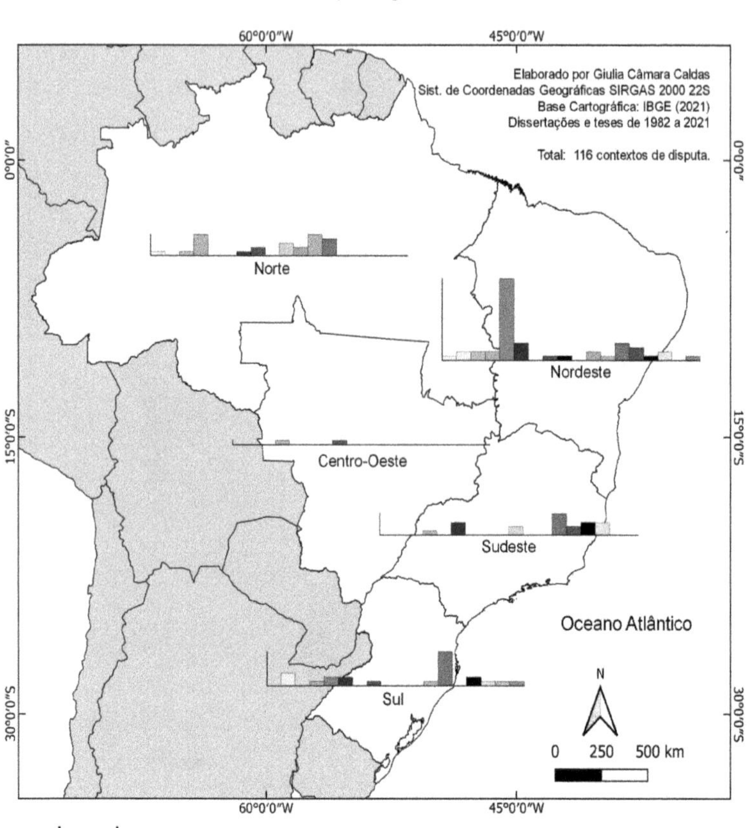

Quadro 6 - Relação de trabalhos de abordam atividades/ações promotoras de disputas no território, por região e UF

Atividades	Região	UF	Autores
Abordagens (2)	NE (1)	PE (1)	C. J. Cunha (2006)
	N (1)	PA (1)	M. G. M. Lima (2008)
Agricultura (5)	S (3)	RS (2)	C. Q. de Paula (2013), T. R. Moraes (2015)
		PR (1)	C. R. Scheibel (2013)
	NE (2)	PE (1)	S. M. Silva (2017)
		BA (1)	K. A. N. Rios (2017)
Ausência (1)	N (1)	PA (1)	A. S. Cunha (2011)
Comercialização (3)	NE (2)	CE(1)	M. C. Lima (2002)
		BA (1)	M. M. A. Figueiredo (2013)
	N (1)	AM (1)	F. Rodrigues (2014)
Geração de Energia (10)	NE (2)	AL (1)	C. J. Cunha (2015)
		PE (1)	C. J. Cunha (2006)
	N (5)	AM (2)	V. C. Cruz (2006), V. C. Cruz (2011)
		AP (2)	V. N. M. Marinho (2018); L. M. Lima (2020)
		PA (1)	K. A. Chaves (2018)
	S (1)	PR (1)	G. Ferreira (2014)
	SE (1)	MG (1)	F. Braconaro (2011)
	CO (1)	MT (1)	I. R. S. Santos (2019)
Hidronegócio (20)	NE (18)	BA (7)	R. C. Dumith (2012); M. M. A. Figueiredo (2013); R. A. S. Machado (2015); E. R. A. Kuhn (2009); K. A. N. Rios (2012); R. C. Dumith (2017); K. A. N. Rios (2017)
		PE (2)	C. J. Cunha (2006); S. M. Silva (2017)
		AL (1)	C. J. Cunha (2015)
		RN (1)	J. A. G. Neto (2009)
		PB (1)	I. X. Araújo (2017)
		SE (4)	E. A. Santos (2012); H. R. C. Silva (2020); S. I. F. Nunes (2018); E. A. Santos (2018)
		CE (2)	M. A. Santos (2008); F. G. S. Rodrigues (2007)
	S (2)	SC (1)	J. S. Custódio (2006)
		PR (1)	L. T. Moreno (2021)
Industrialização (9)	S (2)	RS (2)	C. Q. de Paula (2013), G. M. Santana (2013)
	NE (4)	CE (1)	C. R. R. Costa (2010)
		SE (1)	E. A. Santos (2012)
		PE (1)	S. M. Silva (2017)
		BA (1)	K. A. N. Rios (2017)
	SE (3)	RJ (3)	A. L. F. Vinhas (2011); A. L. F. Vinhas (2020); N. S. Lindolfo (2016)

Quadro 6 - Relação de trabalhos de abordam atividades/ações promotoras de disputas no território, por região e UF

Atividades	Região	UF	Autores
Institucional (1)	N (1)	PA (1)	E. B. Guedes (2009)
Mineração (4)	N (1)	PA (1)	K. A. Chaves (2018)
	CO(1)	MT (1)	I. R. S. Santos (2014)
	S (1)	RS (1)	C. Q. de Paula (2013)
	NE (1)	SE (1)	S. M. Silva (2017)
Normatização (1)	NE (1)	PB (1)	S. M. Silva (2012)
Pecuária (1)	N (1)	PA (1)	E. B. Guedes (2009)
Pesca Amadora (5)	N (3)	PA (2)	A. S. Cunha (2011), G. C. Pereira (2014)
		AP (1)	L. M. Lima (2020)
	SE (2)	SP (1)	E. S. Cardoso (1996)
		ES (1)	J. S. Abreu (2020)
Pesca Artesanal (4)	N (2)	PA (1)	A. S. Cunha (2011),
		AP (1)	V. N. Marinho (2018)
	NE (2)	CE (1)	C. R. R. Costa (2010)
		SE (1)	R. P. A. Torres (2014)
Pesca Comercial (7)	N (5)	AM (4)	M. J. M. Cruz (2007), C. D. Silva (2009), G. C. Abreu (2011), D. G. Nascimento (2016)
		PA (1)	G. R. F. Araújo (2012)
	NE (1)	BA (1)	R. A. S. Machado (2015)
	S (1)	RS (1)	M. C. D. Contato (2012)
Pesca Industrial (20)	S (7)	SC (4)	J. M. P. Carvalho (2019); C. B. G. Machado (2013); A. R. Dorsa (2015); B. G. Machado (2019)
		PR (2)	L. A. Duarte (2018), M. S. Pérez (2012)
		RS (1)	A. B. Mendes (2019)
	NE (4)	CE (1)	M. C. Lima (2002)
		BA (1)	R. C. Dumith (2017)
		PB (2)	I. X. Araújo (2017); A. G. C. Madruga (1986)
	N (4)	PA (3)	E. B. Guedes (2009); M. G. M. Lima (2008); G. C. Pereira (2014)
		AM (1)	F. M. R. Pereira (2021)
	SE (5)	SP (2)	E. S. Cardoso (1996); L. T. Moreno (2017)
		RJ (2)	L. C. Gianella (2009); A. L. F. Vinhas (2020)
		ES (1)	J. S. Abreu (2020)
Petróleo (5)	NE (3)	BA (2)	T. S. Alves (2015); K. A. N. Rios (2017)
		CE (1)	C. R. R. Costa (2010)
	SE (2)	RJ (1)	C. M. Chaves (2011)
		SP (1)	L. M. Moreno (2017)

Quadro 6 - Relação de trabalhos de abordam atividades/ações promotoras de disputas no território, por região e UF

Atividades	Região	UF	Autores
Porto (6)	SE (3)	RJ (3)	R. S. Gomes (2012); A. L. F. Vinhas (2020); N. S. Lindolfo (2016)
	S (2)	RS (1)	G. M. Santana (2013)
		PR (1)	L. A. Duarte (2018)
	NE (1)	BA (1)	K. A. N. Rios (2017)
Turismo (6)	SE (3)	SP (2)	C. P. Camargo (2013); L. T. Moreno (2017)
		ES (1)	J. S. Abreu (2020)
	NE (2)	RN (1)	J. A. G. Neto (2009)
		CE (1)	L. S. Moraes (2010)
	S (1)	SC (1)	C. C. Chamas (2008)
Unidade de Conservação (1)	S (1)	PR (1)	M. S. Pérez (2012)
Urbanização (2)	NE (1)	BA (1)	C. M. M. Alencar (2003)
	S (1)	RS (1)	C. Q. de Paula (2013)

Fonte: Dados da pesquisa.

O mapa da figura 30 apresenta as densidades de disputas no território identificadas nas dissertações e teses analisadas. Destaca-se que a maior parte das áreas está marcada como de densidade moderada, com exceção da região Centro-Oeste. A densidade alta está presente nas regiões Nordeste, Norte, Sudeste e Sul, respectivamente. Observa-se que esse tipo de análise ocorre principalmente na zona costeira, onde predominam as áreas de densidade alta. Além disso, é nessa zona que se encontram áreas com densidade muito alta, especialmente no litoral do nordeste e sudeste.

Figura 30 - Mapa de densidade de disputas no território, identificados nas dissertações e teses

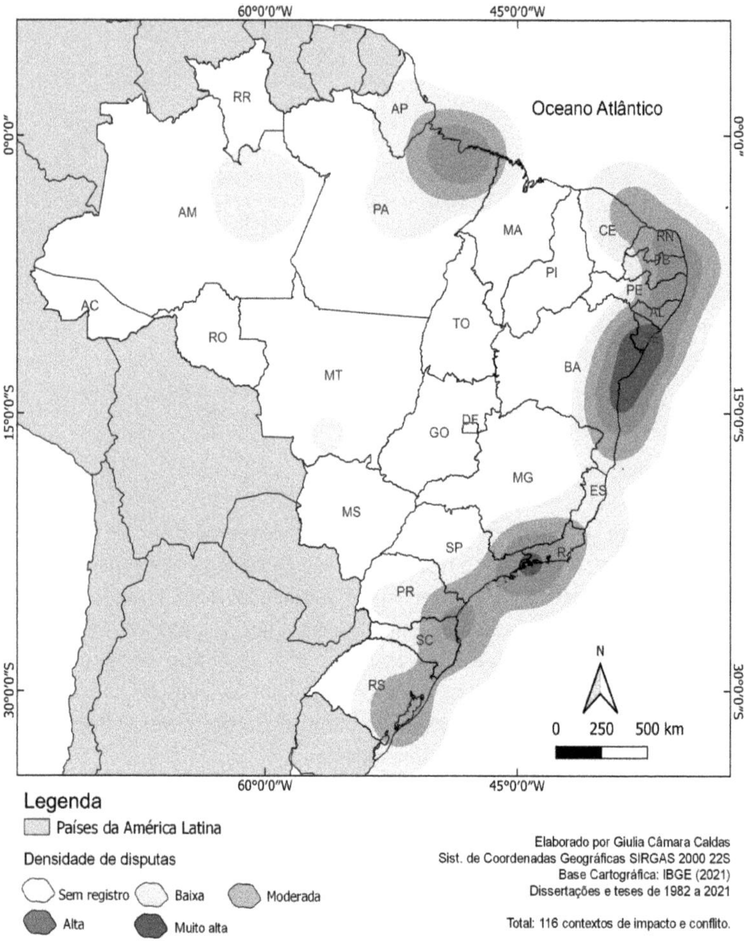

Conflitos por território

Tratando os conflitos por território, a malha do território pesqueiro é ameaçada devido ao avanço das atividades econômicas sobre os nós expressos no lugar de moradia e vivência, principalmente. A influência de redes técnicas e de informação busca a subordinação da malha – território tradicional - aos seus preceitos. Segue-se a perspectiva de que o espaço não está ocupado ou é subutilizado. Além da influência da rede que subordina cada vez mais o território tradicional à cidade e suas demandas, há a presença de redes globais que buscam a exploração do espaço por meio de atividades econômicas que utilizam o potencial paisagístico e os atrativos "naturais" presentes no território tradicional. Há um conflito explícito entre lógicas de apropriação e domínio do espaço.

Tendo em vista que na malha do território tradicional há uma complexidade de nós ligados em rede, a expulsão dos pescadores do território tradicional de moradia e vivência influencia essa rede. Quando são estabelecidos em locais distantes dos pesqueiros tradicionais, geralmente a atividade pesqueira é extinta e ocorre a desterritorialização. Assim, a malha que representa o território pesqueiro como um todo é desfeita. No entanto, esse processo não ocorre sem tensões e conflitos. A resistência dos pescadores artesanais se dá por meio da ação direta e da denúncia aos órgãos públicos, reivindicando os direitos das comunidades tradicionais. Por outro lado, essas atividades econômicas encontram apoio do Estado quando se inserem em projetos que visam a modernização do espaço.

As dissertações e teses analisadas, que abordaram a pesca artesanal na Geografia brasileira, apresentaram 163 contextos de conflitos por território. Esses conflitos ocorrem devido ao domínio do espaço por determinada atividade econômica, o que impede a permanência dos pescadores no território de moradia e vivência ou nos pesqueiros tradicionais.

O mapa presente na figura 31 mostra que, nas pesquisas que discutiram conflitos no território, houve uma maior presença na região Nordeste (42.33%). A região Sul apresentou (23.31%) e a região Norte (17.79%). A região Sudeste totalizou (14.72%), e a região Centro-Oeste (1.84%) dos trabalhos analisados. A figura 32 apresenta o mapa de conflitos por território identificados nas dissertações e teses analisadas. Os principais conflitos identificados estão relacionados a questões fundiárias, turismo, Unidades de Conservação, especulação imobiliária e comercialização de pescado.

O quadro 7 apresenta as principais atividades/ações causadoras de conflitos por território, identificadas nas dissertações e teses analisadas, juntamente com sua distribuição regional e por unidade da federação. Também foram destacados os estudos de referência relacionados aos conflitos por território para cada atividade/ação.

Figura 31 - Mapa de quantitativo de conflitos por território, identificados nas dissertações e teses, por Região

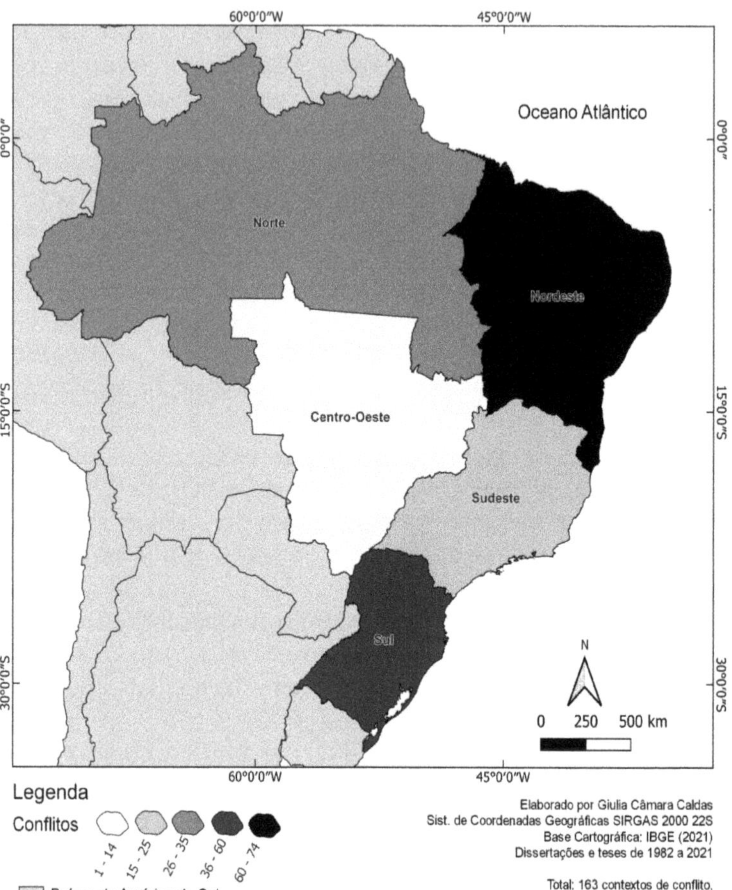

Figura 32 - Mapa de principais conflitos por território, identificados nas dissertações e teses, por Região

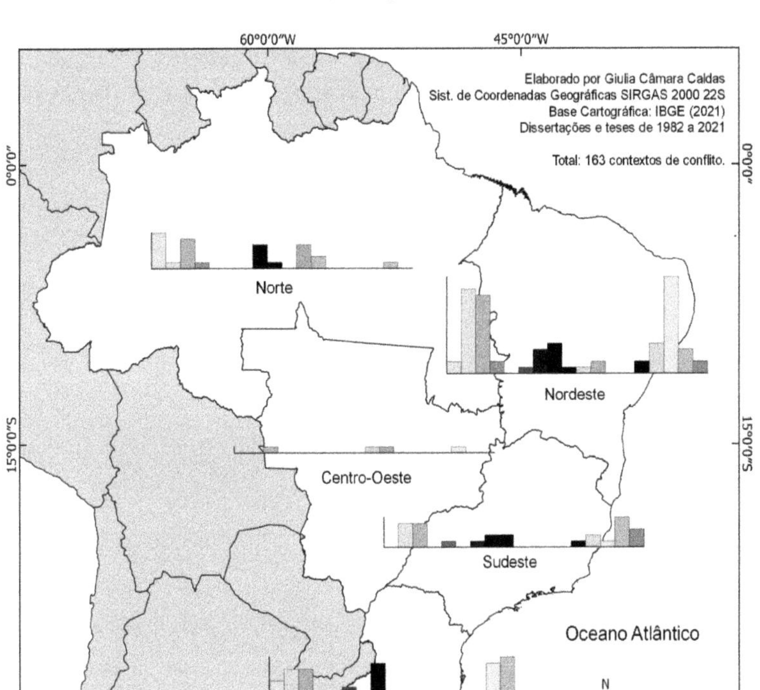

Quadro 7 - Relação de trabalhos de abordam atividades/ações promotoras de conflitos por território, por região e UF

Atividade	Região	UF	Autores
Comercialização (10)	N (5)	AM (4)	M. J. M. Cruz (2007), S. S. Queiroz (2012), G. C. Abreu (2011), M. J. M. Cruz (1999)
		PA (1)	E. B. Guedes (2009)
	S (2)	PR (1)	G. Ferreira (2014)
		RS (1)	G. M. Santana (2013)
	NE (2)	BA (2)	E. R. A. Kuhn (2009), G. A. Queiroz (2011)
	SE (1)	SP (1)	E. S. Cardoso (1996)
Especulação Imobiliária (23)	NE (12)	CE (5)	M. C. Lima (2002), E. O. Cavalcante (2012), C. R. R. Costa (2010), E. O. Paula (2012), L. S. Moraes (2010)
		BA (3)	R. C. Dumith (2017), L. S. P. Perry (2015), M. M. A. Figueiredo (2013)
		SE (3)	S. I. F. Nunes (2018), E. A. Santos (2018), S. I. F. Nunes (2011)
		PB (1)	I. X. Araújo (2017)
	SE (4)	RJ (3)	J. A. Ferreira (2013), R. C. Euzebio (2018), L. G. Simão (2021)
		SP (1)	L. T. Moreno (2016)
	S (5)	SC (4)	C. B. G. Machado (2019), C. B. G. Machado (2013), A. R. Dorsa (2015), G. L. Santos (2019)
		PR (1)	L. T. Moreno (2021)
	N (2)	MA (1)	C. R. R. Costa (2016)
		PA (1)	G. C. Ferreira (2016)
Fundiário (28)	NE (12)	BA (5)	R. C. Dumith (2017), K. A. N. Rios (2017), L. S. P. Perry (2015), E. R. A. Kuhn (2009), K. A. N. Rios (2012)
		CE (4)	M. A. Santos (2013), M. C. Lima (2002), C. R. R. Costa (2010), M. A. Santos (2008)
		PE (2)	S. M. Silva (2017), M. S. Pérez (2016)
		PB (1)	I. X. Araújo (2017)
	N (6)	AM (4)	V. C. Cruz (2011), S. S. Queiroz (2012), F. Rodrigues (2014), V. C. Cruz (2006)
		MA (1)	C. R. R. Costa (2016)
		PA (1)	E. B. Guedes (2009)
	S (5)	PR (4)	L. T. Moreno (2021), L. A. Duarte (2018), A. M. Barbosa (2014), A. S. Farias (2009)
		SC (1)	C. B. G. Machado (2013)
	SE (4)	RJ (2)	J. A. Ferreira (2013); L. G. Simão (2021)

Quadro 7 - Relação de trabalhos de abordam atividades/ações promotoras de conflitos por território, por região e UF

Atividade	Região	UF	Autores
Fundiários (28)	SE (4)	SP (2)	C. P. M. P. Camargo (2013); L. T. Moreno (2017)
	CO (1)	MT (1)	Z. C. Prado (2015)
Geração de Energia (3)	N (1)	PA (1)	K. A. Chaves (2018)
	NE (2)	CE (1)	M. A. Santos (2013)
		SE (1)	H. R. C. Silva (2020)
Grilagem (1)	SE (1)	RJ (1)	L. G. Simão (2021)
Hidronegócio (3)	NE (1)	CE (1)	M. A. Santos (2013)
	S (2)	PR (2)	M. S. Pérez (2012), G. Ferreira (2014)
Industrialização (5)	NE (4)	CE (2)	M. C. Lima (2002), E. O. Paula (2012)
		PE (1)	M. S. Pérez (2016)
		BA (1)	K. A. N. Rios (2012)
	SE (1)	RJ (1)	F. A. Rainha (2015)
Institucional (15)	NE (5)	BA (3)	R. C. Dumith (2017), K. A. N. Rios (2017), L. S. P. Perry (2015)
		PE (1)	S. M. Silva (2017)
		SE (1)	E. A. Santos (2018)
	S (5)	PR (2)	L. T. Moreno (2021), A. S. Farias (2009)
		RS (2)	M. C. D. Contato (2012), A. B. Mendes (2019)
		SC (1)	J. M. P. Carvalho (2019)
	N (3)	AM (1)	D. G. Nascimento (2016)
		RO (1)	S. S. L. Cruz (2018)
		PA (1)	K. A. Chaves (2018)
	SE (2)	RJ (2)	A. L. F. Vinhas (2020), R. C. Euzebio (2018)
Normatizações (4)	SE (2)	SP (1)	L. T. Moreno (2017)
		RJ (1)	R. C. Euzebio (2018)
	NE (1)	BA (1)	K. A. N. Rios (2017)
	N (1)	AM (1)	F. Rodrigues (2014)
Pesca Amadora (2)	NE (1)	BA (1)	M. M. A. Figueiredo (2013)
	CO(1)	MT (1)	Z. C. Prado (2015)
Pesca Artesanal (8)	N (4)	PA (3)	C. N. Silva (2012), C. N. Silva (2006), M. G. M. Lima (2008)
		AM (1)	V. C. Cruz (2011)
	NE (2)	PB (1)	S. M. Silva (2012)
		RN (1)	J. A. G. Neto (2009)
	S (1)	PR (1)	G. Ferreira (2014)
	CO(1)	MT (1)	Z. C. Prado (2015)
Pesca Comercial (3)	N (2)	PA (1)	E. B. Guedes (2009)
		AM (1)	V. C. Cruz (2006)
	S (1)	RS (1)	C. Q. de Paula (2013)
Pesca Industrial (1)	S (1)	RS (1)	G. M. Santana (2013)
Porto (4)	NE (2)	PE (1)	M. S. Pérez (2016)
		CE (1)	E. O. Paula (2012)

Quadro 7 - Relação de trabalhos de abordam atividades/ações promotoras de conflitos por território, por região e UF

Atividade	Região	UF	Autores
Porto (4)	SE (1)	RJ (1)	A. L. F. Vinhas (2011)
	S (1)	RS (1)	C. Martins (1997)
Representatividade (8)	NE (5)	BA (3)	T. S. Alves (2015), E. R. A. Kuhn (2009), K. A. N. Rios (2012)
		SE (1)	E. A. Santos (2018)
		PB (1)	S. M. Silva (2012)
	SE (2)	RJ (2)	A. L. F. Vinhas (2011), F. A. Rainha (2015)
	S (1)	RS (1)	E. L. B. Maier (2009)
Turismo (23)	NE (14)	CE (5)	M. C. Lima (2002), E. O. Cavalcante (2012), C. R. R. Costa (2010), F. G. S. Rodrigues (2007), E. O. Paula (2012)
		BA (5)	R. C. Dumith (2017), L. S. P. Perry (2015), R. C. Dumith (2012). K. A. N. Rios (2012), M. M. A. Figueiredo (2013)
		SE (3)	S. I. F. Nunes (2018), E. A. Santos (2018), S. I. F. Nunes (2011)
		PE (1)	A. Silva (1982)
	S (6)	SC (3)	C. B. G. Machado (2019), C. B. G. Machado (2013), A. R. Dorsa (2015)
		PR (3)	L. T. Moreno (2021), L. A. Duarte (2018), A. S. Farias (2009)
	SE (2)	RJ (1)	L. G. Simão (2021)
		SP (1)	L.T. Moreno (2016)
	N (1)	MA (1)	C. R. R. Costa (2016)
Unidade de Conservação (17)	S (7)	PR (4)	L. A. Duarte (2018), C. R. Scheibel (2013), A. M. Barbosa (2014), A. S. Farias (2009)
		SC (2)	J. M. P. Carvalho (2019), C. A. P. C. Chamas (2008)
		RS (1)	C. Q. de Paula (2013)
	NE (3)	BA (2)	R. C. Dumith (2012), J. Rosário (2009)
		AL (1)	R. M. Souza (2015)
	SE (5)	SP (3)	L.T. Moreno (2016), E. S. Cardoso (1996), A. A. Furlan (2002)
		RJ (2)	A. L. F. Vinhas (2020), L. G. Simão (2021)
	N (2)	MA (1)	C. R. R. Costa (2016)
		AM (1)	F. Rodrigues (2014)
Urbanização (5)	SE (3)	RJ (3)	F. A. Rainha (2015), L. C. Giannella (2009), J. A. Ferreira (2013)
	NE (2)	SE (1)	S. I. F. Nunes (2011)
		MA (1)	C. R. R. Costa (2016)

Fonte: Dados da pesquisa.

O mapa da figura 33 apresenta as densidades de conflitos por território identificadas nas dissertações e teses analisadas. Nas regiões Norte e Centro-Oeste, predominam as áreas de baixa densidade. A densidade moderada tem maior destaque no Nordeste, Sudeste, Sul e Norte, respectivamente. Na zona costeira do Nordeste, Sudeste e Sul, encontram-se as áreas de densidade alta e muito alta. Novamente, as densidades muito altas estão concentradas na zona costeira. No entanto, ao longo do litoral brasileiro, também existem locais com baixa densidade de estudos que abordam conflitos por território.

Figura 33 - Mapa de densidade de conflitos por território, identificados nas dissertações e teses

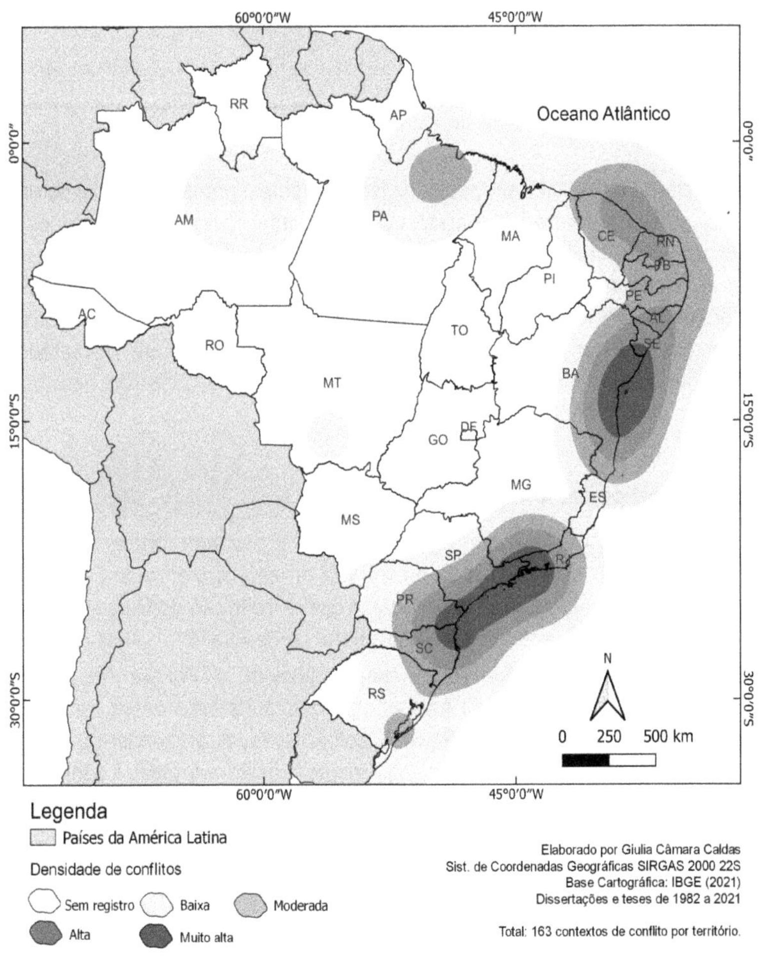

TERRITÓRIOS E TERRITORIALIDADES NA PESCA ARTESANAL

Tendo apresentado propostas de leituras sobre a pesca artesanal a partir do híbrido ambiente-território, consideramos relevante revisitar os conceitos de territórios e territorialidades em contextos de comunidades pesqueiras. Antes, no entanto, é necessário discutir as noções de pesca artesanal, pescador artesanal, comunidade tradicional e conhecimento tradicional, a partir do diálogo entre as concepções dos movimentos sociais, da legislação e da academia. Sobretudo, é importante compreender esses conceitos em contextos de discussões territoriais, ou seja, no âmbito geográfico.

PESCA E PESCADORES ARTESANAIS

Para a discussão sobre pesca artesanal e pescador artesanal, em um primeiro momento, será destacado o contraste do entendimento do Estado e do Movimento Social. Na sequência, dialoga-se com a definição de Diegues (2004A). Por fim, estabelece-se uma compreensão a partir da Geografia.

A Lei Nº 11.959 de 2009[1], que estabelece a Política Nacional de Desenvolvimento Sustentável da Aquicultura e Pesca, define a pesca como "toda operação, ação ou ato tendente a extrair, colher, apanhar, apreender ou capturar recursos pesqueiros" (Capítulo II, Art. 2º). Quanto à pesca artesanal, é considerada como aquela praticada diretamente por pescador profissional, de forma autônoma ou em regime de economia familiar, com meios de produção próprios ou mediante contrato de parceria, desembarcado, podendo utilizar embarcações de pequeno porte (Seção I, Artigo 8º).

De forma mais ampla, a atividade pesqueira compreende todos os processos de pesca, explotação e exploração, cultivo, conservação, processamento, transporte, comercialização e pesquisa dos recursos pesqueiros. Mais especificamente sobre a atividade pesqueira artesanal, são considerados os trabalhos de confecção e reparos de artes e petrechos de pesca, os reparos realizados em embarcações de pequeno porte e o processamento do produto da pesca artesanal (Seção II, Artigo 4º).

Para a concessão do Seguro Defeso de Pesca Artesanal, o Decreto 8424 de 2015[2] estabelece que essa deve ser uma atividade exclusiva e ininterrupta. Considera-se ininterrupta a atividade exercida durante o período compreendido entre o término do defeso anterior e o início do defeso em curso ou nos doze meses imediatamente anteriores ao início do defeso em curso, o que for menor (Artigo 1º).

A Lei Nº 11.959 de 2009[1] define como pescador profissional "a pessoa física, brasileira ou estrangeira residente no País que, licenciada pelo órgão público competente, exerce a pesca com fins comerciais, atendidos os critérios estabelecidos em legislação específica" (Capítulo II, Artigo 2º).

No Decreto 8425 de 2015[3], que apresenta normas para a concessão do Registro Geral de Pesca, o artigo 2º insere categorias de pescadores. Entre elas, estão "pescador e pescadora profissional artesanal" como "pessoa física, brasileira ou estrangeira, residente no País, que exerce a pesca com fins comerciais de forma autônoma ou em regime de economia familiar, com meios de produção próprios ou mediante contrato de parceria, podendo atuar de forma desembarcada ou utilizar embarcação de pesca com arqueação bruta menor ou igual a vinte". Este decreto também inclui a categoria de "trabalhador e trabalhadora de apoio à pesca artesanal" definidos como "trabalhador e trabalhadora de apoio à pesca artesanal - pessoa física que, de forma autônoma ou em regime de economia familiar, com meios de produção próprios ou mediante contrato de parceria, exerce trabalhos de confecção e de reparos de artes e petrechos de pesca, de reparos em embarcações de pesca de pequeno porte ou atua no processamento do produto da pesca artesanal". Esta última definição foi revogada no Decreto nº 8.967, de 2017[4].

Ressalta-se que a legislação distingue pesca de atividade pesqueira. A pesca artesanal é entendida como comercial, e sua definição se restringe à captura, relação de trabalho, posse dos meios de produção e porte da embarcação[1]. Já a atividade pesqueira artesanal integra reparo de apetrechos e embarcações, e processamento de pescado. Os Decretos 8424 de 2015[2] e 8.967 de 2017[4] caracterizam essa atividade como exclusiva e ininterrupta.

Uma das consequências de separar a definição de pesca da de atividade pesqueira é a separação de categorias de pescador, como se observa no Decreto 8425 de 2015[3] que aparta o pescador artesanal profissional do trabalhador de apoio à pesca. Por consequência, permite restringir o acesso às políticas públicas como o seguro defeso, a quem está envolvido somente com a captura. Como apresenta o Decreto 8424 de 2015[2] "A concessão do benefício não será extensível aos trabalhadores de apoio à pesca artesanal, assim definidos em legislação específica, e nem aos componentes do grupo familiar do pescador profissional artesanal que não satisfaçam, individualmente, os requisitos e as condições estabelecidos neste Decreto" (Artigo 1º, Inciso 6º).

Os pescadores artesanais, por meio do Movimento dos Pescadores e Pescadoras Artesanais – MPP reagem a essas definições, as quais entendem que não correspondem à diversidade presente na pesca artesanal brasileira.

Compreendem que a pesca artesanal na "maioria das vezes, é uma atividade familiar indivisível, diversificada, interdependente e inseparável. E a lógica das comunidades tradicionais pesqueiras é de famílias extensas e o trabalho por vezes ultrapassa a lógica familiar e se dá no âmbito comunitário, que se embasa principalmente em relações de solidariedade e reciprocidade".

Sobre considerar a pesca artesanal uma atividade exclusiva e ininterrupta, rebatem que:

> O decreto faz uma classificação dos pescadores e das pescadoras, criando a categoria de pescador exclusivo, objetivando que o pescador para ter acesso a defeso não possa ter outra fonte de renda. O que destoa da realidade concreta dos pescadores que desenvolvem, na maioria dos casos, atividades complementares de agricultura de subsistência, artesanato, turismo de base comunitária, o extrativismo florestal e a criação de pequenos animais entre outras. Estas atividades individualmente são incapazes de prover a subsistência familiar, mas no seu conjunto são fundamentais para a garantia da segurança alimentar e da reprodução física e cultural destas comunidades. Inclusive, o exercício destas atividades é acolhido pela legislação previdenciária, caracterizando-se como elementos constitutivos da definição de segurado especial. Portanto, não é aceitável que o pescador seja constrangido a deixar de exercer as demais atividades que caracterizam a sua tradicionalidade.

Além disso, há a negação de direitos aos pescadores que não estão inseridos na lógica de produção comercial:

> O decreto impede que os pescadores que pescam para subsistência, para comer ou que fazem troca ou escambo tenham acesso ao RGP – Registro Geral da Pesca, documento que garante acesso a políticas públicas e sociais, principalmente direitos previdenciários e aposentadoria. Desta forma, deixará estas pessoas entregues à própria sorte e engrossará o número de beneficiários das ajudas assistenciais.

Segundo o movimento social, o decreto nega a identidade dos pescadores artesanais para limitar o acesso a direitos:

> Cria a categoria "trabalhador e trabalhadora de apoio à pesca artesanal". Desta forma, ele divide o grupo familiar classificando uns como pescador artesanal e outros não. Nega a identidade de pescador e pescadora artesanal a inúmeros trabalhadores que atuam na cadeia da pesca artesanal em regime de economia familiar e na forma tradicional de produzir. Limita o entendimento de que pescador ou pescadora artesanal são somente aqueles e aquelas que exercem a captura do pescado e comercializam. Desta forma, nega direitos trabalhistas, previdenciários e a identidade de pescadora artesanal a centenas de milhares mulheres pescadoras.

Assim, o MPP entende que se ferem os direitos de autodeterminação das comunidades e povos tradicionais, promovendo o racismo institucional:

> Esse decreto não condiz com a diversidade, peculiaridades e realidade da pesca artesanal no Brasil. Tenta homogeneizar os pescadores numa lógica urbana e capitalista. Interfere no direito de autodeterminação dos povos e comunidades tradicionais e fere um direito internacional de interferência do Estado na divisão da categoria, coisa que o Estado é proibido de fazer.
>
> Este decreto faz parte de uma engrenagem de Racismo institucional que objetiva invisibilizar e eliminar os pescadores e as pescadoras artesanais, pois estes são entraves para o desenvolvimentismo degradador, excludente e concentrador ao estar perto e viver em íntima relação com a natureza tão cobiçada pelo capital e que conta com a anuência e conivência do Estado.

Em Política Pública e Território, Silva (2015) expõe a postura do Estado frente à pesca artesanal. Destaca-se que não há uma linearidade, mesclando períodos de avanços, no sentido do reconhecimento da importância da pesca artesanal, e retrocessos, desprestigiando a pesca artesanal em detrimento de outras atividades do setor pesqueiro e negando aos pescadores o acesso a políticas públicas. Contudo, é fundamental enfatizar as contradições que se apresentam no tempo presente, com base na visão do Estado e do movimento Social.

Enquanto o Estado separa pesca de atividade pesqueira, o movimento social concebe a atividade pesqueira como um todo e amplia essa definição, destacando aspectos da tradicionalidade na constituição da cultura. O Estado restringe a figura do pescador artesanal à posse do "Registro Geral de Pesca" e à realização da captura. Para o movimento social, os pescadores são sujeitos individuais e coletivos envolvidos em diversas atividades relacionadas à pesca, dentro de relações comunitárias, e por meio de saberes construídos a partir da relação com o ambiente ao longo de gerações.

Ainda para o Estado, a pesca artesanal se diferencia das demais modalidades de pesca pelas relações de trabalho, posse dos meios de produção e porte da embarcação. Para o movimento social, a pesca artesanal se distingue no setor pesqueiro pela lógica de produção artesanal, que não visa à exploração da natureza e dos trabalhadores para a geração cega de lucro. Logo, expressa a capacidade de manejo dos ambientes por meio de técnicas que não provocam a degradação, pois decorrem do conhecimento da natureza, seus ciclos e limites. Muito além da produção pesqueira, promove relações comunitárias de respeito e reciprocidade, que se expressam na cultura. Assim, se apresenta como atividade econômica, de suma importância para a soberania alimentar brasileira, mas não se limita a isso.

O Estado ainda concebe a pesca "comercial" artesanal dentro do setor pesqueiro, logo está em disputa por políticas públicas e de fomento com a pesca industrial e aquicultura, principalmente. A sua visão sobre o pescador artesanal mudou ao longo do tempo, desde a negação de direitos, até a instituição de políticas que visam reverter a situação de marginalidade social em que se encontram (LOBO, 2007). Para o movimento social a pesca artesanal se apresenta como uma atividade ambiental, social, cultural, econômica e política. Destaca-se que cada vez mais é política, pois se insere em um campo de disputas, que se dão na esfera local, frente ao avanço de outras atividades econômicas, em esfera nacional, frente às políticas de Estado, e esfera Global, questionando os efeitos da globalização sobre as comunidades e ecossistemas. Na perspectiva do MPP, o centro da luta política é o território tradicional.

Maldonado (1986) caracteriza a pesca artesanal pela modesta tecnologia empregada na captura e pelo baixo custo da produção, que se dá através do trabalho realizado por meio de relações de parentesco e compadrio, sem vínculo empregatício entre pescadores. Entende que parte da produção é consumida pela própria família, onde a pesca é a principal fonte de renda, embora utilizem fontes complementares (pedreiro, jardineiro, caseiro, empregada doméstica, etc.). A autora ainda enaltece que apesar da utilização de algumas tecnologias, em comparação com a pesca industrial, a pesca artesanal não se destaca como atividade predatória.

Diegues (2004A) distingue a transição entre pescadores-lavradores e pescadores artesanais (profissionais). Os pescadores artesanais são entendidos como trabalhadores da pequena produção mercantil ampliada. Nesse sentido destaca-se mudanças como: o grupo doméstico não constitui mais a base das unidades de produção e cooperação. A atividade pesqueira passa a ser a principal fonte de renda, e os padrões de distribuição entre a tripulação passam a ser menos igualitários. É necessário o conhecimento cada vez mais especifico sobre os ambientes lacustres, costeiros e marinhos. A posse dos instrumentos de trabalho definem o papel do pescador na organização produtiva. São introduzidas novas tecnologias de navegação, captura e armazenagem. E as relações de comercialização vão sendo alteradas com a inserção de firmas.

Ressalta-se que Diegues (2004A) apresenta o pescador, na perspectiva profissional. Essas transformações do pescador-lavrador (DIEGUES, 1983) da pequena produção mercantil, para o pescador profissional da pequena produção mercantil ampliada (2004A) se dá em decorrência da expulsão dos pescadores de suas terras e progressiva urbanização, que foi afastando os pescadores da possibilidade de outras atividades de subsistência como a agricultura, que permitiam o sustento dos pescadores quando não podiam ir ao mar.

Assim, o autor compreende que cada vez mais a atividade se desenvolve como comercial:

> Desta forma o pescador passa a se reproduzir e reproduzir suas condições de existência na pesca, voltada fundamentalmente para o comércio, o mercado é o objetivo de sua atividade, ainda que o "balaio" ou cesto de peixe para autoconsumo separado antes da partilha, constitua uma das bases da sua sobrevivência e de sua família (DIEGUES, 2004A, p. 137).

Contudo, o autor também expõe permanências:

> No entanto, o excedente reduzido e irregular, a baixa capacidade de acumulação, a dependência total vis-a-vis do intermediário, a propriedade dos meios de produção o domínio de um saber pescar baseado na experiência (e que constitui sua profissão) são elementos que caracterizam ainda a "pequena pesca mercantil" (DIEGUES, 2004A, p. 137).

Quanto a relação entre concepções do Estado, do movimento social e da academia se observa consensos e dissensos. Ressalta-se a ênfase ao processo de captura dada à pesca artesanal, tanto por Diegues quanto por Maldonado. Contudo, Diegues, abordando a categoria "trabalho", estabelece a compreensão de pesca e pescadores na perspectiva profissional e a tendência comercial. Nesse sentido, dialoga com a lei, que concebe a pesca a partir das relações de produção e comerciais.

Destaca-se que a obra de Diegues é ampla e não se limita a essa análise. Mas, é importante enaltecer que a perspectiva apresentada não condiz com a abordagem do movimento social. É fundamental enfatizar que Diegues apresenta uma transição do pescador-lavrador para o pescador artesanal profissional. Nesse sentido, observa-se, a partir do movimento social, a pluralidade de possibilidades de ser pescador entre esses dois momentos. Além disso, Diegues dialoga com o movimento social quando associa as transformações na pesca às expropriações de terras das comunidades e ao avanço do urbano. Sendo assim, para a permanência da pesca artesanal nos moldes apresentados pelo movimento social, é fundamental a presença do território para a promoção de outras atividades de subsistência, reprodução social e cultural das comunidades. Desta forma, pesca artesanal, comunidade e território são concepções que devem ser consideradas em mútua relação.

Entende-se a pesca artesanal como uma atividade extrativista, artesanal e territorial, para fins de subsistência e comercialização, que se constitui a partir de saberes e fazeres tradicionais. Isso implica no conhecimento e respeito aos ciclos e limites da natureza e no uso de apetrechos de baixo impacto ambiental. É composta por diversos fazeres interdependentes e inseparáveis, como a captura, construção e manutenção de apetrechos de pesca e embarcações, manuseio, beneficiamento e venda do pescado, ensino das artes de pesca, etc. Devido à piracema, escassez de pescado ou condições ambientais, eventualmente a pescaria é interrompida, e os pescadores incluem outras atividades para a subsistência das comunidades. As embarcações de pequeno porte e a pesca desembarcada, incluindo a mariscagem, resultam na maior dependência dos pescadores aos recursos locais, o que, conjuntamente com outros aspectos concretos e abstratos, resulta na territorialização das comunidades. A pesca artesanal promove a produção de alimentos, contribuindo com a segurança alimentar das comunidades e da sociedade em geral, e oferece importantes serviços ambientais por meio do manejo dos ecossistemas que integram o território tradicional.

Os pescadores artesanais são sujeitos de direitos individuais e coletivos. Estão envolvidos nas diversas atividades que compõem a pesca artesanal, por meio de relações e vínculos familiares e comunitários de produção, interdependência econômica, ambiental e cultural, entre outros, que se estabelecem no território tradicional. Têm na pesca a principal atividade profissional e a constituição do modo de vida, inseparavelmente, cuja noção de autonomia e liberdade são características. Sendo assim, não se definem a partir de critérios da legislação ou pela posse de documentos específicos, mas sim por saberes e fazeres aprendidos no âmbito comunitário, na relação com o ambiente. Por isso, podem se autodeterminar como membros de comunidades tradicionais, reivindicando direitos de reconhecimento, participação e uso do território tradicional, bem como políticas públicas próprias, principalmente trabalhistas e previdenciárias, a partir das características das atividades que integram a pesca artesanal.

Comunidades e saberes tradicionais

A pesca artesanal depende da presença da comunidade tradicional no território tradicional. Para avançar nessa discussão, serão destacadas concepções de comunidades tradicionais, a partir do Estado, do movimento social e da academia. Em seguida, serão discutidos os saberes tradicionais.

O Brasil, enquanto signatário da Convenção 169[5] da Organização Internacional do Trabalho - OIT -, compreende os "povos tribais em países independentes cujas condições sociais, culturais e econômicas os distingam de outros segmentos da comunidade nacional e cuja situação seja regida, total ou parcialmente, por seus próprios costumes ou tradições ou por uma legislação ou regulações especiais". Além disso, propõe que a "autoidentificação como indígena ou tribal deverá ser considerada um critério fundamental para a definição dos grupos aos quais se aplicam as disposições da presente Convenção".

Na legislação federal, a concepção de povos tribais foi ampliada para povos e comunidades tradicionais a partir do Decreto Nº 6.040 de 2007[6], que instituiu a Política Nacional de Desenvolvimento Sustentável dos Povos e Comunidades Tradicionais. Segundo esse decreto, comunidades tradicionais são grupos culturalmente diferenciados que se reconhecem como tais, possuindo formas próprias de organização social, ocupando e usando territórios e recursos naturais como condição para sua reprodução cultural, social, religiosa, ancestral e econômica, utilizando conhecimentos, inovações e práticas geradas e transmitidas pela tradição.

O Movimento dos Pescadores e Pescadoras Artesanais compreende como comunidades tradicionais pesqueiras (MPP, 2012) os grupos sociais que, segundo critérios de autoidentificação, têm na pesca artesanal elemento preponderante do seu modo de vida, dotados de relações territoriais específicas referidas à atividade pesqueira, bem como a outras atividades comunitárias e familiares, com base em conhecimentos tradicionais próprios e no acesso e usufruto de recursos naturais compartilhados.

Ressalta-se que, em linhas gerais, há congruências entre as compreensões da OIT 169[5], do Governo Federal e do movimento social. Contudo, o Decreto Nº 6.040 de 2007[6] limita o reconhecimento dos territórios tradicionais aos povos indígenas e quilombolas. Já o MPP associa o conceito de comunidade tradicional às relações territoriais específicas.

Diegues distingue algumas características das comunidades tradicionais pesqueiras: intensas relações simbólicas com a terra e o mar; ligação com o território em que o grupo se reproduz socialmente; relevância das atividades de subsistência; acumulação reduzida de capital; papel da unidade familiar e das relações sociais de parentesco; tecnologias artesanais e menos impactantes; fraco poder político; dependência política e econômica das cidades; saberes, símbolos e mitos da pesca transmitidos oralmente, modos de viver expressos na identidade social e cultural; visão de mundo e linguagem distintas do ambiente urbano-industrial (DIEGUES, 2004A, p. 197).

Entende-se que as comunidades tradicionais pesqueiras garantem a sua reprodução social por meio do manejo ou gerenciamento pesqueiro, que pode ser entendido como um conjunto de práticas culturais de intervenção na natureza e na manipulação de componentes orgânicos e inorgânicos. Nesse processo, como grupo social, eles podem regulamentar racionalmente o acesso aos recursos, controlando as artes de pesca ou impedindo a entrada de pescadores de outras áreas (DIEGUES, 2004A, p. 203-204).

Prost (2007, p. 146) frisa que os modos de vida dessas comunidades tradicionais não devem ser considerados como fenômenos cristalizados no tempo, pois integram traços de modernidade. Desta forma, como enfatiza Santos (2002), pode-se compreender a relação tradicional/moderno por meio da tradução intercultural, sendo possível conceber a presença do moderno no tradicional sem reduzi-lo ao moderno. Mudanças e permanências se evidenciam no processo de apropriação social do mar, que, nesse contexto, não é somente um espaço físico, mas também o resultado de práticas culturais, onde os grupos de pescadores artesanais se reproduzem material e simbolicamente (DIEGUES, 2004A, p. 205). Tal relação com o ambiente se dá a partir de saberes tradicionais.

No âmbito das comunidades tradicionais, é fundamental retomar a discussão dos saberes/conhecimentos tradicionais. Os saberes tradicionais das comunidades pesqueiras se substantificam em um conjunto de conceitos e imagens, produzidos e usados pelos pescadores artesanais, que são transmitidos oralmente (DIEGUES, 2004A, p. 196). Logo, são repassados por meio de gerações através da cultura, inscrevendo-se nos modos de vida das comunidades e expressando técnicas próprias. A partir da tradução intercultural, pode-se compreender a transformação desses conhecimentos com o avanço da modernização. Entende-se que intervenções na natureza têm convertido os saberes ambientais em saberes territoriais. Isto porque integram, em vez de adaptações ao ambiente, intencionalidades e estratégias de apropriação e resistência para se manter no território tradicional. Nesse sentido, o saber constitui um poder. Além da expressão local, esse poder se projeta na ciência, quando expõe os limites da racionalidade científica moderna (ocidental), inserindo o conhecimento tradicional "territorial" na construção de epistemologias contra-hegemônicas.

É difícil estabelecer uma definição precisa de comunidades pesqueiras, pois, com o direito de autoidentificação, são as próprias comunidades que se apresentam enquanto povos e comunidades tradicionais. Contudo, podem-se destacar alguns elementos que são mais ou menos evidentes nessas comunidades. Esses aspectos incluem a organização social, a tradicionalidade e o vínculo com o território. Constituem grupos sociais diferenciados pela cultura, com costumes e tradições próprias, em que a pesca desempenha um papel central em seu modo de vida. Por meio de saberes tradicionais, essas comunidades se apropriam dos recursos do ambiente e estabelecem territorialidades e territórios. Elas possuem governança própria, baseada em acordos e pactos criados por meio de relações sociais e de parentesco. O território comunal, onde usufruem dos recursos, é estabelecido por meio de relações simbólicas e concretas com a terra e o mar, sendo fundamental para a reprodução social, cultural, religiosa, ancestral e econômica dessas comunidades.

TERRITORIALIDADES E TERRITÓRIOS TRADICIONAIS

Neste momento, a compreensão será estabelecida a partir da ecogênese territorial proposta por Raffestin (1986), na qual a delimitação, a centralização e a comunicação são o cerne do processo de territorialização, desterritorialização e reterritorialização. Retomando as invariantes territoriais, é relevante compreender a dinâmica, neste momento interna, de criação e regulamentação das "reservas" pelas comunidades tradicionais de pescadores, por meio de nós, malhas e rede (RAFFESTIN, 1986C).

Parte-se de um quadro de natureza (MOSCOVICI, 1968) no qual não se expressa o território. Neste, os pescadores artesanais fazem uso dos recursos do ambiente por meio do saber ambiental, que, por sua vez, incita o manejo, mas sem concorrências entre eles. Esse estágio zero da ecogênese territorial corresponde à primazia das relações com a natureza sobre as relações sociais de uso do ambiente, o que Suertegaray (2002) chama de "território da natureza". Nesse estágio, as territorialidades se expressam a partir do conhecimento que se estabelece sobre o ambiente para o acesso aos recursos. Assim, relacionam-se condições ambientais com artes de pesca (técnicas e apetrechos). A estratégia de apropriação que se manifesta é o saber, que é compartilhado na comunidade.

Neste momento, o território tradicional não se expressa como uma malha delimitada; as redes ligam os nós das áreas de pesca com os das áreas de moradia de forma fluída, muito influenciada pela dinâmica da natureza (onde está o peixe). Contudo, a proximidade entre área de moradia e de pesca constitui uma característica, pois as condições de navegação são limitadas.

No segundo estágio, devido a condições naturais ou de uso, os recursos ambientais não estão tão acessíveis. Isso incita uma busca maior por recursos ambientais, e o saber da sua localização e técnica de obtenção constituem-se em poder. Contudo, no âmbito da comunidade, o poder não implica em domínio, mas o saber é compartilhado mediante acordos verbais de uso. Sob a perspectiva relacional, esse poder é fluxo, um processo de comunicação bem-sucedida a partir de objetivos comuns (RAFFESTIN; BARAMPAMA, 1998, p. 64). Nesse momento, os pesqueiros se constituem como territorialidades. Corresponde a um estágio em que as informações funcionais e regulatórias se combinam (RAFFESTIN, 1996). Entende-se que há soberania da comunidade, pois mantém-se o tempo da produção correspondente ao tempo do consumo (TAPIA, 2008).

Nesse momento, a área que constitui o arranjo territorial já pode ser melhor identificada. Os nós que constituem os pesqueiros tradicionais são ligados por redes (conhecidas no âmbito comunitário) e estão relacionados ao nó do espaço de moradia. Nesse sentido, é importante destacar a importância da rede como resultado de um saber, que incita regras de uso.

O terceiro estágio corresponde ao contexto em que, devido à redução dos recursos pesqueiros e/ou à pressão pelo aumento da produção, os saberes que proporcionavam o uso comum convertem-se em estratégias de apropriação e domínio. Nesse cenário, são estabelecidas disputas por recursos, que podem resultar em impactos, disputas e conflitos no âmbito da comunidade ou intercomunitário. O poder se apresenta como atributo adquirido, mantido e perdido através de atores (RAFFESTIN; BARAMPAMA, 1998). Realiza-se o que Suertegaray (2002) entende como "a natureza do território", pois as relações de poder se impõem sobre os saberes e as relações sociais. No âmbito da comunidade, as tensões são decorrentes do desrespeito às regras estabelecidas, evidenciando fissuras no tecido social e erosão do conhecimento tradicional. Entre comunidades, frequentemente há a reivindicação do direito de uso exclusivo do território, estabelecendo limites, bem como estratégias de manutenção desses limites. No âmbito da sociedade pesqueira, há cisões entre comunidades, que comprometem a articulação entre elas a partir de objetivos comuns.

Nesse estágio, as disputas intensas pelos nós (pesqueiros) fazem com que os mesmos sejam mais raros. Igualmente, o saber sobre sua localização constitui um poder que nem sempre é partilhado, mesmo no âmbito comunitário. Em alguns contextos, são estabelecidas estratégias para dificultar o acesso a esses nós. Frente às disputas entre comunidades, a malha que corresponde ao território comunitário é cada vez mais definida, estabelecendo distinções ao acesso de quem está dentro e fora.

Destaca-se que na pesca artesanal brasileira coexistem esses estágios, dependendo das condições ambientais dos corpos d'água, da presença de recursos pesqueiros, do número de pescadores, da coesão social, etc. Observa-se no estágio atual a tentativa de retorno ao segundo estágio apresentado, contudo, para além das tensões territoriais existentes na pesca, acrescenta-se a influência dos territórios das instituições e o avanço de atividades econômicas sobre o território tradicional.

As territorialidades da pesca artesanal são evidentes no âmbito das comunidades e integram áreas de pesca e de recursos que são utilizados nas pescarias. Logo, abrangem pesqueiros, matas, manguezais, ranchos de pesca, locais de beneficiamento, etc. O poder se expressa no saber, que é compartilhado entre os comunitários por meio de conhecimentos tradicionais, que suscita práticas de uso. A informação inerente a esse saber é funcional e regulatória, logo ocorre o manejo por meio de acordos que são elaborados na pesca e no cotidiano. Essas territorialidades são fluidas, conectadas por trajetos, canais, varadouros. Mudam de acordo com a dinâmica da natureza e o movimento dos cardumes. No arranjo territorial, as áreas terrestres, de trabalho, moradias e vivência também compõem territorialidades e ocupam o papel de centralidade. Nesta, ocorre a comunicação, e se evidencia a gestão comunitária.

Ressalta-se que, na perspectiva das territorialidades, pode ocorrer sobreposição de arranjos territoriais de diferentes comunidades sem incidir em conflitos, na medida em que está estabelecido um processo de comunicação (funcional e regulatória) substantivada na troca de conhecimentos, bem como no respeito a certas normas, formais e informais. Esse processo de comunicação ocorre no âmbito da sociedade tradicional, onde os diferentes grupos compartilham elementos da tradição, embora com suas distinções. Nessa condição, ocorre a multiterritorialidade sem conflitos e disputas.

O território comunitário é substantivado pelas territorialidades tradicionais, terra e água, área da comunidade e pesqueiros. E se caracteriza pelo estabelecimento de relações simétricas de poder (prestígio). A sustentação desse território se dá por meio de um processo comunicacional que mobiliza todos os atores, que dependem em certo grau dos recursos locais (da reserva) para a manutenção dos mesmos. Assim, a partir da coesão social, estabelecem-se acordos, normas, processos de monitoramento e sanções construídos no âmbito comunitário e intercomunitário, em processos democráticos participativos (informação funcional e regulatória). Assim, o território expressa as relações comunitárias e com a natureza, sendo fundamental na reprodução política, cultural e econômica das comunidades.

Contudo, na medida em que a reserva (recursos locais) é ameaçada e os acordos passam a ser descumpridos, o território tradicional se transforma. Nesse sentido, os saberes tradicionais, que permitem identificar áreas mais piscosas (informações funcionais), não são mais compartilhados, frente ao declínio do respeito às normas de uso (informações regulatórias), que resultaram em sobre-exploração. O poder, expresso nos conhecimentos sobre a localização e uso dos pesqueiros (reserva), passa a ser domínio de determinadas comunidades ou grupos, que também estabelecem estratégias para a sua manutenção. Ressalta-se que a centralidade se mantém nas áreas de moradia e vivência das comunidades.

Quando as cisões se dão no âmbito comunitário, em contextos de gestão comunitária, a comunicação pode ser reestabelecida. Novos acordos de uso são estabelecidos, na perspectiva da restauração das relações sociais. Assim, internamente, o território volta a ser fluido (não necessariamente em sua totalidade). Geralmente, isso se restringe à comunidade que reestabeleceu a comunicação, que tem a área de moradia e vivência situada nas proximidades dos pesqueiros. Em De Paula (2013), destacou-se que esses territórios são amplamente reconhecidos no âmbito intercomunitário.

Contudo, compreende-se que há a possibilidade de compartilhar territórios quando é reestabelecido o diálogo entre comunidades. Desta maneira, é necessário um espaço onde a comunicação ocorra e busquem-se soluções para enfrentar impactos, disputas e conflitos, a partir de objetivos comuns. Isso se realiza no âmbito da gestão compartilhada.

No âmbito comunitário e intercomunitário, na pesca artesanal, prevalece a concepção de território de uso comum, substantivado por diversas territorialidades fluidas. Há uma propensão ao estabelecimento do território, que se realiza quando há contextos de impactos ambientais, disputas no território ou conflitos por território, frente à pesca predatória ou avanço de outras atividades econômicas.

Gestão comunitária e compartilhada

No âmbito da pesca artesanal, o retorno ao segundo estágio tem se dado por meio do resgate da Gestão Comunitária e por iniciativas de Gestão Compartilhada. Em ambos os casos, evidencia-se a questão territorial como primordial nesses processos de gerenciamento da pesca a partir das comunidades.

Como destacam Berkes et al. (2006, p. 245), a bibliografia disponível contém inúmeros estudos de caso que comprovam que as comunidades pesqueiras são capazes de criar suas próprias regras de apropriação e uso dos recursos de que dependem. Entendidas pelo autor como "instituições", tais normas levam em conta os códigos de conduta que as próprias comunidades definiram. Cordell (2001), por exemplo, apresenta, na Bahia, a gestão comunitária baseada em um código primordial: "o respeito".

Na perspectiva do manejo participativo dos recursos naturais, Begossi (2004) destaca o manejo comunitário como uma possibilidade de envolver as comunidades de pescadores no manejo da pesca e reduzir conflitos, por meio de regras sociais e estratégias de pesca que favorecem a conservação dos recursos pesqueiros, com base em territorialidades (p. 188-189).

Na pesca artesanal, existem muitos exemplos que apontam medidas de manejo comunitário que proporcionam a reprodução social dos pescadores artesanais sem depredar o ambiente. Entretanto, o que se observa é que, na medida em que o Estado centralizou a gestão do recurso pesqueiro, houve o gradativo afastamento das comunidades de pescadores dos momentos de tomada de decisão (CORDELL, 2001). Em reação às consequências da gestão centralizada

(CARDOSO, 2001), têm surgido iniciativas de manejo comunitário, sendo algumas delas reconhecidas pelo próprio Estado em espaços de gestão compartilhada.

Berkes et al. (2006, p. 279) definem a gestão compartilhada da pesca como a parceria na qual o governo, a comunidade e os usuários locais do recurso (pescadores), os agentes externos (organizações não governamentais, acadêmicas e instituições de pesquisa) e outros atores relacionados com a pesca e os recursos costeiros (proprietários de embarcações, comerciantes de peixes, bancos que concedem empréstimos, estabelecimentos turísticos, etc.) compartilham a responsabilidade e a autoridade por tomar decisões sobre a gestão da pescaria.

A gestão compartilhada implica em relações institucionais multiescalares que possuem diferentes níveis de tomada de decisão, o que proporciona meios de lidar efetivamente com os aspectos complexos e adaptativos característicos do gerenciamento pesqueiro. Essas relações têm a capacidade de acelerar os processos de aprendizagem e comunicação, tendo em vista que aumentam a capacidade dos envolvidos de suportarem, de adaptarem-se e de aprenderem com as mudanças. Esses arranjos participativos, no Brasil, têm proporcionado a manutenção de sociedades tradicionais (KALIKOSKI, SEIXAS e ALMUDI, 2009, p. 151). Entretanto, ressalta-se que o sucesso da gestão compartilhada depende do êxito da gestão comunitária, e quanto menor o papel das comunidades, maior será o do Estado.

Do ponto de vista da gestão comunitária e/ou compartilhada, destaca-se o exemplo dos Acordos de Pesca. Estes têm promovido a gestão da pesca a partir das comunidades e, em alguns casos, com o reconhecimento do Estado. A Instrução Normativa IBAMA Nº 29 de 2002[7] apresenta critérios para a regulamentação dos acordos de pesca.

A IN IBAMA 29 de 2002[7] está baseada no manejo comunitário "mostram-se importantes como estratégias de administração pesqueira, os quais reúnem um número significativo de comunidades de pescadores e definem normas específicas, regulando assim a pesca de acordo com os interesses da população local e com a preservação dos estoques pesqueiros". Destaca as construções de regras que "geralmente, limitam o acesso a certos corpos d'água, para certos petrechos, para certas épocas do ano, para certos métodos de pesca e para certas espécies, contribuindo assim para a diminuição da pressão sobre o uso dos recursos pesqueiros em nível local". Ainda favorece a "redução de conflitos sociais no curso das pescarias". A normativa destaca a "existência de várias Portarias que regulamentam Acordos de Pesca na região amazônica". Assim, a instrução normativa estabelece critérios claros que permitam regulamentar esses Acordos de Pesca, para manter a credibilidade do processo de gestão participativa, ora em desenvolvimento, "como um instrumento complementar de ordenamento pesqueiro e como forma de prevenir danos ambientais e sociais".

Segundo Bocarde e Lima (2008), os Acordos de pesca são instrumentos de ordenamento pesqueiro, elaborados pelos principais utilizadores do recurso pesqueiro, através de reuniões comunitárias e, se aprovados, reconhecidos pelo Estado, através da publicação de Instrução Normativa. Para o autor, tal reconhecimento não implica em apoio legal, mas antes em apoio moral do acordo perante a comunidade. Trata-se dos comunitários respeitarem e fazerem respeitar suas próprias normas (MCGRATH, 1996).

No Artigo 1º da IN IBAMA 29 de 2002[7] são apresentados os critérios adotados para a regulamentação de acordos de pesca, definidos no âmbito comunitário:

> I) que sejam representativos dos interesses coletivos atuantes sobre os recursos pesqueiros (pescadores comerciais, de subsistência, ribeirinhos, etc.), na área acerca da qual se refere o Acordo, desde que não comprometam o meio ambiente enquanto patrimônio público a ser assegurado e protegido;
>
> II) que mantenham a exploração sustentável dos recursos pesqueiros, com vistas à valorização da pesca e do pescador;
>
> III) que não estabeleçam privilégios de um grupo sobre outros, ou seja, as restrições de apetrechos, tamanho de embarcação, áreas protegidas, etc., deverão ser aplicáveis a todos os interessados no uso dos recursos;
>
> IV) que tenham viabilidade operacional, principalmente em termos de fiscalização;
>
> V) que não incluam elementos cuja regulamentação seja atribuição exclusiva do poder público, prevista em lei (penalidades, multas, taxas, etc.);
>
> VI) que sejam regulamentados através de Portarias Normativas Complementares às Portarias de normas gerais que disciplinam o exercício da atividade pesqueira em cada bacia hidrográfica.

Diante disso, o objetivo do acordo é estabilizar ou reduzir a pressão sobre os recursos pesqueiros locais. Para tanto, a comunidade cria restrições aos apetrechos de pesca e à capacidade de armazenamento, em vez de delimitar diretamente o tamanho da captura. Além de regular a atividade pesqueira, acordos de pesca, frequentemente, incluem medidas que pretendem conservar *habitats* considerados importantes para a reprodução das espécies. As regras de uso são baseadas no conhecimento tradicional, bem como na viabilidade de monitoramento do acordo (MCGRATH, 1996).

Apesar da instrução normativa que regulamenta os acordos de pesca não fazer referência direta ao conceito de território, diversos geógrafos têm abordado esse instrumento de gestão comunitária e/ou compartilhada na perspectiva territorial. Entre eles destaca-se Silva (2006), Lima (2008), Guedes (2009), Silva (2009), Cruz (2011), Queiroz (2012) e Rodrigues (2014).

Cruz (2011) apresenta o contexto que levou as comunidades ribeirinhas amazônicas a construírem acordos de pesca:

> As áreas de várzeas, os rios, lagos e igarapés da Amazônia tornaram-se objetos de diversas formas de apropriação econômica, a partir da década de 1960, com o processo de modernização conservadora a que a região foi submetida. Essas apropriações vão desde a intensificação da pesca de caráter comercial, e muitas vezes de natureza predatória, até a construção de hidrelétricas, sem falar na apropriação para pecuária e agricultura comercial. Essas novas formas atingiram profundamente a vida daquelas comunidades que historicamente ocuparam essas áreas e, em muitos casos, os modos de vida dessas comunidades foram drasticamente afetados a ponto de ficar comprometida a própria sobrevivência desses grupos. Como forma de resistência e na busca por alternativas a essa nova situação, as comunidades ribeirinhas criam diversas formas de operações, mecanismos, táticas e estratégias de controle e reapropriação dos seus territórios, dentre os quais vale destacar os chamados Acordos Comunitários de Pesca (p. 262-263).

Silva (2012) destaca que frente a conflitos relacionados ao uso dos recursos pesqueiros, bem como à falta de gerenciamento desses recursos, na região amazônica foram propostos pelos pescadores regulamentos e normatizações, que posteriormente foram corroborados por instituições públicas que fazem a gestão da pesca. Assim, foram firmados acordos de pesca em diversas localidades da Amazônia.

Para Cruz (2011) acordos de pesca constituem estratégias territoriais de apropriação social da natureza. São instrumentos de gestão comunitária dos recursos pesqueiros, por meio de regras de apropriação dos recursos, elaboradas em diálogo com os órgãos responsáveis pela gestão ambiental, através de um processo de cogestão dos recursos pesqueiros (gestão compartilhada). O autor entende que os acordos de pesca têm "garantindo o controle às comunidades sobre os seus recursos e territórios". "Dessa forma, os acordos de pesca são um mecanismo de democratização da gestão dos recursos pesqueiros" (p. 263).

Para Cruz (2011, p. 265), a "visão geográfica" permite conceber os acordos de pesca como estratégia territorial usada pelas comunidades para "garantir o controle sobre os recursos pesqueiros, sobre os rios, lagos e igarapés na Amazônia, especialmente, nas regiões de várzea:

> Partindo dessa leitura - o acordo como estratégia - verificamos que os acordos de pesca buscam atingir um fim específico, que é a garantia do recurso pesqueiro através de uma racionalidade ambiental fundamentada em determinados critérios de sustentabilidade que garantam a reprodução dessas comunidades. Para atingir esse fim, o acordo, como uma estratégia, implica na construção de um repertório

> de ações para impedir que outros grupos sociais se apropriem dos recursos pesqueiros. Nesse processo, se instituem formas de controle, regras de uso, formas de fiscalização e de classificação social, que permitem o controle físico e simbólico de uma determinada comunidade sobre um determinado espaço considerado importante do ponto de vista estratégico para garantir os recursos. É a partir desse registro que iremos analisar os acordos de pesca como estratégia territorial de reapropriação social do rio, como processo de territorialização dos ribeirinhos e pescadores na constituição de territórios coletivos de autogestão (p. 266).

Silva (2012, p. 119) também destaca os acordos de pesca no sentido da gestão do território. Entende que "a partir dos acordos de pesca, os pescadores são reconhecidos pelo Estado como corresponsáveis na gestão dos recursos pesqueiros que estão disponíveis no território juntamente com os órgãos responsáveis pela fiscalização e legalização da atividade nos territórios onde a pesca ocorre". Esse processo de co-gestão ou co-manejo é entendido como uma forma de validação do conhecimento tradicional dos pescadores abrindo possibilidade ao compartilhamento de responsabilidades, onde o Governo e as comunidades dividem o gerenciamento dos recursos naturais locais.

Já Silva (2009) destaca que tais acordos são inerentes ao manejo tradicional dos recursos pesqueiros presentes no território apropriado:

> As formas coletivas organizadas criam esses instrumentos de manejo dos recursos pesqueiros não somente nas áreas lacustres, mas também em trechos de rios piscosos, que pressupõem o seu domínio no território, uma relação de poder sob os recursos naturais. Estes instrumentos de gestão se baseiam na apropriação histórica dos territórios de pesca em questão, tendo legitimidade para o estabelecimento de normas e princípios para a regulação dos recursos. É o pensamento de pertencimento de uma porção do espaço, cuidando deste como sendo o proprietário coletivo (p. 113).

Contudo, é importante enaltecer que a existência de tais acordos independe da sua regularização pelos órgãos oficiais. Guedes (2009) destaca que a partir de uma situação de crise na pesca, os "pescadores cajuunenses e ceuenses, junto a Colônia de Pescadores de Soure Z1, criaram um acordo que não está escrito na forma da lei, mas é legitimado pelos pescadores". Entre as regras, foi proibida a pesca com rede nesse território, e foi delimitado através de balizas "o território de pesca proibida e as áreas sujeitas à pesca com cacuris e tarrafas". O acordo apresentado também integra monitoramento e sanções:

> Nesse território de pesca proibida, todos os pescadores são responsáveis pela fiscalização dos possíveis contraventores do acordo da pesca no território. Mesmo assim, desde o início da criação do acordo da pesca têm sido constantes os casos em que alguns

> pescadores tentam infringir o acordo, desenvolvendo a pesca nesses territórios que pelos constantes conflitos já ocorridos, ao logo do tempo, as coletividades locais denominaram de "ponta da encrenca". Nesses espaços são apreendidos os instrumentos de pesca dos contraventores e levados até a vila Cajuúna, onde são queimados, cortados e extraviados na presença do pescador que descumpriu o acordo de proibição (p. 131).

Diante do exposto, observa-se os acordos de pesca como possibilidade da gestão comunitária e/ou compartilhada da pesca artesanal, com base nos territórios tradicionais. Assim, reestabelece-se a relação entre autonomia e território (RAFFESTIN, 1986), que se expressa na incorporação das noções de limite, de centralidade no local de coleta (pesqueiro) e circulação na gestão da pesca.

Para enfatizar a apropriação social da natureza, destaca-se a gestão (inter)comunitária do território. Neste caso, amplia-se a ideia de recurso pesqueiro, na medida em que se entende que a gestão não se restringe ao pescado, mas integra corpos d'água, manguezais, matas ciliares, etc. Envolve também artes de pesca, relações entre pescadores na pesca e modo de viver comunitário. Logo, enfrenta as diversas causas de impactos ambientais, assim como os conflitos decorrentes das disputas pelo uso de tais recursos presentes no território tradicional. Nesta gestão democrática, a governança se estabelece a partir das comunidades, que têm condições de elaborar instituições (acordos, regras, monitoramento, sanções) que proporcionam a gestão ambiental, bem como a resolução de conflitos no território tradicional. A comunicação baseada nos conhecimentos tradicionais "territoriais" associa objetivos comuns, que são fundamentais na elaboração de estratégias congruentes com a realidade do território e respeito às mesmas.

Já a gestão compartilhada só é possível se a gestão comunitária é bem-sucedida e incentivada. Esta integra diversos territórios e territorialidades de comunidades tradicionais. Nesse contexto, diversas comunidades discutem a gestão do território comum. Tal união se dá principalmente para o enfrentamento de problemáticas multiescalares e acessar outros níveis de tomada de decisão. As comunidades se reúnem para fortalecer as reivindicações e, com base no conhecimento tradicional "territorial", dialogam com agentes públicos e outros atores envolvidos com tais problemáticas. A gestão compartilhada dos "territórios" da pesca artesanal é mais efetiva e democrática na medida em que amplia a participação das comunidades nos processos de tomadas de decisão, bem como proporciona às comunidades a possibilidade de apropriação e gestão do território tradicional.

Territórios das instituições

Destacou-se a constituição e dinâmica das territorialidades e territórios das comunidades tradicionais pesqueiras. Contudo, é importante enfatizar que esses territórios são sobrepostos por outros territórios. Nesse momento, enfatiza-se os territórios das instituições do Estado e também se retoma a expressão territorial das entidades que representam os pescadores artesanais.

Ressalta-se que, além dos indivíduos, deve ser compreendido o papel das instituições no âmbito das relações de conflitos na abordagem territorial. Heidrich (2010) enfatiza o processo de redefinição de uso sobre as áreas anteriormente ocupadas pelas comunidades. Assim, é fundamental compreender os conflitos territoriais, que envolvem o choque de poderes políticos e sociais (2010).

A Constituição Federal de 1988, no Artigo 24[8], atribui à União, aos Estados e ao Distrito Federal a competência para legislar sobre a pesca. Com base na Política Nacional de Desenvolvimento Sustentável da Aquicultura e da Pesca - Lei Nº 11.959 de 2009[1] -, foi criado o Decreto Nº 6.981 de 2009[9], que regulamenta a competência conjunta dos Ministérios da Pesca e Aquicultura e do Meio Ambiente para, sob a coordenação do primeiro, com base nos melhores dados científicos existentes, fixar as normas, critérios, padrões e medidas de ordenamento do uso sustentável dos recursos pesqueiros.

Em decorrência desta lei, também foi estabelecida a Portaria Interministerial MPA/MMA nº 5 de 2015[10], que regulamenta o "Sistema de Gestão Compartilhada do uso sustentável dos recursos pesqueiros" (Artigo 1º).

Na perspectiva da Gestão Ambiental da Pesca pelos estados, é importante ressaltar a Lei Complementar Nº 140 de 2011[11], que estabelece no Artigo 1º a cooperação entre a União, os Estados, o Distrito Federal e os Municípios nas ações administrativas decorrentes do exercício da competência comum relativas à proteção das paisagens naturais notáveis, à proteção do meio ambiente, ao combate à poluição em qualquer de suas formas e à preservação das florestas, da fauna e da flora. No Artigo 8°, é apresentada como ação administrativa dos estados "XX - exercer o controle ambiental da pesca em âmbito estadual". Ressalta-se que a ação do ente da federação, nos termos da lei, pode ser supletiva, quando substitui o ente federativo originariamente detentor das atribuições, ou subsidiária, quando visa auxiliar no desempenho das atribuições decorrentes das competências comuns, quando solicitado pelo ente federativo originariamente detentor das atribuições (Artigo 2º).

Ressalta-se que as atividades pesqueiras estão sujeitas, como atividade que utiliza recursos naturais, além das instituições que promovem a gestão da pesca, às instituições e leis que promovem a gestão ambiental. Sendo assim, a pesca está sujeita aos órgãos nacionais, estaduais e municipais que compõem o Sistema

Nacional do Meio Ambiente (SISNAMA), instituído pela Lei Nº 6.938 de 1981[12]. Entre as leis, destaca-se a Lei de Crimes Ambientais - Lei Nº 9.605, de [199813], e o Sistema Nacional de Unidades de Conservação – SNUC[14].

Ainda por utilizar corpos d'água para a realização de suas atividades, a pesca artesanal é submetida aos órgãos nacionais, estaduais e municipais de gestão do Sistema Nacional de Gerenciamento de Recursos Hídricos - SINGREH -, instituído pela Lei Nº 9.433 de 1997[15]. Destaca-se que nessa lei a "bacia hidrográfica é a unidade territorial para implementação da Política Nacional de Recursos Hídricos e atuação do Sistema Nacional de Gerenciamento de Recursos Hídricos" (Título I, Capítulo I, Artigo I).

Com base nesses exemplos, mas que poderiam agregar muitos outros, observa-se a sobreposição de políticas, leis e instituições sobre os territórios da pesca artesanal. Acrescenta-se que há a competência conjunta entre gestão da pesca e do ambiente, com o Decreto Nº 6.981 de 2009[9]. Contudo, observa-se que as Políticas Nacionais do Meio Ambiente e dos Recursos Hídricos, frequentemente, se sobrepõem e não dialogam, e separadamente não estão conseguindo impedir o avanço de impactos ambientais, disputas no território e conflitos por território.

Entende-se que a maioria das causas de impacto ambiental, apontadas nas dissertações e teses, dependem mais da gestão ambiental e dos recursos hídricos do que de normatizações específicas para a pesca. Contudo, esses impactos se refletem principalmente sobre as comunidades pesqueiras, que dependem dos recursos locais. Sendo assim, a falta de efetividade das Políticas Nacionais do Meio Ambiente e dos Recursos Hídricos tem levado à extinção de territórios tradicionais pesqueiros. Além disso, os órgãos colegiados propostos por tais políticas, como os Comitês de Bacias Hidrográficas, frequentemente são dominados por agentes promotores de outras atividades econômicas, e o discurso técnico não favorece o diálogo com os saberes tradicionais dos pescadores, que são desprestigiados.

Do ponto de vista das disputas no território, cabe destacar que muitas vezes as atividades que disputam recursos com os pescadores artesanais são licenciadas pelos órgãos responsáveis, que não mensuram o impacto desses usos sobre a pesca artesanal. Quando ocorrem de forma ilegal, essas atividades não apresentam resistência frente às multas impostas pelos órgãos ambientais, que muitas vezes são contestadas no âmbito administrativo e reduzidas ou revogadas. A gestão da pesca, por si só, não é capaz de impedir as disputas nos territórios com atividades permitidas e licenciadas pelos órgãos do SISNAMA e do SINGREH.

Os conflitos por território também envolvem empreendimentos que geralmente foram submetidos aos processos de licenciamento por órgãos ambientais. Contudo, muitas vezes, por pressão política, esses empreendimentos são aprovados a partir de uma série de medidas compensatórias. Entretanto, tais medidas não são capazes de preservar a pesca e os modos de vida das comunidades. Nessas situações, as comunidades se mobilizam, e em alguns casos, os licenciamentos são questionados e suspensos pelo Ministério Público.

Ressalta-se que muitas dessas políticas implicam em normativas que, se tivessem efetividade, proporcionariam uma melhor sanidade ambiental, o que repercutiria positivamente sobre a pesca artesanal. Contudo, frequentemente, encontram limites na execução. Por outro lado, tais políticas influenciam os modos de vida das comunidades de pescadores, impondo normas incompatíveis com a realidade local e que, frequentemente, não dialogam com seus saberes tradicionais "territoriais", resultando na impossibilidade da realização da atividade pesqueira. Pelas limitadas infraestruturas dos pescadores artesanais, sobre eles a fiscalização dessas normas é mais ostensiva, o que resulta na criminalização dos pescadores artesanais.

Na sequência, serão destacados os Sistemas de Gestão Compartilhada do uso sustentável dos recursos pesqueiros e o Sistema Nacional de Unidades de Conservação (UCs), para destacar limites e possibilidades da gestão da pesca e ambiental, respectivamente, e suas consequências sobre os territórios tradicionais das comunidades pesqueiras.

Sistema de Gestão Compartilhada do Uso Sustentável dos Recursos Pesqueiros

O Sistema de Gestão Compartilhada para o Uso Sustentável dos Recursos Pesqueiros está previsto no Decreto nº 6.981 de 2009[9] e tem como objetivo "subsidiar a elaboração e implementação das normas, critérios, padrões e medidas de ordenamento do uso sustentável dos recursos pesqueiros" (Artigo 3º). A Portaria MPA/MMA Nº 5 de 2015[10] regulamenta esse sistema, que é composto pelos seguintes órgãos consultivos: Comitês Permanentes de Gestão para o Uso Sustentável de Recursos Pesqueiros (CPG), Câmaras Técnicas e Grupos de Trabalho, sendo a Comissão Técnica da Gestão Compartilhada dos Recursos Pesqueiros (CTPG) o órgão consultivo e coordenador das atividades do Sistema (Artigo 5º).

Como foi apresentado, existem diversos níveis de gestão compartilhada, desde processos de consulta até contextos em que o governo compartilha com as comunidades o poder de tomar decisões. Contudo, como se observa, o sistema é composto por órgãos consultivos. Logo, o governo não compartilha efetivamente o poder de deliberação, mas proporciona possibilidades de consulta. Isso se evidencia nas seguintes definições (Artigo 2º):

> I - gestão compartilhada: o processo de compartilhamento de responsabilidades e atribuições entre representantes do Estado e da sociedade civil organizada visando subsidiar a elaboração e

> implementação de normas, critérios, padrões e medidas para o uso sustentável dos recursos pesqueiros;
>
> II - sistema de gestão compartilhada: sistema de compartilhamento de responsabilidades e atribuições entre representantes do Estado e da sociedade civil organizada, formado por comitês, câmaras técnicas e grupos de trabalho de caráter consultivo e de assessoramento, constituídos por órgãos do governo de gestão de recursos pesqueiros e pela sociedade formalmente organizada;

Um outro ponto a destacar é o peso das informações científicas para embasar as ações do sistema. Das fontes apresentadas, uma delas faz referência aos conhecimentos tradicionais. Trata-se dos dados gerados pelo "saber acumulado por populações tradicionais ou usuários dos recursos pesqueiros" (Artigo 2º). Nesse sentido, é importante enaltecer a inserção dos conhecimentos tradicionais, contudo se evidencia a primazia das informações científicas.

Quanto à participação dos pescadores nesse comitê, é importante destacar:

> Os CPGs deverão ser compostos por representantes de Estado, inclusive, de outros entes da federação e da sociedade civil, de forma paritária, e definidos conjuntamente pelos Ministérios da Pesca e Aquicultura e do Meio Ambiente.

§ 2º A sociedade civil será representada por:

> I - até dez organizações do setor pesqueiro, incluindo até cinco organizações, entidades ou associações de atuação dos pescadores artesanais, com participação majoritária de entidades membros do Conselho Nacional de Aquicultura e Pesca do MPA;
>
> II - duas organizações ambientalistas.

Em relação aos subcomitês científicos, que oferecem assessoramento aos CPGs, serão integrados "por pesquisadores, técnicos e profissionais com notório saber na área afim e atuarão como instâncias de assessoramento sobre as medidas de ordenamento e uso sustentável dos recursos pesqueiros, com base nos melhores dados técnicos e científicos existentes, assim como no conhecimento tradicional" (Artigo 7º).

O sistema também contém "câmaras técnicas, compostas por representantes do Estado, inclusive de outros entes da federação e da sociedade civil, e integradas por especialistas de notório saber, para análise e proposições sobre temas específicos" (Artigo 8º) e Grupos de Trabalho "compostos por representantes do Estado, inclusive de outros entes da federação e da sociedade civil, podendo ser constituídos por Unidade da Federação ou para análise e proposições sobre temas específicos" (Artigo 9º).

Ainda, os Planos de Gestão para o Uso Sustentável dos Recursos Pesqueiros "serão, preferencialmente, elaborados, apresentados e aprovados pelo subcomitê científico, diretamente ou sob sua coordenação, devendo ser submetidos aos respectivos CPGs, que os avaliarão e encaminharão para validação na CTGP". Ressalta-se que esses planos devem, sempre que possível, adotar o enfoque ecossistêmico (Artigo 10º). Quanto à unidade de gestão, o sistema entende que "compreende a espécie ou grupo de espécies, o ecossistema, a área geográfica, a bacia hidrográfica, o sistema de produção ou pescaria" (Artigo 2º).

Ressalta-se que há indicação de que os Planos de Gestão sejam elaborados pelos subcomitês científicos. Essa medida é bastante centralizadora e não estimula a construção de planos pelas organizações sociais de pescadores artesanais. Além disso, o enfoque ecossistêmico proposto pelos técnicos não corresponde ao enfoque territorial característico da gestão comunitária.

Sistema Nacional de Unidades de Conservação -SNUC

Como já foi apresentado, diversas pesquisas têm evidenciado as tensões geradas devido à instalação de unidades de conservação sobre os territórios das comunidades tradicionais pesqueiras. Neste momento, serão enfatizadas a sobreposição de unidades de conservação de proteção integral sobre os territórios das comunidades pesqueiras e as possibilidades que se apresentam no âmbito das unidades de uso sustentável, como as Reservas Extrativistas.

A criação e implementação de unidades de conservação no Brasil seguem as diretrizes da Lei Nº 9985 de 2000[13], que institui o Sistema Nacional de Unidades de Conservação. Nesta lei se entende como unidade de conservação:

> I - unidade de conservação: espaço territorial e seus recursos ambientais, incluindo as águas jurisdicionais, com características naturais relevantes, legalmente instituído pelo Poder Público, com objetivos de conservação e limites definidos, sob regime especial de administração, ao qual se aplicam garantias adequadas de proteção (Artigo 2º);

O SNUC (Artigo 7º) apresenta dois grupos de unidades de conservação: as unidades de proteção integral e as unidades de uso sustentável. As unidades de proteção integral têm como objetivo preservar a natureza, permitindo apenas o uso indireto de seus recursos naturais, exceto nos casos previstos na lei. Esse grupo inclui Estação Ecológica, Reserva Biológica, Parque Nacional, Monumento Natural e Refúgio da Vida Silvestre. Essas unidades seguem a perspectiva da proteção em detrimento da conservação, ou seja, excluem a presença e o uso das sociedades (DIEGUES, 2001). É importante ressaltar os parques nacionais, onde ocorrem diversos conflitos com as comunidades tradicionais de pescadores.

Segundo o SNUC (Artigo 11º), os Parques Nacionais (que também podem ser estaduais e municipais) têm como objetivo básico a preservação de ecossistemas naturais de grande relevância ecológica e beleza cênica, permitindo a realização de pesquisas científicas, desenvolvimento de atividades de educação e interpretação ambiental, recreação em contato com a natureza e turismo ecológico. Um dos principais conflitos decorrentes da instalação de Parques Nacionais sobre territórios tradicionais é a prerrogativa da desapropriação, que gera conflitos fundiários. Segundo a lei, os Parques Nacionais são de posse e domínio públicos, e as áreas particulares incluídas em seus limites serão desapropriadas de acordo com o que dispõe a lei (Artigo 11º).

Os conflitos territoriais com os Parques Nacionais são frequentes, como evidenciam De Paula (2013) no Parque Estadual do Delta do Jacuí, Rio Grande do Sul; Farias e Barbosa no Parque Nacional Superagui, Paraná; Costa (2015) no Parque Nacional dos Lençóis Maranhenses, Maranhão; Scheibel (2013) no Parque Nacional dos Campos Gerais, Paraná. Nessas situações, as comunidades resistem e reivindicam o direito de permanecer no território e realizar suas atividades tradicionais, baseadas em saberes e regras acordadas no âmbito comunitário. No entanto, surgem conflitos relacionados à regularização fundiária e ao uso do território, muitas vezes resultando em oposição entre gestores e comunidades.

A instalação de unidades de conservação causa mudanças significativas na malha territorial das comunidades tradicionais pesqueiras. Com a imposição da lei, essas comunidades perdem acesso a áreas de pesca e moradia que antes faziam parte de seus territórios. As redes estabelecidas com base no conhecimento tradicional não podem mais ser acessadas. Nesse caso, as restrições e proibições do território da unidade não dialogam com as informações funcionais e regulatórias das comunidades. Além disso, a imposição de proibições, ao mesmo tempo em que desgasta as regras comunitárias, abre espaço para a expansão de atores que não se comprometem em obedecer tais regras e degradam o território. É importante ressaltar que o afastamento dos comunitários da gestão, que ocorre nas unidades de proteção integral, estabelece um território de exclusão, que encontra resistência nas comunidades que historicamente se apropriam desses territórios.

Em outro contexto de unidades de conservação, estão as unidades de uso sustentável, que incluem Área de Proteção Ambiental, Área de Relevante Interesse Ecológico, Floresta Nacional, Reserva Extrativista, Reserva de Fauna, Reserva de Desenvolvimento Sustentável e Reserva Particular do Patrimônio Natural. Os geógrafos têm dado atenção especial às Reservas Extrativistas - RESEX. Dentre os diversos trabalhos que abordam essas unidades, destacam-se Dumith (2012) e Figueiredo (2013) na RESEX de Canavieiras, Bahia; Rosário (2009) e Kuhn (2009) na Reserva Extrativista Baía do Iguape - Bahia; e Barbosa (2014), que apresenta a demanda de criação da RESEX Marinha em Guaraqueçaba, Paraná.

> A Reserva Extrativista é uma área utilizada por populações extrativistas tradicionais, cuja subsistência baseia-se no extrativismo e, complementarmente, na agricultura de subsistência e na criação de animais de pequeno porte, e tem como objetivos básicos proteger os meios de vida e a cultura dessas populações, e assegurar o uso sustentável dos recursos naturais da unidade (Artigo 18º).

Quando se trata de ecossistemas a serem preservados, como lagos, rios e partes da costa, eles são adjetivados como Reservas Extrativistas Marinhas. A gestão territorial ganha destaque na pesquisa geográfica sobre essas RESEX. Figueiredo (2013, p. 41) entende que elas são "espaços de uso sustentável cujo objetivo é ordenar o território nas comunidades pesqueiras, a fim de contribuir com a gestão e extração dos recursos marítimos pelas populações tradicionais de pescadores e pescadoras artesanais". Dumith (2012) destaca que as Áreas Marinhas Protegidas (AMPs) "têm possibilitado a consolidação de territórios sustentáveis para a pesca artesanal. No entanto, nem sempre as AMPs são um instrumento adequado para o manejo dos sistemas socioecológicos da pesca artesanal, podendo levar a muitos conflitos internos" (p. 66).

Barbosa (2014) destaca a dimensão territorial das RESEX, por meio da configuração fundiária.

> O modelo da RESEX foi muitas vezes designado pelos próprios sujeitos envolvidos, como a "Reforma Agrária dos Seringueiros". Uma vez que a criação de uma RESEX interfere na questão fundiária da área, assim como os assentamentos de Reforma Agrária, pois desapropria qualquer propriedade particular que por ventura haja na área em questão e legitima toda a área da UC como território tradicional extrativista (p. 91).

Ressalta-se que ao priorizar o uso dos recursos pelas comunidades tradicionais, o modelo de RESEX tem permitido a preservação do ambiente e dos modos de vida. Rosário (2009) exemplifica a conservação dos manguezais: "Em contrapartida, o meio ambiente da Resex Baía do Iguape encontra-se em bom estado, incluindo ecossistemas aquáticos e florestais, destacando-se o ecossistema de manguezal nas margens da Baía do Iguape, que sofre constante influência das marés" (p. 26).

A luta pelas Resex Marinhas tem se intensificado nos últimos anos, devido ao avanço de outras atividades econômicas sobre os territórios pesqueiros tradicionais, causando impactos ambientais, disputas territoriais e conflitos. Para fortalecer esse processo, foi criada a Comissão Nacional para o Fortalecimento das Reservas Extrativistas e dos Povos Extrativistas Costeiros e Marinhos - COMFREM em 2014, com a missão de desenvolver, articular e implementar estratégias visando o reconhecimento e a garantia dos territórios extrativistas tradicionais costeiros e marinhos, considerando as dimensões social, cultural, ambiental e econômica, assegurando seus meios de vida e produção sustentável. Os objetivos da são:

> Lutar pelo reconhecimento e andamento dos processos de solicitação de novas Resex marinhas;
>
> Assegurar o direito a produção do espaço próprio dos extrativistas;
>
> Promover o contato entre as 22 Resex espalhadas de norte a sul do país;
>
> Garantir a manutenção dos saberes das populações tradicionais pesqueiras;
>
> Garantir a conservação dos rios, mares, manguezais e fauna marinha e costeira*

Outra distinção das unidades de uso sustentável, como as RESEX, é a existência de um Conselho Deliberativo em vez de um Conselho Consultivo. Esse Conselho é presidido pelo órgão responsável pela administração da unidade e é composto por representantes de órgãos públicos, organizações da sociedade civil e das populações tradicionais residentes na área, conforme estabelecido em regulamentos e no ato de criação da unidade. Esse espaço tem sido apontado como um potencial para a gestão compartilhada do território, e o sucesso depende da postura dos gestores, que devem respeitar e reconhecer as comunidades e seus saberes tradicionais, além da interação com outros atores que desejam fazer uso do território. Nesse contexto, Dumith (2012) destaca:

> Embora as relações oriundas de uma gestão compartilhada em uma RESEX, teoricamente, enriqueçam o processo de formulação de ideias e fortaleçam a legitimação das decisões deliberadas, é primordial que todos os atores envolvidos na gestão tenham o devido esclarecimento, no mínimo, do que vem a ser "população extrativista tradicional" e de que uma RESEX deve atender aos interesses dessa população. Percebe-se que, na RESEX Canavieiras, ainda há atores, os quais fazem parte do corpo gestor, que, além de não abrirem mão de seus interesses econômicos, não compreendem o significado de "extrativista" e, consequentemente, de "RESEX" (DUMITH, 2012, p. 158).

O principal instrumento de gestão das RESEXs são os Planos de Manejo, que são aprovados pelo Conselho Deliberativo da unidade. No entanto, os Acordos de Gestão também desempenham um papel importante, pois incorporam as normas propostas pelas comunidades em diálogo com os gestores. Ressalta-se que essa abordagem, quando bem executada, permite o sucesso da gestão comunitária do território, por meio do acordo de gestão que consolida a

*https://confrem.wordpress.com/

gestão compartilhada no Plano de Manejo e no Conselho Deliberativo. Diante disso, uma das prioridades apontadas pela CONFREM (2014) diz respeito aos instrumentos de gestão: "Fortalecer e acelerar processos de elaboração dos Acordos de Gestão e Planos de Manejo nas RESEXs, respeitando o tempo das comunidades" e "Definir regras claras e valorizar as regras internas das comunidades nos Acordos de Gestão e Planos de Manejo nas RESEXs".

Ao analisar as invariantes territoriais das comunidades tradicionais pesqueiras no caso das RESEXs, percebe-se que a delimitação da unidade é um fator que preserva o arranjo territorial das comunidades. Com a estabilidade das informações funcionais e regulatórias, os nós e redes se mantêm mais constantes, proporcionando autonomia às comunidades. O processo de construção de regras (por meio de Acordos de Gestão e Planos de Manejo) também potencializa a dimensão comunitária na Gestão Compartilhada. Isso implica em uma comunicação bem-sucedida, resultando na redução de conflitos no território.

É importante destacar o território que se constitui no processo de luta, que envolve tanto questões fundiárias quanto ambientais (BARBOSA, 2014). Porto-Gonçalves enaltece a luta dos seringueiros da Amazônia nos anos 1980, que resultou na criação das RESEX (2003). Atualmente, os pescadores artesanais lutam, junto a outros movimentos sociais, pela constituição de RESEXs, incluindo RESEXs Marinhas, diante dos impactos ambientais, disputas no território e conflitos por território que afetam a pesca artesanal brasileira.

Território de luta

Até o momento, foi dada ênfase à dinâmica interna nos territórios tradicionais das comunidades pesqueiras, ressaltando a relação entre autonomia e território. Internamente, observa-se coerência entre a sociedade e a semiosfera, que expressa a lógica entre território e territorialidades. É importante destacar que, no caso das comunidades pesqueiras, as territorialidades são fluidas, e o processo de Territorialização-Desterritorialização-Reterritorialização é contínuo e influenciado pelas dinâmicas da natureza e pelas necessidades das comunidades.

No entanto, quando um território é estabelecido sobre essas territorialidades por meio de uma regulação externa à comunidade, ocorre incoerência entre território e territorialidades, resultando em impactos ambientais, disputas e conflitos por território. Nesse sentido, a ecogênese do território de luta começa quando surge a necessidade de delimitar o território como condição para a permanência do arranjo territorial da comunidade tradicional.

Assim, chega-se ao momento de compreender as mudanças no território provocadas por atores que não fazem parte da dinâmica territorial tradicional. Esses atores estabelecem processos alheios ao território, pois estão conectados a redes informacionais vinculadas a centros de decisão distantes do local. Nesse contexto, o território de luta é o território da resistência e da (re)existência, onde as comunidades de pescadores se reinventam para reivindicar políticas para os povos e comunidades tradicionais. Essas estratégias e contextos de luta são observáveis em todo o Brasil, como evidenciam os trabalhos dos geógrafos sobre a pesca artesanal.

Conforme apresentado, a permanência no território tradicional tem sido alcançada por meio da luta pelo acesso a políticas específicas. Em muitos casos, em que as comunidades pesqueiras também são remanescentes quilombolas, a reivindicação é feita por meio do Decreto Nº 4887 de 2003[16] (território quilombola). Em outros casos, nos quais os conflitos se concentram na pesca, busca-se a criação de Acordos de Pesca - IN MMA Nº 29 de 2002[7]. Já quando se busca defender o território extrativista, que inclui a pesca, o pleito é pela criação de RESEX - Lei 9985 de 2000[14]. Ressalta-se que, em nenhum desses casos, o direito de uso do território é concedido sem luta e mobilização das comunidades e do movimento social.

Destaca-se que, enquanto o território pesqueiro se consolida por meio de um processo de constituição de territorialidades e comunicação intra e intercomunitária, o território de luta é uma reação a impactos ambientais, disputas territoriais e conflitos por território, geralmente promovidos por atores externos às comunidades (muitas vezes vinculados a redes globais). Enquanto o território tradicional se estabelece em condições simétricas de poder, o território de luta evidencia relações assimétricas e desigualdades de poder, expondo um contexto de fascismo territorial.

É compreendido que outras atividades econômicas também exercem influência sobre a pesca e os pescadores, inclusive erodindo saberes tradicionais e rompendo vínculos comunitários. O território de luta tende a reestabelecer esses vínculos, uma vez que a união para a luta requer um processo comunicacional baseado em objetivos comuns, que viabiliza a manutenção da pesca e do modo de vida. Por esse motivo, tende a gerar instituições fortes que influenciam a gestão comunitária e compartilhada do território. Assim, o território pesqueiro está se tornando cada vez mais político, no sentido de proporcionar espaços para a governança. No processo de (re)existência, que caracteriza a luta, diversas práticas culturais das comunidades são resgatadas, o que também contribui para a coesão comunitária e o estabelecimento de vínculos com o território/ambiente conquistado. Dessa forma, o território de luta pode ser um caminho para a restauração do território pesqueiro tradicional.

A seguir, serão apresentados dois instrumentos que podem garantir a presença dos pescadores nos territórios pesqueiros. O primeiro é o Termo de Autorização de Uso Sustentável (TAUS), estabelecido pela Portaria Nº 89 de

2010[17]. Esse instrumento tem sido adotado por grupos comunitários junto à Secretaria de Patrimônio da União - SPU para garantir a presença das comunidades no território, bem como a continuidade da atividade tradicional. O segundo é o Projeto de Lei de Iniciativa Popular promovido pelo Movimento dos Pescadores e Pescadoras Artesanais, que busca o reconhecimento, proteção e garantia do direito ao território das comunidades tradicionais pesqueiras. Para esse projeto, foi lançada a Campanha Nacional pela Regularização do Território das Comunidades Tradicionais Pesqueiras. O acesso a esses instrumentos é compreendido no âmbito dos territórios de luta.

Termo de Autorização de Uso Sustentável (TAUS)

Em diversos casos no Brasil, a garantia de permanência no território tradicional tem sido alcançada por meio dos Termos de Autorização e Uso Sustentável (TAUS)[17]. No II Encontro da Articulação Sudeste-Sul do Movimento dos Pescadores e Pescadoras Artesanais – MPP, destacou-se o processo de construção de TAUS que permitiu a manutenção de ranchos de pesca no estado de Santa Catarina. Esse instrumento é atribuído pela Secretaria de Patrimônio da União (SPU), orientada pela Portaria Nº 89 de 2010[17].

Segundo a Portaria Nº 89 de 2010[17], os Temos de Autorização e Uso Sustentável visam:

> Disciplinar a utilização e o aproveitamento dos imóveis da União em favor das comunidades tradicionais, com o objetivo de possibilitar a ordenação do uso racional e sustentável dos recursos naturais disponíveis na orla marítima e fluvial, voltados à subsistência dessa população, mediante a outorga de Termo de Autorização de Uso Sustentável - TAUS, a ser conferida em caráter transitório e precário pelos Superintendentes do Patrimônio da União (Artigo 1º).

Observa-se que essa política é voltada para as comunidades tradicionais, concedendo-lhes o direito de uso dos recursos naturais da orla marítima e fluvial. No entanto, tal uso está relacionado à concessão do direito de permanecer no território. Pressupõe que, para um uso racional e sustentável, seja necessário estabelecer algumas condições. Outro ponto importante a ser destacado na portaria é que essa autorização "poderá compreender as áreas utilizadas tradicionalmente para fins de moradia e uso sustentável dos recursos naturais, contíguas ou não" (Artigo 1º). Logo reconhece a continuidade entre as territorialidades de moradia e as territorialidades pesqueiras, que podem ser concebidas a partir de pontos, conectados em redes. Essa norma abrange as seguintes áreas da União:

> I - áreas de várzeas e mangues enquanto leito de corpos de água federais;
>
> II - mar territorial,
>
> III - áreas de praia marítima ou fluvial federais;
>
> IV - ilhas situadas em faixa de fronteira;
>
> V - acrescidos de marinha e marginais de rio federais;
>
> VI - terrenos de marinha e marginais presumidos (Artigo 2º).

A Portaria destaca que o Termo de Autorização de Uso Sustentável (TAUS) das áreas mencionadas acima será concedido exclusivamente "a grupos culturalmente diferenciados e que se reconhecem como tais, que possuem formas próprias de organização social, que utilizam áreas da União e seus recursos naturais como condição para sua reprodução cultural, social, econômica, ambiental e religiosa, utilizando conhecimentos, inovações e práticas gerados e transmitidos pela tradição". Portanto, é proibida a concessão desse termo para "atividades extensivas de agricultura, pecuária ou outras formas de exploração ou ocupação indireta de áreas da União". Assim, a obtenção da autorização de uso, seja individual ou coletiva, só será concedida mediante comprovação "da posse tradicional da área da União e da utilização sustentável dos recursos naturais, por qualquer meio de prova admitido em direito" (Artigo 4º).

Nesse sentido, a portaria apresenta melhorias no que se refere à adoção do critério de autoidentificação das comunidades tradicionais. Além disso, reconhece o direito do uso tradicional do território, portanto não se aplica às atividades agrícolas e pecuárias extensivas. Ainda, em relação à possibilidade de posse individual e coletiva, está previsto o uso coletivo, prioritariamente, e o uso individual para a unidade familiar (em nome da mulher), sendo transferíveis apenas por sucessão (Artigo 5º). É importante ressaltar que a portaria prevê o uso individual e coletivo, mas no contexto das comunidades tradicionais pesqueiras, entende-se que o uso deve ser sempre coletivo. Nesse sentido, a lógica de apropriação do território concebida pelas comunidades tradicionais difere da proposta. Cabe enfatizar que muitos dos conflitos presentes na pesca artesanal brasileira ocorrem devido à defesa da propriedade privada em detrimento do uso coletivo e das posses tradicionais.

A delimitação da área da União para a concessão do TAUS deverá respeitar "os limites de tradição das posses existentes no local, a serem definidos com a participação das comunidades diretamente beneficiadas, respeitando as peculiaridades locais dos ciclos naturais e a organização comunitária territorial das práticas produtivas" (Artigo 6º). Nesse sentido, o território é preservado na perspectiva da cultura em que foi concebido.

A cartografia social do território pode constituir um importante instrumento de luta, uma vez que as comunidades podem utilizar esse documento para reivindicar junto aos órgãos públicos responsáveis o direito de uso do território tradicional. É importante ressaltar que a luta deve ser sempre pela garantia da ampla participação das comunidades nesse processo de demarcação, para que a delimitação permita a permanência do arranjo territorial tradicional.

Quanto às áreas que não são contíguas, o TAUS será concedido nas seguintes situações:

> I - 01 (uma) das áreas destinada à moradia e outra à atividade tradicional de subsistência;
>
> II - 01 (uma) área utilizada para moradia ou para atividade tradicional de subsistência no período de cheia e outra no período de vazante (Artigo 7º).

De um lado, observam-se avanços no sentido da portaria incluir tanto a área de moradia, trabalho e vivências quanto os pesqueiros. No entanto, a limitação dessas áreas constitui um obstáculo em diversas situações, pois devido à sazonalidade da pesca, os pescadores se deslocam entre pesqueiros que, por vezes, não são contíguos. Dessa forma, não deveria ser estabelecida apenas uma, mas diversas poligonais, de acordo com as características tradicionais e da pesca comunitária.

O TAUS inicia o processo de regularização fundiária e pode ser convertido em Concessão de Direito Real de Uso - CDRU. No entanto, esse documento deve "conter cláusula expressa de que o corpo d'água, no período de cheia, das áreas de que trata esta Portaria, se mantém sob o uso comum do povo para navegação, prática de atividades pesqueiras e acesso público, sendo vedado restringir ou dificultar seu acesso, por qualquer meio" (Artigo 11º). Isso constitui uma limitação na portaria, pois acredita-se que o direito de uso deve estar associado ao manejo comunitário. A abertura para livre acesso a outras atividades pode comprometer os recursos e a permanência do território tradicional. Quando há necessidade de diversos usos, estes devem ser discutidos em espaços de gestão compartilhada, com base em cartografia social e estabelecendo um zoneamento para o exercício das diversas atividades, sempre priorizando as práticas tradicionais. É importante ressaltar como um contraponto a IN Nº 1 de 2007[18], que estabelece os procedimentos para o uso de espaços físicos em águas de domínio da União para fins de aquicultura, a qual não prevê essa abertura para outras atividades.

Por fim, é importante enfatizar que o TAUS pode ser cancelado se "for constatada a ocorrência de infração ambiental" (Artigo 12º). Nesse sentido, é importante compreender o vínculo do TAUS com a manutenção do ambiente em situação de equilíbrio. No entanto, entende-se que o contexto gerado pelo TAUS deve suscitar a construção participativa de acordos de gestão comunitária do território delimitado. Portanto, não se trata apenas de fazer valer leis, que muitas vezes estão desatualizadas e incongruentes com as características do ambiente.

Entende-se que esse instrumento é de suma importância para as comunidades de pescadores artesanais do Brasil. Destaca-se que ele garante a manutenção do arranjo territorial ao assegurar às comunidades a permanência dos nós (pesqueiros e outras áreas de moradia e convívio). No entanto, como prevê a utilização de áreas não contíguas, deve-se garantir o acesso dos pescadores às redes, permitindo a continuidade dos trajetos entre os nós. Também é importante frisar que a gestão comunitária deve acompanhar o direito de uso do território.

Ressalta-se que esse território não será alcançado sem a luta das comunidades pelo seu reconhecimento. Nesse sentido, encontrará obstáculos nas burocracias e na vagarosidade dos órgãos públicos. Também encontrará resistência de atores políticos e econômicos que têm interesse na dominação do território. No entanto, sua conquista tende a resultar na redução de impactos ambientais, disputas no território e conflitos por território.

Campanha Nacional pela Regularização do Território das Comunidades Tradicionais Pesqueiras

Para compreender a constituição do território de luta dos pescadores artesanais brasileiros, será apresentado o "movimento social em movimento" para destacar o contexto que levou à centralidade do território na luta desses pescadores. Em seguida, será discutida, na perspectiva do território de luta, a Campanha Nacional pela Regularização do Território das Comunidades Tradicionais Pesqueiras.

Segundo Fox e Callou (2013), desde o período imperial, os pescadores integravam movimentos abolicionistas. No século XX, as relações de poder entre o governo e as colônias de pesca sempre foram o estopim para a insurgência de movimentos sociais de pescadores. É importante destacar que, a partir dos anos 1970, com o apoio do Conselho Pastoral dos Pescadores (CPP), "os pescadores passaram a reivindicar direitos previdenciários específicos, a lutar contra a expulsão das praias, a buscar direção de órgãos de representação (colônias, federações e confederação), a combater o alto preço dos insumos e o baixo preço do pescado pago pelos intermediários. Também demandavam linhas de crédito para o setor pesqueiro artesanal" (p. 3).

A organização de vários conselhos pastorais e a convocação da Confederação Nacional dos Pescadores para que as federações estaduais defendessem os interesses da categoria resultaram no surgimento do Movimento Constituinte da Pesca em 1988 (CARDOSO, 2001).

> Esse movimento lutava pela autonomia política e sindical da categoria e incentivava a campanha de elaboração da Constituição Federal Brasileira. Sua grande conquista se deu no âmbito da liberdade organizativa e autonomia dos pescadores artesanais, equiparando-os aos sindicatos e às próprias colônias de pesca, pelo artigo 8º da Constituição, que trata sobre a livre associação profissional ou sindical (Potiguar Júnior, 2000; Ramalho, 1999; Silva, 2004) (FOX; CALLOU, 2013, p. 4).

Tendo conquistado direitos, os pescadores perceberam a necessidade de uma representação nacional para dar continuidade às suas lutas. Assim, o Movimento Constituinte da Pesca se transformou no Movimento Nacional dos Pescadores (Monape), criado em abril de 1988, no Recife, Pernambuco. O principal objetivo do movimento era organizar a categoria para "ocupar espaços de representação nas colônias, federações e confederação e buscar melhores condições de vida e trabalho para os pescadores. Para tanto, encaminhava propostas à legislação pesqueira e ambiental que contemplassem seu modo de vida" (FOX e CALLOU, 2013, p. 9).

Em 1999, o Monape se tornou a Associação Movimento Nacional dos Pescadores (Amonape), uma organização sem fins lucrativos, de caráter filantrópico e de âmbito nacional, que passou a priorizar a captação, o gerenciamento e a fiscalização de recursos para projetos no setor artesanal. "As atividades de luta e resistência dos anos 1980 e início dos anos 1990 haviam definitivamente dado lugar à gestão institucional" (FOX e CALLOU, 2013, p. 20). Nos anos 2000, o movimento acumulou diversas conquistas, incluindo:

> 1) garantia do pescador artesanal como segurado especial da previdência, inclusive seguro-desemprego e outros benefícios sociais;
>
> 2) crédito específico do Fundo Constitucional de Financiamento do Nordeste e Fundo Constitucional de Financiamento do Norte; e
>
> 3) reconhecimento e habilitação das pescadoras (FOX e CALLOU, 2013, p. 20).

Contudo, devido à falta de intervenções sistemáticas em conflitos e lutas, o movimento se distanciou dos pescadores artesanais. Em resposta ao descontentamento dos pescadores com a desorganização da categoria e a direção tomada pelo movimento, bem como à postura da Secretaria Especial da Pesca - SEAP, em 2005 foi criada a Articulação Nacional dos Pescadores e Pescadoras Artesanais, cuja luta principal "centrava-se em questões ambientais, combatendo o hidronegócio e a Transposição do Rio São Francisco" (FOX e CALLOU, 2013, p. 24).

Em 2009, ocorreu a 3ª Conferência Nacional de Aquicultura e Pesca, organizada pelo recém-criado MPA (Movimento dos Pescadores e Pescadoras

Artesanais). Ao mesmo tempo, a Articulação Nacional dos Pescadores organizou a I Conferência Nacional da Pesca Artesanal, com o objetivo de pressionar o governo federal por políticas públicas adequadas para a categoria. Nesse evento, buscou-se "construir e apresentar propostas de investimento e garantia dos direitos sociais dos pescadores; identidade e território; direitos específicos das pescadoras; sustentabilidade ambiental, além do desenvolvimento do setor pesqueiro artesanal e sua legislação" (FOX; CALLOU, 2013, p. 27).

De acordo com Fox e Callou (2013),

> Até 2009, pescadores, assessores e mediadores não sabiam ao certo o rumo do Monape. Algumas lideranças do Nordeste defendiam que o movimento ainda representava os interesses e objetivos dos pescadores. Outras romperam de vez com ele, inclusive lançaram um novo movimento social da categoria (Carta do Movimento de Pescadores e Pescadoras, 2010) (FOX e CALLOU, 2013, p. 27).

Na perspectiva do movimento social, observa-se que as lutas presentes nos anos 1980 e no início dos anos 1990, com a Constituinte da Pesca e a criação do Monape, surgiram como uma reação à exploração, exclusão e dominação sofridas pelos pescadores artesanais brasileiros em situações de desigualdade instituídas pelo poder político dominante (TAPIA, 2008). No entanto, à medida que o Monape se institucionaliza e se transforma em Amonape, estabelecendo uma relação estreita com o Estado, perde sua característica de movimento social. Por outro lado, a Articulação Nacional dos Pescadores se insere em um contexto diferente, apresentando pautas que vão além dos direitos. Nesse sentido, entende-se que os pescadores passam a se organizar como "novos movimentos sociais". Entre os debates introduzidos pela articulação, ganha destaque a questão ambiental. Além da produção, experiências de relações entre pessoas, grupos e com o ambiente também recebem destaque (SANTOS, 2001). Essa perspectiva continua presente na I Conferência Nacional da Pesca Artesanal, onde se destaca a presença do território no âmbito da identidade.

Assim, compreende-se a constituição do Movimento dos Pescadores e Pescadoras Artesanais (MPP) em 2009 na perspectiva dos "novos movimentos sociais", como resultado da necessidade de ação política não institucionalizada, fora do compromisso neocorporativista, buscando envolver a opinião pública por meio dos meios de comunicação social e envolvendo atividades de protesto (SANTOS, 2001).

Destaca-se que, enquanto o Monape buscava a ocupação das Colônias de Pescadores, o MPP propõe a expansão do debate político para as comunidades e grupos de pescadores, inclusive questionando a centralidade das colônias. Além disso, enfatiza os pescadores como comunidades tradicionais, reconhece o papel deles na sustentabilidade ambiental e destaca a importância do território. Esses aspectos podem ser observados nas bandeiras de luta estabelecidas na II Assembleia Nacional do MPP, realizada em Aquiraz – CE em 2016*:

> – Lutar pela defesa e garantia **dos territórios Pesqueiros** (Campanha pelo território Pesqueiro, RESEX, Quilombos, TAUS, RDS, etc.)
>
> – Lutar por política de **Ordenamento Pesqueiro** com participação efetiva da Pesca artesanal e a partir do saber das comunidades pesqueiras;
>
> – Lutar por uma **legislação específica** para pesca artesanal
>
> – Defesa dos **direitos** conquistados e luta por novos direitos (Nenhum direito a menos); previdenciários, sociais, trabalhistas, **ambientais**; RGP, etc.
>
> – Combater a criminalização e violência institucional.
>
> – Lutar por **Políticas** e Investimentos para a Pesca Artesanal (garantia de **condições adequadas** para produção, processamento e comercialização)
>
> – Lutar por uma **educação específica** e contextualizada para a Pesca Artesanal (alfabetização, escolas das águas, técnica, etc.)
>
> – Enfrentamento aos Grandes Projetos que causam **impacto nos territórios** e meios de vida dos pescadores: (Barragens, mineração, eólicas, imobiliários, portos, petróleo, etc.)
>
> – Atuar junto em ações contra as causas e efeitos das **Mudanças climáticas** (Carta da II Assembleia do MPP) [grifos do autor].

Destaca-se que a principal bandeira de luta do MPP é o território pesqueiro. Em busca de uma lei específica, foi lançada em junho de 2012 a campanha cujo lema é "Território pesqueiro: Biodiversidade, Cultura e Soberania Alimentar do Povo Brasileiro" (MPP, 2012B). A campanha apresenta como objetivos/metas:

> – Dois mil **pescadores** e pescadoras por estado com **conhecimento dos seus direitos sociais** e afirmam sua identidade pesqueira artesanal;
>
> – **Comunidades pesqueiras** afirmando-se em sua **identidade específica**, com o propósito de se empoderar em defesa do seu território, enquanto comunidade articulada e reconhecida frente à sociedade;
>
> – As **comunidades pesqueiras artesanais debatendo** e demonstrando a viabilidade de sua economia da pesca, a qual garante a sua sobrevivência e reprodução social, com qualidade de vida superior ao modelo do capital;
>
> – A **sociedade encampa a campanha** de regularização dos territórios pesqueiros;
>
> – As **comunidades tradicionais pesqueiras conhecem e fazem valer as leis** para garantir os territórios pesqueiros tradicionais;
>
> – **Comunidades pesqueiras conquistam instrumento jurídico** que reconheça e regularize os territórios tradicionais pesqueiros (MPP, 2012B, p. 19-20) [grifos do autor].

* Carta da II Assembleia Nacional do Movimento dos Pescadores e Pescadoras Artesanais do Brasil – MPP.

Para além do resultado, que ainda não foi alcançado, destaca-se o processo da campanha, que realizou eventos de lançamentos, seminários, caravanas (estaduais e federais) e outras atividades. Entende-se que a luta promovida nos estados brasileiros, por meio das ações da campanha, tem levado os pescadores artesanais cada vez mais a reivindicarem seus direitos como comunidades tradicionais e desejarem o reconhecimento de seus territórios e territorialidades.

O instrumento jurídico proposto pela campanha é uma "Lei de iniciativa popular" que regulamenta os direitos territoriais das comunidades pesqueiras. Para isso, nas atividades promovidas pela campanha, também foram recolhidas assinaturas para um abaixo-assinado, e o projeto tramita em comissões do Congresso Nacional.

O Projeto de Lei de Iniciativa Popular (MPP, 2012A) propõe:

> o reconhecimento e mecanismos de garantia e proteção do direito ao território de comunidades tradicionais pesqueiras e o procedimento para a sua identificação, demarcação, delimitação e titulação, destinado a garantir a essas comunidades e seus membros a concretização e efetivação de seus direitos individuais, coletivos e difusos de natureza econômica, social, cultural e ambiental, compreendendo a salvaguarda, proteção e promoção de seus modos de criar, fazer e viver (Artigo 1º)

É importante ressaltar que o projeto de lei sintetiza as bandeiras de luta do MPP, uma vez que o território é apresentado como condição para a realização de outros direitos. As necessidades de identificação, demarcação, delimitação e titulação surgem devido ao avanço de outras atividades econômicas, que provocam impactos ambientais, disputas no território e conflitos territoriais. Como forma de enfrentamento, o território de luta se estabelece por meio das resistências das comunidades, que passam a reivindicar o direito de permanência e uso, e na mobilização dos pescadores em escala nacional, clamando por políticas públicas que lhes permitam permanecer no território e reproduzir seus modos de vida.

Na compreensão do projeto de lei, são considerados territórios tradicionais pesqueiros:

> as extensões, em superfícies de terra ou corpos d'água, utilizadas pelas comunidades tradicionais pesqueiras para a sua habitação, desenvolvimento de atividades produtivas, preservação, abrigo e reprodução das espécies e de outros recursos necessários à garantia do seu modo de vida, bem como à sua reprodução física, social, econômica e cultural, de acordo com suas relações sociais, costumes e tradições, inclusive os espaços que abrigam sítios de valor simbólico, religioso, cosmológico ou histórico (Artigo 1º).

É importante destacar que na constituição do território tradicional pesqueiro, há presença de áreas em terra e nos corpos d'água, as quais estão conectadas em uma rede. Nesse sentido, é fundamental que as comunidades estejam nas proximidades dos principais pesqueiros. Além dos pesqueiros, os pescadores estabelecem outras territorialidades, como as áreas de reprodução e maturação das espécies, para as quais estabelecem normas reconhecidas no âmbito das comunidades. Essa dinâmica interna nos territórios já foi apresentada, mas é importante frisar que, na perspectiva do território de luta, busca-se estabelecer o direito ao território para favorecer que as comunidades façam a gestão do território intrínseco e também para impedir o avanço de outras atividades que desejam dominar o território extrínseco.

Além disso, o direito ao território se desdobra em garantir às comunidades o acesso preferencial aos recursos naturais e seu usufruto permanente, bem como a consulta prévia e informada sobre planos e decisões que afetem seu modo de vida e a gestão do território tradicional pesqueiro (Artigo 2º). Outro ponto fundamental presente nesse projeto de lei é que a caracterização das comunidades tradicionais pesqueiras será atestada por meio da autodefinição das próprias comunidades (Artigo 3º). Nesse sentido, verifica-se a observância à OIT 169[5] e ao Decreto 6040 de 2007[6], que estabelecem os direitos dos povos e comunidades tradicionais se autodeclararem.

Como já apresentado a principal causa de conflito por território decorre de questões fundiárias. Segundo o projeto de lei, as porções de terras compostas por áreas de terras particulares ou bens públicos disponíveis terão o domínio e a propriedade coletiva definitivamente titulados em favor das comunidades tradicionais pesqueiras, de acordo com suas territorialidades, por meio de ações de regularização fundiária. Além disso, cabe ao Poder Público desapropriar, por interesse social, os imóveis urbanos e rurais que abrangem o território, sempre que necessário (Artigo 4º). O projeto de lei também prevê a regularização de áreas de terra e de água:

> II - As porções de terras compostas por bens públicos que sejam constitucionalmente vedadas a transferência de domínio, serão titularizadas em favor das comunidades tradicionais pesqueiras, através de cessão de uso e, quando cabível, de concessão de direito real de uso, sendo garantida a fruição em caráter permanente e preferencial pelas referidas comunidades, devendo constar, obrigatoriamente, no instrumento de titulação, prazo indeterminado e cláusula de afetação da área para os fins desta Lei.
>
> III - As porções compostas por correntes de água fluviais, lacustres ou marítimas, bem como os depósitos decorrentes de obras públicas, açudes, reservatórios e canais, integrantes do território tradicional pesqueiro, serão objeto de cessão de uso de águas públicas, sendo garantida a fruição em caráter permanente e preferencial desses

> espaços e dos recursos pesqueiros pelas referidas comunidades, devendo constar, obrigatoriamente, no instrumento de titulação, prazo indeterminado e cláusula de afetação da área para os fins desta Lei.

No processo de regularização fundiária, há previsão de desapropriação por interesse social e reassentamentos. Quando incidir sobre os territórios das comunidades tradicionais pesqueiras um título de domínio particular não invalidado por nulidade, prescrição ou comisso, e nem tornado ineficaz por outros fundamentos, será realizada vistoria e avaliação do imóvel, objetivando a adoção dos atos necessários à sua desapropriação por interesse social, quando for aplicável (Artigo 16º). Além disso, quando for verificada a presença de ocupantes que não fazem parte da comunidade tradicional pesqueira, o INCRA, levando em consideração o interesse da comunidade, procederá à desintrusão, acionando os dispositivos administrativos e legais para o reassentamento das famílias de agricultores pertencentes à clientela da reforma agrária ou a indenização das benfeitorias de boa-fé, quando for aplicável (Artigo 19º).

A fim de bloquear o avanço de outras atividades econômicas, o projeto de lei prevê dispositivos para garantir a integridade do território, proibindo a implantação de empreendimentos enquanto ocorre o processo de identificação, reconhecimento, delimitação, demarcação e titulação dos territórios tradicionais pesqueiros (Artigo 8º). Nesse processo, também deve ser garantida a ampla participação das comunidades tradicionais pesqueiras em todas as fases (Artigo 9º).

Em relação ao título, na perspectiva desse projeto de lei, ele deve ser coletivo e pro indiviso, ou seja, várias pessoas possuem o mesmo bem. O artigo 12º do projeto de lei dialoga com as propostas do TAUS, mas o artigo 13º o supera, conferindo titularidade sobre os corpos d'água.

> A União, através do INCRA e da Secretaria do Patrimônio da União, tomará as medidas cabíveis para a demarcação e expedição do título coletivo e pro-indiviso em favor da organização representativa da comunidade, correspondente à porção de terra inclusa do território tradicional pesqueiro que configure terrenos de marinha e acrescidos, terrenos marginais de rios, ilhas e lagos (Artigo 12º).
>
> A União, através do INCRA e da Secretaria do Patrimônio da União, com a colaboração do Ministério do Meio Ambiente, da Autoridade Marítima e da Agência Nacional de Águas, no âmbito de suas respectivas competências, tomará as medidas cabíveis para assegurar a demarcação e expedição do título coletivo e pro-indiviso em favor da organização representativa da comunidade correspondente às áreas formada por corpos dágua integrantes do território (Artigo 13º).

Na perspectiva do movimento social, o território pesqueiro é sempre coletivo, relacionado à comunidade tradicional. Portanto, ao contrário do TAUS, não se prevê a titularidade individual. Além disso, considerando as ameaças do avanço de atividades como a pesca industrial e a aquicultura sobre os pesqueiros tradicionais, torna-se fundamental a demarcação dos corpos d'água.

Frente aos conflitos com unidades de conservação, o projeto de lei também traz proposições, assim como a questão da sobreposição com outros territórios, como terras indígenas, territórios quilombolas, assentamentos de reforma agrária, entre outros.

> Quando houver sobreposição entre o território das comunidades tradicionais pesqueiras e unidades de conservação constituídas, áreas de segurança nacional, faixa de fronteira, projetos de assentamento da Reforma Agrária, terras indígenas, terras ocupadas pelas comunidades remanescentes de quilombos e outros povos e comunidades tradicionais, o INCRA, o IBAMA, a Secretaria-Executiva do Conselho de Defesa Nacional, a FUNAI e a Fundação Cultural Palmares tomarão medidas visando garantir a sustentabilidade das comunidades envolvidas, revisando, quando cabível, atos administrativos e legais pretéritos e devendo, sempre, consultar as comunidades tradicionais interessadas, observando a efetiva participação das mesmas na tomada de decisões que possam afetar os seus modos de vida (Artigo 14º).

No caso das unidades de conservação, essa lei e o Sistema Nacional de Unidades de Conservação (SNUC)[14] seriam compatibilizados, garantindo o uso pelas comunidades tradicionais, assim como a conservação dos recursos do ambiente. Em relação à presença de outras sociedades tradicionais, destaca-se a abertura de processos de diálogo para estabelecer os limites da co-presença no território. Acredita-se que, no âmbito das sociedades tradicionais, seja viável a multiterritorialidade, respeitando os limites de cada cultura. Esse entendimento se estende especialmente às áreas compostas por corpos d'água, que poderão ser compartilhadas por povos e comunidades originárias ou tradicionais que pratiquem a pesca artesanal (Artigo 17º). Contudo, ressalta-se que isso requer espaços de gestão compartilhada do território.

Outra inovação presente no projeto de lei é a apresentação das "Diretrizes das Políticas de Desenvolvimento Social, Econômico e Ambiental das Comunidades Tradicionais Pesqueiras" (Capítulo III).

> Cabe a União, Estados, Distrito Federal e Municípios, com a coparticipação das comunidades, formular políticas públicas destinadas a garantir o desenvolvimento sustentável das comunidades tradicionais pesqueiras e desdobrá-las em planos de ação dotados de estratégias e metas definidas, com ênfase no reconhecimento, promoção, fortalecimento, proteção e garantia dos **direitos territoriais,** sociais, ambientais, econômicos e culturais e com respeito e

> valorização da identidade, formas de organização e instituições destas comunidades (Artigo 24º) [grifo do autor].

Nessa perspectiva, o projeto de lei não se restringe ao reconhecimento e demarcação dos territórios das comunidades pesqueiras, mas estabelece, a partir do movimento social, 18 Diretrizes das Políticas de Desenvolvimento Social, Econômico e Ambiental das Comunidades Tradicionais Pesqueiras. Ressalta-se que está expresso o entendimento de que, além de garantir o território, é necessário promover políticas públicas que permitam a sustentabilidade das comunidades em seu território. Nesse sentido, entre as diretrizes (Artigo 25º), destacam-se quatro eixos fundamentais: o reconhecimento das comunidades tradicionais, a garantia da participação nos processos de tomada de decisão, a gestão ambiental com envolvimento das comunidades e o acesso a políticas sociais.

Em suma, compreende-se que a Campanha Nacional pela Regularização do Território das Comunidades Tradicionais Pesqueiras, e o respectivo projeto de iniciativa popular, expressam as estratégias do Movimento dos Pescadores e Pescadoras Artesanais (MPP) para a mobilização social das comunidades tradicionais pesqueiras em torno de um objetivo comum: o território pesqueiro. O instrumento jurídico proposto dialoga com algumas ideias presentes nos Termos de Uso Sustentável, mas avança ao assumir a luta pelos territórios presentes no meio aquático e ao incluir uma política de desenvolvimento das comunidades (social, econômico e ambiental). Destaca-se que nesse instrumento as comunidades têm um papel central, e nesse sentido, o empenho deve prosseguir para garantir a gestão comunitária do território.

PARTE 3

AS FACES DA MODERNIZAÇÃO E AUSÊNCIAS DE SUJEITOS E TERRITÓRIOS DA PESCA ARTESANAL NA GEOGRAFIA BRASILEIRA

Introdução

Como observado na segunda parte desse livro, os territórios tradicionais das comunidades de pescadores estão ameaçados devido ao avanço de outras atividades que entram em conflito/disputas com os pescadores e impactam o ambiente. Como destaca o Relatório "Conflitos Socioambientais e Violações de Direitos Humanos em Comunidades Tradicionais Pesqueiras no Brasil":

> O surgimento de inúmeros conflitos socioambientais presentes nas comunidades tradicionais pesqueiras possui parâmetros históricos que se baseiam no controle sobre a natureza enquanto "recurso" econômico, empreendido pela ação do capital. Esse controle desencadeia dois profundos problemas instituídos no conflito: o domínio tecnológico ligado ao produtivismo econômico e o domínio sobre a territorialidade, onde a terra, a água e os ecossistemas tornam-se recursos de interesse do capital (TOMÁZ; SANTOS, 2016, p. 12).

Assim, enfrentam-se duas formas de apropriação da natureza. De um lado, os pescadores artesanais estão integrados no ambiente de que dependem e constituem territórios, pois o manejo incita regras de uso comunitário. De outro, o capital se impõe invocando o desenvolvimento econômico, o avanço tecnológico, o progresso da sociedade. As consequências do capital na pesca, nos corpos dágua e nas comunidades pesqueiras foram devastadoras. Assim, "desenvolvimento", "avanço" e "progresso" são falácias que sustentam o discurso da prerrogativa de domínio do espaço por outras atividades econômicas, o qual se sustenta na invisibilidade da pesca artesanal que é adjetivada de "arcaica", "atrasada" e "entrave" para o desenvolvimento.

Nos trabalhos dos geógrafos, a relação entre ambiente e território se evidencia na pesca artesanal brasileira ao ponto que é possível fazer recortes analíticos. Se a relação território e ambiente apresenta distinções, a modernização como fenômeno de transformação do espaço geográfico também merece ser compreendida, até porque essa episteme tem orientado a luta dos pescadores artesanais brasileiros organizados em movimento social. Sendo assim, a partir do mote da relação território e ambiente, na sequência, serão analisadas as três possibilidades de leitura da modernização.

No campo teórico, parte-se da discussão de moderno, modernidade e modernização. Para tanto, utiliza-se como principal referência Boaventura Santos, que destaca a colonialidade do saber, discute sociologias das ausências e emergências e propõe epistemologias do Sul. Tratando da modernização no âmbito da Geografia, busca-se referência em Catia Antonia da Silva, que apresenta a modernização como um híbrido da ação do Estado e da grande empresa, onde há disputa do presente e do futuro.

Nessa proposta dialógica, apresenta-se a possibilidade de leitura da modernização a partir de três faces, que se expõem no território. A primeira face diz respeito à degradação do ambiente. Essa face age sobre os ecossistemas que são fundamentais para a presença dos recursos pesqueiros, por isso gera impactos ambientais, disputas no território e conflitos por território com a urbanização, industrialização e agronegócio. A segunda face da modernização se expressa no pesqueiro tradicional como sobre-exploração do pescado ou na restrição ao acesso e expõe, principalmente, disputas no território e conflitos por território com o hidronegócio e pesca industrial. A terceira face da modernização se apresenta na expropriação da terra. Essa diz respeito principalmente ao território de moradia e vivência das comunidades tradicionais de pescadores e destaca prioritariamente conflitos por território com o turismo, "proprietários de terras" (fundiários) e especuladores imobiliários.

O livro é finalizado com a provocação da discussão sobre Geografias das ausências e Geografias das emergências da pesca artesanal brasileira. Compreende-se que há na Geografia brasileira e produção de ausências, que, no caso da pesca artesanal, resultam nas referidas faces da modernização. Contudo, na medida em que os geógrafos expõem as faces da modernização, em suas pesquisas, a Geografia promove emergências.

Diante do exposto, essa terceira parte busca: reconhecer as principais problemáticas debatidas pelos pescadores artesanais organizados em movimento social, no tempo presente; analisar a modernização que avança sobre os territórios tradicionais de pescadores artesanais no Brasil a partir do movimento social em diálogo com concepções da Geografia e reconhecer a importância das comunidades tradicionais, especialmente a pesqueira artesanal, para pensar a Geografia brasileira.

MODERNO, MODERNIZAÇÃO E MODERNIDADE

Latour (1994), na introdução de "Jamais Fomos Modernos", entende que as palavras "moderno", "modernização" e "modernidade" aparecem como contraste a um passado arcaico e estável. Estão no centro de um embate onde se estabelecem ganhadores e perdedores. O moderno indica uma ruptura na passagem regular do tempo, em um combate no qual há vencedores e vencidos. Isso impõe uma flecha irreversível do tempo e atribui um prêmio aos vencedores. "Nas inúmeras discussões entre os Antigos e os Modernos, ambos têm hoje igual número de vitórias, e nada mais nos permite dizer se as revoluções dão cabo dos antigos regimes ou os aperfeiçoam" (p. 15).

Santos (2007) entende que o pensamento moderno ocidental é um pensamento abissal, pois estabelece uma linha que separa um sistema de distinções visíveis e indivisíveis. As distinções visíveis se estabelecem por meio de uma linha que divide a realidade social em dois universos: o "deste lado da linha" e o "do outro lado da linha". Contudo, nessa divisão, o "do outro lado da linha" desaparece como realidade, pois é produzido como inexistente. Essa inexistência "significa não existir sob qualquer modo de ser relevante ou compreensível". Assim, o lado existente só existe a partir da inexistência, invisibilidade e ausência não dialética do "outro" lado (p. 72).

A criação do "outro", assim, é fundamental para a construção do Ocidente como forma de conhecimento hegemônico. O "outro" se constitui como desqualificado, repositório de características inferiores em relação ao saber e poder ocidentais e, desta forma, acessíveis para ser usado e apropriado. "A produção da alteridade colonial, como espaço de inferioridade, assumiu várias formas que reconfiguraram os processos de inferiorização já existentes (sexo, raça, tradição)" (p. 18). Isso evidencia que, para além de dimensões políticas e econômicas, o colonialismo teve uma dimensão epistemológica, que não se encerrou após o fim dos impérios coloniais. Desta forma, interessa entender em que medida o Sul continua a ser afetado por esse processo de colonização que é obstáculo para pensar a diversidade epistemológica do mundo (SANTOS, MENESES e NUNES, 2006).

Quijano (2005) enfatiza que, nessa perspectiva, modernidade e racionalidades foram concebidas como experiências e produtos exclusivos dos europeus. Assim, as relações intersubjetivas e culturais entre Europa Ocidental e o restante do mundo foram codificadas em um jogo de novas categorias "Oriente-Ocidente, primitivo-civilizado, mágico/mítico-científico, irracional-racional, tradicional-moderno. Em suma, Europa e não-Europa". Sob essa codificação das relações "europeu/não-europeu", raça é uma categoria básica. "Essa perspectiva binária, dualista, de conhecimento, peculiar ao eurocentrismo, impôs-se como mundialmente hegemônica no mesmo fluxo da expansão do domínio colonial da Europa sobre o mundo" (p. 111).

> Não seria possível explicar de outro modo, satisfatoriamente em todo caso, a elaboração do eurocentrismo como perspectiva hegemônica de conhecimento, da versão eurocêntrica da modernidade e seus dois principais mitos fundacionais: um, a ideia-imagem da história da civilização humana como uma trajetória que parte de um estado de natureza e culmina na Europa. E dois, outorgar sentido às diferenças entre Europa e não-Europa como diferenças de natureza (racial) e não de história do poder. Ambos os mitos podem ser reconhecidos, inequivocamente, no fundamento do evolucionismo e do dualismo, dois dos elementos nucleares do eurocentrismo (QUIJANO, 2005, p. 111).

Ressalta-se as estratégias de conhecimento como formas de poder e dominação, na medida em que o selvagem e a natureza são duas faces do mesmo desígnio "domesticar a natureza selvagem, convertendo-a em recurso natural". Esse desejo sintetiza a vontade de domesticar que "torna a distinção entre recursos naturais e recursos humanos tão ambígua e frágil no século XVI como hoje" (SANTOS, MENESES e NUNES, 2006, p. 20).

Esse fato dos europeus ocidentais se colocarem como a culminação de um estado civilizatório, desde um estado da natureza, resultou na compreensão de que eles seriam os modernos da humanidade e de sua história (como o novo e ao mesmo tempo mais avançado da sua espécie). Por consequência, atribuíam ao restante da espécie a categoria de natureza, por isso inferiores. Isso levou os europeus a imaginarem "serem não apenas os portadores exclusivos de tal modernidade, mas igualmente seus exclusivos criadores e protagonistas". Ressalta-se que imaginar a si e ao restante da espécie ao seu modo não foi um privilégio dos europeus, mas sim "o fato de que foram capazes de difundir e de estabelecer essa perspectiva histórica como hegemônica dentro do novo universo intersubjetivo do padrão mundial do poder" (QUIJANO, 2005, p. 112).

> Portanto, seja o que for a mentira contida no termo "modernidade", hoje envolve o conjunto da população mundial e toda sua história dos últimos 500 anos, e todos os mundos ou ex-mundos articulados no padrão global de poder, e cada um de seus segmentos diferenciados ou diferenciáveis, pois se constituiu junto com, como parte da redefinição ou reconstituição histórica de cada um deles por sua incorporação ao novo e comum padrão de poder mundial. Portanto, também como articulação de muitas racionalidades. Em outras palavras, já que se trata de uma história nova e diferente, com experiências específicas, as questões que esta história permite e obriga a abrir não podem ser indagadas, muito menos contestadas, com o conceito eurocêntrico de modernidade. Pela mesma razão, dizer que é um fenômeno puramente europeu ou que ocorre em todas as culturas, teria hoje um impossível sentido. Trata-se de algo novo e diferente, específico deste padrão de poder mundial. Se há que preservar o nome, deve tratar-se, de qualquer modo, de outra modernidade (QUIJANO, 2005, p. 113).

Quijano (2005) apresenta duas implicações que são decisivas como resultado da história do poder colonial. Primeiro, que os povos foram destituídos de suas singularidades e identidades históricas. Segundo, a constituição de uma identidade racial, colonial e negativa que não tem lugar na história da produção cultural da humanidade. Assim, se constitui a ideia de raças inferiores, capazes de produzir culturas inferiores. O não-europeu é então associado ao passado, em outras "palavras, o padrão de poder baseado na colonialidade implicava também um padrão cognitivo, uma nova perspectiva de conhecimento dentro da qual o não-europeu era o passado e desse modo inferior, sempre primitivo" (p. 116).

A modernidade ocidental estabelece também o monopólio sobre as formas de verdade científica e não científicas. Não será dado ênfase às disputas estabelecidas entre ciências e filosofia/teologia, pois se entende que todas elas estão do "mesmo lado da linha". "Do outro lado" estão os conhecimentos "populares, leigos, plebeus, camponeses ou indígenas", os quais desaparecem como conhecimentos "relevantes ou comensuráveis". Esses são invisibilizados como formas de conhecimento, por não serem aplicáveis na distinção científica do verdadeiro ou falso ou das verdades inverificáveis da filosofia e teologia (SANTOS, 2007, p. 72-73).

A linha abissal também apresenta o legal e o ilegal como distinções universais a partir do direito moderno — do Estado ou internacional — . Essa distinção deixa de fora todo um "território social" onde essa dicotomia seria impensável como princípio organizador, isto é, "o território sem lei, fora da lei, o território do a-legal, ou mesmo do legal e ilegal de acordo com direitos não reconhecidos oficialmente" (SANTOS, 2007, p. 73).

> Existe, portanto, uma cartografia moderna dual nos âmbitos epistemológico e jurídico. A profunda dualidade do pensamento abissal e a incomensurabilidade entre os termos da dualidade foram implementadas por meio das poderosas bases institucionais — universidades, centros de pesquisa, escolas de direito e profissões jurídicas — e das sofisticadas linguagens técnicas da ciência e da jurisprudência. O outro lado da linha abissal é um universo que se estende para além da legalidade e da ilegalidade e para além da verdade e da falsidade. Juntas, essas formas de negação radical produzem uma ausência radical: a ausência de humanidade, a subumanidade moderna. Assim, a exclusão se torna simultaneamente radical e inexistente, uma vez que seres subumanos não são considerados sequer candidatos à inclusão social (a suposta exterioridade do outro lado da linha é na verdade a consequência de seu pertencimento ao pensamento abissal como fundação e como negação da fundação). A humanidade moderna não se concebe sem uma subumanidade moderna. A negação de uma parte da humanidade é sacrificial, na medida em que constitui a condição para que a outra parte da humanidade se afirme como universal (e essa negação fundamental permite, por um lado, que tudo o que é possível se transforme na possibilidade de tudo e, por outro, que a criatividade do pensamento abissal banalize facilmente o preço da sua destrutividade) (SANTOS, 2007, p. 75).

Após a independência das colônias, a tendência seria o encolhimento e, finalmente, a eliminação das linhas que separam os dois lados. Contudo, a "teoria da dependência, a teoria do sistema-mundo moderno e os estudos pós-coloniais" advertem que isso não foi o que aconteceu (SANTOS; MENESES; NUNES, 2006, p. 20). Como destaca Castro-Gómez (2005), o dispositivo que gera o sistema-mundo moderno-colonial é reproduzido, então, no interior de cada um dos Estados nacionais, dentro do que Quijano (2005) chama de "colonialidade do poder". Ditada pelo poder colonial, uma "política justa será aquela que, mediante a implementação de mecanismos jurídicos e disciplinares, tente civilizar o colonizado através de sua completa ocidentalização" (CASTRO-GÓMEZ, 2005, p. 83). Castro-Gómez complementa que:

> O conceito da "colonialidade do poder" amplia e corrige o conceito foucaultiano de poder disciplinar ao mostrar que os dispositivos pan-óticos erigidos pelo Estado moderno inscrevem-se numa estrutura mais ampla, de caráter mundial, configurada pela relação colonial entre centros e periferias devido à expansão europeia. Deste ponto de vista podemos dizer o seguinte: a modernidade é um "projeto na medida em que seus dispositivos disciplinares se vinculam a uma

> dupla governamentabilidade jurídica". De um lado, é exercida para dentro pelos estados nacionais, em sua tentativa de criar identidades homogêneas por meio de políticas de subjetivação; por outro lado, a governamentabilidade exercida para fora pelas potências hegemônicas do sistema-mundo moderno/colonial, em sua tentativa de assegurar o fluxo de matérias-primas da periferia em direção ao centro. Ambos os processos formam parte de uma única dinâmica estrutural (CASTRO-GÓMEZ, 2005, p. 83).

Isso implica no que Santos (2007) chama de "regresso colonizador", ou seja, no ressurgimento de formas de governo colonial tanto nas cidades metropolitanas quanto naquelas anteriormente sujeitas ao colonialismo europeu. O autor complementa que:

> A expressão mais saliente desse movimento pode ser concebida como uma nova forma de governo indireto, que emerge em diversas situações em que o Estado se retira da regulação social e os serviços públicos são privatizados, de modo que poderosos atores não estatais adquirem controle sobre a vida e o bem-estar de vastas populações. A obrigação política que ligava o sujeito de direito ao Rechtstaat, o Estado constitucional moderno, antes prevalecente neste lado da linha, passou a ser substituída por obrigações contratuais privadas e despolitizadas, nas quais a parte mais fraca se encontra mais ou menos à mercê da parte mais forte. Essa forma de governo apresenta algumas semelhanças perturbadoras com o governo da apropriação/ violência que historicamente prevaleceu do outro lado da linha (SANTOS, 2007, p. 79-80).

Dessa forma, resultam contextos que Santos (2007) chama de fascismo social, ou seja, "um regime social de relações de poder extremamente desiguais, que concede à parte mais forte o poder de veto sobre a vida e o modo de vida da parte mais fraca". Entre as cinco formas de fascismo social elencadas pelo autor, será destacado o fascismo territorial.

O "Fascismo Territorial" ocorre quando atores sociais com denso capital patrimonial "tomam do Estado o controle do território onde atuam ou neutralizam esse controle, cooptando ou violentando as instituições estatais e exercendo a regulação social sobre os habitantes do território sem a participação destes e contra os seus interesses". Esses novos territórios coloniais privados estão em Estados que geralmente estiveram sujeitos ao colonialismo europeu. "Sob diferentes formas, a usurpação original de terras como prerrogativa do conquistador e a subsequente 'privatização' das colônias encontram-se presentes na reprodução do fascismo territorial e, mais geralmente, nas relações entre terratenentes e camponeses sem terra" (SANTOS, 2007, p. 81).

Santos (2002, p. 239) propõe, então, uma racionalidade cosmopolita, a qual terá que seguir uma trajetória inversa nessa fase de transição, ou seja, expandir o presente e contrair o futuro. Assim, o autor entende que será possível criar um espaço-tempo suficiente para o conhecimento e valorização da inesgotável experiência social que está em curso no mundo de hoje. Para expandir o presente, o autor propõe uma sociologia das ausências e, para contrair o futuro, uma sociologia das emergências. Esse cosmopolitismo subalterno se apresenta como uma promessa real e se manifesta em movimentos e organizações que configuram uma "globalização contra-hegemônica, lutando contra a exclusão social, econômica, política e cultural gerada pela mais recente encarnação do capitalismo global, conhecida como 'globalização neoliberal'" (SANTOS, 2007, p. 83).

Sendo a exclusão social um produto das relações de poder desiguais, tais iniciativas são animadas por um "ethos redistributivo" no sentido mais amplo da expressão — compreendendo a redistribuição de recursos materiais, sociais, políticos, culturais e simbólicos —, e como tal baseado simultaneamente nos princípios da igualdade e do reconhecimento da diferença (SANTOS, 2007, p. 84).

Parte-se, então, do entendimento da sociologia das ausências. Isso supõe compreender que aquilo que não existe é na verdade produzido como não existente, ou seja, como uma alternativa não creditável ao que existe (SANTOS, 2011, p. 30). "O objetivo da sociologia das ausências é transformar objetos impossíveis em possíveis e com base neles transformar as ausências em presenças" (SANTOS, 2002, p. 246).

> A não existência é sempre produzida quando uma certa entidade é desqualificada e considerada invisível, não inteligível ou descartável. Não há, portanto, uma única maneira de produzir ausência, mas várias. O que as une é uma mesma racionalidade monocultural. Eu distingo cinco modos de produção de ausência ou não existência: o ignorante, o atrasado, o inferior, o local ou particular e o improdutivo ou estéril (SANTOS, 2011, p. 30. Tradução livre).

A primeira lógica de produção da não-existência é a monocultura do saber e do rigor do saber. Implica na transformação da ciência moderna e da "alta cultura" em critérios únicos de verdade e qualidade estética. Nesses dois campos, tudo o que o "cânone" não legitima ou reconhece passa a ser considerado inexistente. A inexistência aqui assume a forma de ignorância e incultura (SANTOS, 2002; 2011).

A monocultura do saber se apresenta como uma "destruição criadora" que se traduziu como "epistemicídio". A morte de conhecimentos não modernos acarretou a liquidação e subalternização de grupos sociais, cujas práticas se baseavam em tais conhecimentos. Ressalta-se que foi um processo histórico violento na Europa, mas muito mais nas outras regiões do mundo sujeitas ao colonialismo europeu (SANTOS, 2006, p. 13).

Essa lógica de produção de não-existência deve ser superada pela ecologia de saberes. Propõe-se identificar outros saberes e estabelecer outros critérios de rigor que se operam nos contextos e práticas sociais consideradas inexistentes. A legitimidade desses saberes para participarem do debate epistemológico vem da credibilidade deles no contexto (SANTOS, 2002, p. 250).

> A ideia central da sociologia das ausências neste domínio é que não há ignorância em geral nem saber em geral. Toda a ignorância é ignorante de um certo saber e todo o saber é a superação de uma ignorância particular (Santos, 1995: 25). Deste princípio de incompletude de todos os saberes decorre a possibilidade de diálogo e de disputa epistemológica entre os diferentes saberes. O que cada saber contribui para esse diálogo é o modo como orienta uma dada prática na superação de uma dada ignorância, praticando assim uma virtude epistemológica — como a da prudência no saber médico, a da justiça no saber jurídico, a da equidade no saber social — a que corresponde a forma ou estilo do saber. A virtude epistemológica tem tanto mais valor quanto é capaz de preservar a verdade do saber no confronto com outros saberes (SANTOS, 2011, p. 34).

A segunda lógica de produção da não-existência é a lógica da produção capitalista. Essa lógica tem como base a ideia de que o trabalho é a única atividade social produtiva, enquanto outras atividades são improdutivas. Essa lógica classifica certos grupos e atividades como estéreis, improdutivos e até mesmo parasitários (SANTOS, 2011, p. 30-31).

Nesse sentido, as pessoas e grupos sociais que não se enquadram no padrão de produção capitalista são considerados inúteis, improdutivos e, portanto, inexistentes. A lógica da produção capitalista, ao definir o trabalho como a única forma de atividade social produtiva, nega a existência e desqualifica outras formas de produção, como as atividades de subsistência, economia solidária, economia comunitária e tantas outras formas de organização socioeconômica que não se enquadram nos padrões capitalistas (SANTOS, 2011, p. 31).

A terceira lógica de produção da não-existência é a lógica da desigualdade. A desigualdade social produz formas de invisibilidade e de não-existência. As pessoas e grupos sociais excluídos e marginalizados são considerados inferiores, incapazes ou menos humanos. Sua existência é negada e invisibilizada pelo olhar dominante da sociedade (SANTOS, 2011, p. 31).

A quarta lógica de produção da não-existência é a lógica do particularismo. Essa lógica implica na negação e desvalorização das práticas sociais e culturais específicas de determinados grupos, comunidades e regiões. O particularismo é considerado inferior em relação ao universalismo ocidental moderno. As práticas e conhecimentos locais são desqualificados e marginalizados (SANTOS, 2011, p. 32).

A quinta lógica de produção da não-existência é a lógica do atraso. Essa lógica pressupõe que existem sociedades, culturas e regiões que estão atrasadas em relação a um padrão de desenvolvimento considerado superior. Essas sociedades são vistas como incapazes de acompanhar o progresso e, portanto, inexistentes no plano do avanço e da modernidade (SANTOS, 2011, p. 32).

Essas cinco lógicas de produção da não-existência operam de forma articulada e constituem o que Santos (2011) chama de "ontologia da colonialidade". Essa ontologia é baseada em relações de poder assimétricas, onde determinados grupos e práticas sociais são subalternizados e excluídos, enquanto outros são considerados superiores e dominantes. A superação dessa ontologia da colonialidade requer o reconhecimento e valorização dos conhecimentos e práticas sociais que têm sido negados e invisibilizados, assim como a transformação das estruturas de poder que perpetuam essas formas de exclusão e dominação (SANTOS, 2011, p. 34-35).

Em resumo, o conceito de "modernidade" tem sido construído e utilizado dentro de uma perspectiva eurocêntrica, que impõe uma visão de progresso linear e uma hierarquia de valores que coloca o Ocidente no topo. Essa concepção está ligada a processos históricos de colonização, dominação e exclusão, que continuam a moldar as relações de poder no mundo atual. A superação desse paradigma exige o reconhecimento e a valorização de outras formas de conhecimento, a promoção da igualdade e da diversidade, e a transformação das estruturas de poder que perpetuam as desigualdades e as exclusões. A sociologia das ausências e das emergências proposta por Santos busca contribuir para essa transformação, ao dar voz e visibilidade aos conhecimentos e práticas sociais que têm sido marginalizados e negados pela lógica dominante da modernidade.

Santos (2007) destaca que em muitas áreas da vida social, a ciência moderna tem demonstrado maior eficácia do que outras formas de conhecimento, mas que há outros modos de intervenção no real, que hoje são valiosos, para os quais a ciência moderna pouco contribuiu, como é o caso da preservação da biodiversidade. Esta foi possível graças aos conhecimentos camponeses e indígenas, que se encontram ameaçados justamente pela crescente intervenção da ciência moderna.

E não deveria nos impressionar a riqueza dos conhecimentos que lograram preservar modos de vida, universos simbólicos e informações vitais para a sobrevivência em ambientes hostis com base exclusivamente na tradição oral? Dirá algo sobre a ciência o fato de que por intermédio dela isso nunca teria sido possível? (SANTOS, 2007, p. 88).

As investigações científicas têm sido postas em causa pela dificuldade de lidar com situações e processos caracterizados "pela complexidade e pela impossibilidade de identificar e controlar todas as variáveis com influência sobre essas situações ou processos". Isso repercute no próprio campo científico de duas formas: "cresce a influência e a importância da complexidade enquanto conceito transversal a diferentes disciplinas e áreas científicas" e "proliferam as consequências não previstas ou não desejadas dos próprios usos e aplicações das ciências e de diferentes tipos de tecnologia, muitas vezes com consequências provavelmente irreversíveis". Dessas duas dinâmicas emergem, nas últimas décadas, debates consistentes que atravessam transversalmente o campo da ciência (SANTOS; MENESES; NUNES, 2006, p. 14).

Diante do exposto, o pensamento pós-abissal pode ser sintetizado como "aprender do Sul", com base em uma epistemologia do Sul. Assim, se confronta a monocultura da ciência moderna ao passo que se funda no reconhecimento da "pluralidade de conhecimentos heterogêneos" e "em interações sustentáveis e dinâmicas entre eles sem comprometer a sua autonomia", desta forma prevalece a ideia de que "o conhecimento é interconhecimento" (SANTOS, 2007, p. 85).

Assim, a ecologia dos saberes se apresenta como uma "contraepistemologia". SANTOS (2007) destaca dois fatores de que resultam o impulso básico para o seu avanço:

> O primeiro consiste nas novas emergências políticas de povos do outro lado da linha como parceiros da resistência ao capitalismo global: globalização contra-hegemônica. Em termos geopolíticos, trata-se de sociedades periféricas do sistema-mundo moderno onde a crença na ciência moderna é mais tênue, onde é mais visível a vinculação da ciência moderna aos desígnios da dominação colonial e imperial, onde conhecimentos não-científicos e não-ocidentais prevalecem nas práticas cotidianas das populações. O segundo fator é uma proliferação sem precedentes de alternativas, as quais, porém não podem ser agrupadas sob a alçada de uma única alternativa global, visto que globalização contra-hegemônica se destaca pela ausência de uma alternativa no singular. A ecologia de saberes procura dar consistência epistemológica ao pensamento pluralista e propositivo (p. 86-87).

A segunda lógica se baseia na monocultura do tempo linear (SANTOS, 2011) e de história com sentido e direção únicos e conhecidos. Esse sentido da história tem sido formulado de diversas formas ao longo dos últimos duzentos anos: "progresso, revolução, modernização, desenvolvimento, crescimento, globalização". Essa lógica situa na frente os países centrais do sistema mundial (conhecimentos, instituições e formas de sociabilidade). Por conseguinte, produz a não existência declarando como atrasados tudo o que, segundo essa lógica, é assimétrico em relação ao que é avançado. "Neste caso, a não-existência assume a forma da residualização que, por sua vez, tem, ao longo dos últimos duzentos anos, adaptado várias designações, a primeira das quais foi o primitivo, seguindo-se outras como o tradicional, o pré-moderno, o simples, o obsoleto, o subdesenvolvido" (SANTOS, 2002, p. 247).

Para superar a monocultura do tempo linear, Boaventura Santos (2007) propõe a ecologia das temporalidades. Significa entender que o tempo linear é uma entre outras concepções de tempo e que, considerando o mundo como unidade de análise, não é a mais praticada. A primazia do tempo linear decorre da primazia da modernidade ocidental que o adotou como seu:

> Foi a concepção adotada pela modernidade ocidental a partir da secularização da escatologia judaico-cristã, mas nunca eliminou, nem mesmo no Ocidente, outras concepções como o tempo circular, a doutrina do eterno retorno e outras concepções que não se deixam captar adequadamente nem pela imagem de linha nem pela imagem de círculo (p. 251).

Ressalta-se que as sociedades entendem o poder a partir das concepções de temporalidade que nela circulam, daí a necessidade de conhecer essas diferentes concepções de tempo. Relações de dominação resistentes se assentam em hierarquias entre temporalidades e continuam hoje sendo constitutivas do sistema mundial. Essas hierarquias reduzem a experiência social à condição de resíduo, pois são contemporâneas de maneiras que a temporalidade dominante, o tempo linear, não é capaz de reconhecer. Assim, a sociologia das ausências liberta as práticas sociais dessa designação de resíduo, reconhecendo sua própria temporalidade e suas possibilidades de desenvolvimento autônomo (SANTOS, 2002, p. 251).

> Uma vez libertada do tempo linear e entregue à sua temporalidade própria, a atividade do camponês africano ou asiático deixa de ser residual para ser contemporânea da atividade do agricultor hi-tech dos EUA ou do executivo do Banco Mundial. Do mesmo modo, a presença ou relevância dos antepassados em diferentes culturas deixa de ser uma manifestação anacrônica de primitivismo religioso ou de magia para se tornar uma outra forma de viver a contemporaneidade (SANTOS, 2002, p. 251).

Na perspectiva da ecologia das temporalidades, quando recuperadas e conhecidas essas temporalidades, "as práticas e as sociabilidades que se pautam por elas tornam-se inteligíveis e objetos credíveis de argumentação e de disputa política". Assim, há a dilatação do presente, pela "relativização do tempo linear" e pela "valorização das outras temporalidades que com ele se articulam ou com ele conflituam" (SANTOS, 2002, p. 252). A coexistência de diversas "temporalidades ou durações em diferentes práticas" de conhecimento incita a expansão da "moldura temporal". "Na medida em que as modernas tecnologias tendem a favorecer a moldura temporal e a duração da ação estatal, tanto na administração pública como na política (o ciclo eleitoral, por exemplo), as experiências subalternas do Sul global têm sido forçadas a responder tanto à curta duração das necessidades imediatas de sobrevivência como à longa duração do capitalismo e do colonialismo" (SANTOS, 2007, p. 89).

A terceira lógica é a classificação social, embasada na monocultura da naturalização das diferenças. Neste caso, hierarquias são naturalizadas com a distribuição da população em categorias. "Ao contrário do que sucede com a relação capital/trabalho, a classificação social assenta em atributos que negam a intencionalidade da hierarquia social". Logo, a relação de dominação é uma consequência e não a causa dessa hierarquia, passando a ser considerada como uma obrigação de quem é classificado como superior. "Embora as duas formas de classificação (raça e sexo) sejam decisivas para que a relação capital/trabalho se estabilize e se difunda globalmente, a classificação racial foi a mais profundamente reconstruída pelo capitalismo". Isso produz a não-existência fundada na inferioridade insuperável, por que é tida como natural (SANTOS, 2002, p. 247-248).

Para enfrentar a monocultura de naturalização das diferenças, Santos (2002) propõe a ecologia dos reconhecimentos. Trata-se de combater a desqualificação dos agentes e as práticas e saberes de que são protagonistas. "A colonialidade do poder capitalista moderno e ocidental, a que se referem Quijano (2000), Mignolo (2000) e Dussel (2001), consiste em identificar diferença com desigualdade, ao mesmo tempo que se arroga o privilégio de determinar quem é igual e quem é diferente" (p. 248).

Quanto à colonialidade do poder, Castro-Gómez (2005, p. 83), baseado em Aníbal Quijano, entende que a espoliação colonial é legitimada por um imaginário que estabelece "diferenças incomensuráveis entre o colonizador e o colonizado". Ele complementa que:

> As noções de raça e de cultura operam aqui como um dispositivo taxonômico que gera identidades opostas. O colonizado aparece assim como o "outro da razão", o que justifica o exercício de um poder disciplinar por parte do colonizador. A maldade, a barbárie e a incontinência são marcas identitárias do colonizado, enquanto que a bondade, a civilização e a racionalidade são próprias do colonizador. Ambas as identidades se encontram em relação de exterioridade e se excluem mutuamente.

Assim, a sociologia das ausências confronta-se com a colonialidade, propondo a articulação entre o princípio da igualdade e o princípio da diferença. Isso abre caminho para a possibilidade de "diferenças iguais", ou seja, "uma ecologia de diferenças feita de reconhecimentos recíprocos". Desta forma, se evidencia que "As diferenças que subsistem quando desaparece a hierarquia tornam-se uma denúncia poderosa das diferenças que a hierarquia exige para não desaparecer" (SANTOS, 2002, p. 252).

A lógica da escala dominante é a quarta na produção da inexistência

(SANTOS, 2011). Pressupõe que a escala adotada como primordial determina o quão relevantes são as outras possíveis escalas. Ressalta-se que, na modernidade, a escala dominante aparece como forma de universal e global. "O universalismo é a escala das entidades ou realidades que vigoram independentemente de contextos específicos". Já a globalização "é a escala que nos últimos vinte anos adquiriu uma importância sem precedentes nos mais diversos campos sociais". Nesta lógica, a não-existência é produzida na forma do particular e do local. As entidades aprisionadas nessas escalas não são consideradas alternativas credíveis ao que existe de modo universal ou global (SANTOS, 2002, p. 248).

Em reação a essa lógica de produção de ausência, Santos (2002, p. 252) propõe a ecologia das trans-escalas, onde "a lógica da escala global é confrontada pela sociologia das ausências através da recuperação do que no local não é efeito da globalização hegemônica". Isso exige que o local seja conceitualmente "desglobalizado" para que seja possível identificar nele o que não foi integrado na globalização hegemônica. Escobar (2005, p. 69) destaca que o lugar, como a cultura local, pode ser considerado o outro da globalização. Desta forma, a discussão do lugar deveria oferecer uma perspectiva importante para repensar a globalização e a questão das alternativas ao capitalismo e à modernidade.

> O que foi integrado é o que designo por globalismo localizado, ou seja, o impacto específico da globalização hegemônica no local (Santos, 1998b; 2000). Ao desglobalizar o local relativamente à globalização hegemônica, a sociologia das ausências explora também a possibilidade de uma globalização contra-hegemônica. Em suma, a desglobalização do local e a sua eventual reglobalização contra-hegemônica ampliam a diversidade das práticas sociais ao oferecer alternativas ao globalismo localizado (SANTOS, 2002, p. 252).

Desta forma, a sociologia das ausências "exige, neste domínio, o exercício da imaginação cartográfica", ver em cada escala de representação o que ela explicita e o que ela oculta, e trabalhar com mapas cognitivos que operam simultaneamente com diferentes escalas, nomeadamente para detectar as articulações locais/globais (SANTOS, 2002, p. 252).

Por fim, a quinta lógica que produz a não existência é a produtivista, que se baseia na monocultura dos critérios de produtividade capitalista (SANTOS, 2011). Nessa lógica, o crescimento econômico se apresenta como objetivo inquestionável, assim como os critérios de produtividade que o atendem, tanto no campo da natureza quanto no do trabalho humano. "A natureza produtiva é a natureza maximamente fértil, num dado ciclo de produção, enquanto o trabalho produtivo é o trabalho que maximiza a geração de lucros igualmente num dado ciclo de produção". Assim, a não-existência se produz na forma do improdutivo (SANTOS, 2002, p. 248).

A ecologia da produtividade aparece como uma possibilidade à lógica produtivista que promove a ausência. Propõe-se a recuperação e valorização de sistemas de produção, "das organizações econômicas populares, das cooperativas populares, das empresas autogeridas, da economia solidária, etc.", que o capitalismo ortodoxo descredibilizou. Este domínio da sociologia das ausências é controverso, pois questiona o paradigma do "desenvolvimento e do crescimento econômico infinito" e a primazia dos "objetivos de acumulação sobre os objetivos de distribuição que sustentam o capitalismo global" (SANTOS, 2002, p. 253).

Cabe destacar que esse paradigma e essa lógica nunca dispensaram outras formas de produção e apenas as desqualificaram para mantê-las na relação de subalternidade. Cabe então à sociologia das ausências evidenciar essas formas para além da relação de subalternidade (SANTOS, 2002, p. 253).

> Em cada um dos cinco domínios, o objetivo da sociologia das ausências é revelar a diversidade e multiplicidade das práticas sociais e credibilizar esse conjunto em contraposição à credibilidade exclusivista das práticas hegemônicas. A ideia de multiplicidade e de relações não destrutivas entre os agentes que a compõem é dada pelo conceito de ecologia: ecologia de saberes, ecologia de temporalidades, ecologia de reconhecimentos e ecologia de produções e distribuições sociais (p. 253).

As ecologias propostas por Boaventura Santos (2002, p. 253) têm em comum a ideia de que "a realidade não pode ser reduzida ao que existe". Assim, incluem as realidades ausentes por meio do silenciamento, supressão e marginalização, ou seja, da produção de inexistência.

> Em conclusão, o exercício da sociologia das ausências é contrafactual e tem lugar por meio de uma confrontação com o senso comum científico tradicional. Para ser levado a cabo, exige imaginação sociológica. Distingo dois tipos de imaginação: a imaginação epistemológica e a imaginação democrática. A imaginação epistemológica permite diversificar os saberes, as perspectivas e as escalas de identificação, análise e avaliação das práticas. A imaginação democrática permite o reconhecimento de diferentes práticas e atores sociais. Tanto a imaginação epistemológica quanto a imaginação democrática têm uma dimensão desconstrutiva e uma dimensão reconstrutiva (SANTOS, 2002, p. 253).

Santos (2007) propõe que, para a realização do cosmopolitismo subalterno, é necessário realizar aquilo que chama de sociologia das emergências, a qual consiste na "amplificação simbólica de sinais, pistas e tendências latentes que, embora dispersas, embrionárias e fragmentadas, apontam para novas constelações de sentido referentes tanto à compreensão como à transformação do mundo" (p. 83).

Na perspectiva de Santos (2002), da mesma forma que o presente pode ser dilatado por meio da sociologia das ausências, o futuro pode ser contraído através da sociologia das emergências. Esta consiste em substituir o vazio do futuro (do tempo linear) por um futuro de possibilidades plurais e concretas, "simultaneamente utópicas e realistas", que vão sendo construídas no presente.

Diante das incertezas do futuro, a sociologia das emergências consiste na ampliação simbólica dos "saberes, práticas e agentes" para identificar neles tendências de futuro, sobre as quais se deve trabalhar para "maximizar a probabilidade de esperança em relação à probabilidade de frustração". Essa "ampliação simbólica" é, no fundo, uma forma de "imaginação sociológica" que objetiva "por um lado, conhecer melhor as condições de possibilidade da esperança" e, por outro, "definir princípios de ação que promovam a realização dessas condições" (SANTOS, 2002, p. 256).

Pode-se dizer que, enquanto a sociologia das ausências se move no campo das "experiências sociais", a sociologia das emergências está no campo das "expectativas sociais". "A discrepância entre experiências e expectativas é constitutiva da modernidade ocidental" (SANTOS, 2002, p. 257). O autor ainda complementa:

> Através do conceito de progresso, a razão proléptica polarizou essa discrepância de tal modo que fez desaparecer toda a relação efetiva entre as experiências e as expectativas: por mais miseráveis que possam ser as experiências presentes, isso não impede a ilusão de expectativas radiantes (p. 257).

Já a sociologia das emergências mantém essa discrepância, entretanto, a concebe de forma independente da ideia do progresso, entendendo-a como concreta e moderada. É importante destacar que a razão proléptica reduziu o campo das experiências e, portanto, contraiu o presente, quando ampliou enormemente as expectativas. Assim, a sociologia das emergências propõe uma relação mais equilibrada entre experiência e expectativa, o que implica dilatar o presente e encurtar o futuro. Isso não significa minimizar as expectativas, mas "radicalizar as expectativas assentes em possibilidades e capacidades reais, aqui e agora" (p. 257).

No entendimento de Boaventura Santos (2002), ao dilatar o presente e encurtar o futuro, a sociologia das ausências e a sociologia das emergências contribuem para desacelerar o presente, atribuindo-lhe "um conteúdo mais denso e substantivo do que o instante fugaz entre o passado e o futuro a que a razão proléptica o condenou". A ampliação simbólica operada pela sociologia das emergências visa:

> Analisar numa dada prática, experiência ou forma de saber o que nela existe apenas como tendência ou possibilidade futura. Ela age tanto

> sobre as possibilidades como sobre as capacidades. Identifica sinais, pistas ou traços de possibilidades futuros em tudo o que existe. Também aqui se trata de investigar uma ausência, mas enquanto na sociologia das ausências o que é ativamente produzido como não existente está disponível aqui e agora, ainda que silenciado, marginalizado ou desqualificado, na sociologia das emergências a ausência é de uma possibilidade futura ainda por identificar e uma capacidade ainda não plenamente formada para a levar a cabo.

A ampliação simbólica resulta do excesso de atenção dado pela sociologia das emergências a aquilo que era negligenciado. "Essa investigação prospectiva opera através de dois procedimentos: 'tornar menos parcial o nosso conhecimento das condições do possível; tornar menos parciais as condições do possível'". Boaventura Santos (2002) explica que:

> O primeiro procedimento visa conhecer melhor o que nas realidades investigadas faz delas pistas ou sinais; o segundo visa fortalecer essas pistas ou sinais. Tal como o conhecimento que subjaz à sociologia das ausências, trata-se de um conhecimento argumentativo que, em vez de demonstrar, convence, que, em vez de se querer racional, se quer razoável. É um conhecimento que avança na medida em que identifica credivelmente saberes emergentes, ou práticas emergentes (p. 258).

No âmbito da Geografia, Silva (2017) entende que a modernização territorial se molda no âmbito do capitalismo, dos países centrais e periféricos, como ideário concebido a partir de teorias de ordenamento territorial e planejamento urbano-regional da Geografia Econômica (p. 249).

A modernização deve ser concebida, cientificamente, como um híbrido da ação do Estado e da grande empresa, onde há disputa do presente e do futuro. Nobert Elias (1993, 1994) apud Silva (2017, p. 250) aponta que para o "processo modernizador" se impor, nega a história dos lugares e dos sujeitos sociais, da tradição, da cultura e da economia local. A autora complementa que nesse "processo modernizador em diferentes contextos no Brasil subjugam sujeitos sociais na sua dimensão socioespacial multicultural como é o caso dos pescadores artesanais" (p. 251).

Assim a autora situa a Geografia nos estudos da modernização:

> A Geografia faz parte das ciências humanas e, como tal, as análises sobre o desenvolvimento baseiam no projeto de colonização do futuro (secularização), como ensina Marramao (1997). A contribuição geográfica, historicamente, apontava para um lado: a construção do sistema mundo – conexão de ideias, projetos, ações e objetos, e de outro lado, o mapeamento dos recursos naturais e humanos, das concentrações populacionais e das estruturas produtivas. Um conceito que aparece tanto na Geografia como na Economia regional do pós-

> guerra na análise do planejamento nacional, é o de "vazio demográfico", ou conhecido de vazios espaciais, ou seja, pouco povoados ou, ainda refere-se ao espaço natural, espaço de fronteira do desenvolvimento, predominantemente. (p. 251).

Segundo a autora, os ideários do Estado que constituem leituras de mundo, na colonização do futuro, se apresentam em teorias geográficas (de ocupação, domínio, soberania) onde a dimensão do visível passa a negar a totalidade (sujeitos, economias, objetos, ações etc.), gerando invisibilidade (SILVA, 2017, p. 251). Nessa perspectiva a modernização constitui um processo de ruptura e um novo modelo de produção do espaço que associa modernismos e lógicas ampliadas de produção do capitalismo:

> Modernismos (projeção-movimento cultural-filosófico e intelectual) e modernização (ação técnico, instrumental e racional) são precursores da modernidade (espaço produzido – materialidade e imaterialidade) Os modernismos como ideologias (valores) em disputa, disputam o sentido de futuro e condicionam, escolhem, redefinem ações e projetos, negam sujeitos e espaços, julgam contextos e sujeitos (WEBER 2000, 2006; HARVEY, 1992). Os modernismos na sua dimensão acadêmica redefinem o sentido e a representação dos sujeitos sociais em nome da objetividade científica (weber, 2006). Teorias, nesse sentido, são instrumentos discursivos de reconstrução de leituras do mundo e formas de representações socioespaciais, constituindo-se em ideários e pressupostos para a ação política e o exercício de poder porque o discurso científico afirma-se como discurso competente (FOUCAULT, 2011) (p. 252).

Silva (2017) destaca que o poder se instaura por meio da razão instrumental, mas no silêncio e ocultamento, que são construídas por práticas políticas. Destaca que frequentemente a "cena pública e os fóruns de participação social já foram forjados e os sentidos já definidos, negando grupos sociais subalternos". Entende que o cotidiano praticado por homens e mulheres simples é atravessado por projetos "próteses" que são estranhos à "vida coletiva" e às normas do "espaço vivido e praticado". Nesses processos ocultos de produção da dominação emergem movimentos sociais que resistem e lutam, questionando aquilo que está ocultado e se impõe com única forma de ver o futuro. Visibilidade e invisibilidade então se apresentam como par dialético que evidenciam no espaço brasileiro experiências concretas que possibilitam avanços analíticos referentes a "historicidades e espacialidades", e evidenciam novas formas de insurgências e de leituras de mundo (p. 255). Nesse sentido:

> As resistências adquirem corporeidade e co-presença e anunciam o período denominado por Milton Santos (1996) de período popular da história, um período demográfico, que vai requerer do fazer científico mais compreensão da complexidade, das Geografias das existências,

> dos interstícios do cotidiano praticado, o que pressupõem uma outra leitura do tempo (lento da vida coletiva) na dialética com outra leitura do espaço (movimento entre o global e lugar, identificação na produção social do espaço as experiências sociais múltiplas e nas experiências particulares que tecem a vida urbana coletiva e a vida rural no país (SILVA, 2017, p. 254).

Observa-se, então, que a Geografia reconhece as dimensões de racionalidade e subjetividade dos sujeitos, a interação destes com a modernidade (conflitiva ou não) e suas cosmologias (visão de mundo, do ser, do estar, do espaço e do tempo experimentado). A autora defende a análise geográfica a partir de diversas escalas, mas defende que tratando dos "conflitos territoriais, das lutas das comunidades tradicionais fundamental trabalhar e aprofundar a escala do lugar e do cotidiano para que o narrador (geógrafo) possa trazer as vozes dos sujeitos, suas leituras e seus saberes" (p. 268).

Isso implica em construir processos metodológicos que coloquem em evidência as horizontalidades (lugar e cotidiano) e as verticalidades (ordens distantes), sempre situadas em escalas nacionais e globais (SILVA, 2017, p. 268). "Então aparece o desafio para a Geografia de trabalhar entre as escalas, mas partindo de uma delas para produzir o contexto da coerência da compreensão da problemática (SUERTEGARAY, 2001, 2002 apud SILVA, 2017, p. 268).

RACIONALIDADE AMBIENTAL: DIÁLOGOS DE SABERES E TRADUÇÃO INTERCULTURAL

Com o objetivo de situar esse livro dentro da perspectiva de Racionalidade Ambiental, proposta por Enrique Leff (2004, 2006, 2007, 2009, 2010) e em diálogo com Carlos Walter Porto-Gonçalves (2002, 2010), serão apresentados os conceitos de saber ambiental, complexidade ambiental e diálogo de saberes. Esse último terá destaque para enfatizar a dialógica estabelecida entre conhecimentos tradicionais e científicos, onde será enfatizado o trabalho de tradução intercultural proposto por Santos (2002, 2011).

Porto-Gonçalves (2010, p. 52) enaltece que no período atual da moderno-colonialidade são negados, além dos saberes nativos, selvagens e orientais, todos aqueles que não se submetem à racionalidade hegemônica. Desta forma, privilegiou-se a instituição do conhecimento sobre, ou seja, aquele que viabiliza a dominação; e negou-se o "saber com", aquele elaborado conjuntamente e materialmente por meio do tato, do contato, dos sabores, etc. Assim, todo o saber ancestral acumulado por sociedades tradicionais foi sistematicamente desqualificado pelas ciências e suas práticas estigmatizadas como arcaicas, rústicas ou atrasadas.

A crise ambiental vigente expõe as consequências da racionalidade moderna, bem como os limites do conhecimento científico instituído. Por isso, a academia tem sido instigada a repensar e respeitar os saberes provenientes de outras matrizes de racionalidade (que não separam sociedade/cultura da natureza), assim como instituições de pesquisa de ponta têm demonstrado gradualmente interesse nos conhecimentos dos "peritos" das sociedades tradicionais (PORTO-GONÇALVES, 2002, p. 221).

Esses atores, em reação à moderno-colonialidade que se instalou em seus territórios e impôs padrões cognitivos, colocam em pauta questões e relações forjadas em situações assimétricas de poder. Como enfatiza Milton Santos (2006, p. 8), no campo e nas cidades, o aprendizado e a crítica da racionalidade hegemônica ocorrem por meio do uso da técnica e da experiência da escassez:

> O fato de que a produção limitada de racionalidade está associada a uma produção ampla de escassez conduz os atores que estão fora do círculo da racionalidade hegemônica à descoberta de sua exclusão e à busca de formas alternativas de racionalidade, indispensáveis à sua sobrevivência. A racionalidade dominante e cega acaba por produzir seus próprios limites (p. 211).

Porto-Gonçalves (2002) destaca que os paradigmas são instituídos por atores situados em sociedade, tempo e espaço. Portanto, a crise paradigmática é também a crise da sociedade e dos sujeitos que a instituíram. Retomando Latour (1994), para ultrapassar os limites do conhecimento, é necessário romper com a epistemologia moderna. Assim, a emergência de novos paradigmas é acompanhada pela visibilidade de atores não modernos (LATOUR, 1994) que reivindicam um lugar no mundo. Esses atores não se anulam, mas resistem às diretrizes da moderno-colonialidade e se reinventam continuamente na diferença. Nesse processo, mais do que a resistência, observamos a R-Existência, uma vez que a resposta à ação alheia se dá com base em algo que preexiste. Assim, a partir da existência, se R-existe: "Existo, logo resisto. R-Existo" (PORTO-GONÇALVES, 2010, p. 51).

Quando esses atores sociais se inserem na geração do conhecimento científico, as ciências passam a integrar e expor os saberes tradicionais, superando, pelo menos em parte, a colonialidade do saber e do poder. Esse conhecimento ambiental reafirma o ser no tempo e o reconhece na história, estabelecendo novas identidades e territórios de vida, reconhecendo o poder do saber e a vontade de poder como um querer saber (LEFF, 2009, p. 18).

As consequências da crise ambiental planetária têm resultado na incorporação de bases ecológicas, princípios jurídicos e sociais para a gestão democrática dos recursos naturais, aumentando a necessidade de elaborar estratégias conceituais que apoiem práticas orientadas a construir uma racionalidade ambiental. Nesse contexto, o saber ambiental é elaborado no encontro de saberes diferenciados por matrizes diversas, correspondendo a estratégias de poder pela apropriação do mundo e da natureza (LEFF, 2010).

No tempo presente, evidenciam-se fraturas sociais, difusão de necessidades insatisfeitas, manipulações de sustentos culturais da reprodução cultural, desrespeito a compromissos criados em períodos anteriores, sem que sejam garantidas formas mais plurais de cooperação e convívio. Também é no tempo presente que se manifestam outras formas de germinação, iniciativas orientadas pela autogestão, economia solidária e valorização de identidades culturais, desconsideradas pela classe dominante. Assim, confrontam a ideia de que a tecnologia é o epicentro de projetos que visam à modernização e desconsideram o debate ético e moral do desenvolvimento econômico e da experiência urbana (RIBEIRO, 2012, p. 96-97).

A crise ambiental evidencia os limites da racionalidade econômica e a crise do Estado, ou seja, é uma crise da legitimidade das instâncias de representação, que tem mobilizado a sociedade em busca de outro paradigma civilizatório. Nesse contexto, busca-se rever os paradigmas econômicos, as análises clássicas de Estado e as concepções de democracia, na busca por sustentabilidade, solidariedade, participação, autogestão dos processos produtivos e políticos (LEFF, 2010, p. 149).

O estabelecimento de uma racionalidade ambiental para a gestão ambiental envolve valores, interesses e fins que não são originados pela racionalidade científica. Evidentemente, "a administração científica da natureza é insuficiente para resolver os conflitos ecológicos e a crise ambiental" (LEFF, 2010, p. 179). Portanto, é necessário a confluência de saberes que ultrapassem o campo científico convencional. Nesse processo, constitui-se a complexidade científica, que é a "presença do não científico no científico, que não anula o científico, mas pelo contrário, lhe permite exprimir-se" (MORIN, 1990, p. 153).

O saber ambiental está baseado na diversidade cultural, em que o conhecimento da realidade é permeado pela apropriação de conhecimentos e saberes de diferentes ordens culturais e identidades étnicas. Nessa forma de saber, as identidades dos povos são reconhecidas, e dá-se ênfase às cosmologias e aos saberes tradicionais, como integrantes das formas de apropriação do patrimônio de recursos naturais (LEFF, 2010, p. 169).

Entende-se, então, a crise ambiental como a crise do mundo real resultante do desconhecimento do conhecimento, ou seja, da concepção de mundo e do domínio da natureza, que resultam em falsas certezas quanto aos limites do crescimento econômico e quanto à eficiência da racionalidade instrumental e tecnológica. Assim, Leff compreende que "o real sempre foi complexo; as estruturas dissipativas sempre existiram e são mais naturais do que os processos reversíveis e em equilíbrio" (LEFF, 2010, p. 206). No entanto, a complexidade é efetivamente o tecido de acontecimentos, ações, interações, retroações, determinações, acasos, que constituem o mundo fenomenal (MORIN, 1990, p. 20).

Na complexidade ambiental, as identidades se manifestam a partir do posicionamento do indivíduo e de um povo no mundo, ou seja, no processo de construção de um saber que orienta estratégias de apropriação da natureza e da construção de mundos de vida diversos. Nessa configuração, o princípio da identidade ganha sentido, enquanto processo de construção social no saber. Em síntese, a partir da identidade é que se estabelece o diálogo de saberes, "a partir do ser constituído por sua história até o inédito, o impensado, até uma utopia enraizada no ser e no real, construída com base nos potenciais da natureza e nos sentidos da cultura" (LEFF, 2010, p. 212).

O diálogo de saberes, na perspectiva da racionalidade ambiental, se abre à outridade, busca a compreensão do outro, negocia e encontra acordos com o outro, sem englobar as diferenças culturais em um saber de fundo universal ou traduzir o outro em termos do mesmo. A relação estabelecida com o outro, na ordem do ser e do saber, é uma relação de diferença e respeito. Estabelece-se uma relação de "justiça que não se dissolve nem se resolve em um campo unitário de direitos humanos, mas no direito de ter direitos" (SANTOS; MENESES; NUNES, 2006, p. 26).

Leff (2006) apresenta possibilidades de compreensão de diálogos de saberes a partir de Jürgen Habermas e Boaventura Santos. Na dissertação de mestrado "Gestão compartilhada dos territórios da pesca artesanal: Fórum Delta do Jacuí (RS)" (DE PAULA, 2013), foi enfatizada a abordagem de Habermas. No entanto, neste momento, como pretende-se dar ênfase ao trabalho de tradução intercultural proposto por Santos (2002, 2011).

Sousa Santos et al. (2006) ressaltam a importância de recuperar e reconstruir as "outras versões da história e da ciência, para que 'deixe de ser a história da emergência e expansão da ciência ocidental moderna e passe a abrir novos caminhos para histórias globais e multiculturais do conhecimento, superando assim o que tem sido designado por colonialidade do saber'" (p. 15).

Os autores chamam a atenção para a posição binária estabelecida entre saber local/tradicional:

> Na era moderna, a oposição binária entre saber local/tradicional e saber moderno/global tem sido elaborada de diferentes formas, das quais destacamos: a ciência do concreto/a ciência pura (Lévi-Strauss, 1962); o conhecimento tácito/conhecimento científico (Polanyi, 1966); o saber popular/saber universal (Hunn, 1982); o conhecimento indígena/ conhecimento ocidental (Posey, 1983, 1999; Warren et al, 1995); e o conhecimento tradicional/conhecimento moderno (Huber e Pedersen, 1997) (SANTOS; MENESES; NUNES, 2006, p. 26).

Santos (2002) destaca que prevalece nessas dicotomias a concepção de que o conhecimento local é "prático, coletivo e fortemente implantado no local, refletindo as experiências exóticas". Agarwal e Nygren apud Santos (2002) também apontam para o entendimento de que o saber local consiste em um sistema "monolítico e culturalmente delimitado". Contudo, essa concepção do saber local vem sendo questionada, "ao afirmar que o saber é uma construção híbrida, exigindo uma abordagem diferente dos saberes, numa perspectiva situacional". Logo, a lógica binária inerente ao modo científico de refletir expõe uma construção do mundo que "estrutura profundamente as representações do conhecimento nos contextos onde este é produzido" (p. 244). Para Santos (2002), essa lógica se insere na estrutura colonial de dominação:

> Nesta perspectiva, todos os conhecimentos são socialmente construídos — isto é, eles são o resultado de práticas socialmente organizadas envolvendo a mobilização de recursos materiais e intelectuais de diferentes tipos, vinculadas a contextos e situações específicos. Como consequência, o enfoque da análise deve estar centrado nos processos que legitimam a hierarquização do saber e do poder entre o conhecimento local-tradicional e o conhecimento global-científico. Porque o conhecimento científico tem sido definido como o paradigma do conhecimento, e o único epistemologicamente adequado, a produção do saber local consumou-se como não-saber, ou como um saber subalterno. A violência continua, pois, tão forte hoje como no passado. Se antes era física e direta, hoje é muitas vezes de forma mais dramática, porque está focada na destruição e aniquilamento cultural, no epistemicídio, mesmo dentro das realidades pós-coloniais (p. 244).

Tratando da dicotomia moderno/saber tradicional, Santos et al. (2006) atentam que a hierarquia deve ser questionada, pois, ao assumir, como faz a epistemologia crítica, que todo o conhecimento é situado, é mais adequado comparar todos os conhecimentos, inclusive o científico, em função de suas capacidades para a realização de determinadas tarefas em contextos sociais delineados por lógicas (p. 43).

> Ao longo dos séculos, as constelações de saberes foram desenvolvendo formas de articulação entre si, e hoje, mais do que nunca, é importante construir um diálogo verdadeiramente dialógico de engajamento permanente, articulando as estruturas do saber moderno/científico/ocidental às formações nativas/locais/tradicionais de conhecimento. O desafio é, portanto, lutar contra uma monocultura do saber, não apenas na teoria, mas como uma prática constante do processo de estudo, de pesquisa-ação. Como Nandy (1999) refere, o futuro não está no retorno a velhas tradições, pois nenhuma tecnologia é neutra: cada tecnologia carrega consigo o peso do modo de ver e estar com a natureza e com os outros. O futuro encontra-se, assim, na encruzilhada dos saberes e das tecnologias (p. 44).

Complementa que:

> A tradução é o procedimento que permite criar inteligibilidade recíproca entre as experiências do mundo, tanto as disponíveis como as possíveis, reveladas pela sociologia das ausências e a sociologia das emergências. Trata-se de um procedimento que não atribui a nenhum conjunto de experiências nem o estatuto de totalidade exclusiva nem o estatuto de parte homogênea. As experiências do mundo são vistas em momentos diferentes do trabalho de tradução como totalidades ou partes e como realidades que se não esgotam nessas totalidades ou partes. Por exemplo, ver o subalterno tanto dentro como fora da relação de subalternidade (SANTOS, 2002, p. 262).

Entende-se que o trabalho da tradução incide tanto sobre saberes quanto sobre as práticas e seus agentes. A tradução entre saberes se expressa como "hermenêutica diatópica, que consiste no esforço de interpretação entre duas ou mais culturas, com o objetivo de identificar questões isomórficas entre elas e as diferentes respostas que cada cultura apresenta". O autor explica a hermenêutica diatópica:

> A hermenêutica diatópica parte da ideia de que todas as culturas são incompletas e, portanto, podem ser enriquecidas pelo diálogo e pelo confronto com outras culturas. Admitir a relatividade das culturas não implica adotar sem mais o relativismo como atitude filosófica. Implica, sim, conceber o universalismo como uma particularidade ocidental cuja supremacia como ideia não reside em si mesma, mas antes na supremacia dos interesses que a sustentam. A crítica do universalismo decorre da crítica da possibilidade da teoria geral. A hermenêutica diatópica pressupõe, pelo contrário, o que designo por universalismo negativo, a ideia da impossibilidade da completude cultural. No período de transição que atravessamos, ainda dominado pela razão metonímica e pela razão proléptica, a melhor formulação para o universalismo negativo talvez seja designá-lo como uma teoria geral residual: uma teoria geral sobre a impossibilidade de uma teoria geral (p. 264).

O autor destaca que esse trabalho de tradução pode ocorrer entre saberes hegemônicos e saberes não-hegemônicos, e entre diferentes saberes não-hegemônicos. "A importância deste último trabalho de tradução reside no fato de que só através da inteligibilidade recíproca e consequente possibilidade de agregação entre saberes não-hegemônicos é possível construir a contra-hegemonia" (SANTOS, 2002, p. 265).

Já o segundo tipo de trabalho de tradução "tem lugar entre práticas sociais e seus agentes". Como já foi destacado, todas as práticas sociais envolvem conhecimentos, logo, são também práticas de saber. Nesse contexto, o trabalho de tradução propõe criar inteligibilidade recíproca entre formas de organização e entre objetivos de ação. Desta forma, o trabalho de tradução acontece sobre os saberes aplicados, transformados em práticas e materialidades. Esse trabalho de tradução se evidencia em situações em que os saberes que baseiam diferentes práticas são menos distintos do que as práticas em si mesmas. "É, sobretudo, o que acontece quando as práticas ocorrem no interior do mesmo universo cultural, como quando se tenta traduzir as formas de organização e os objetivos de ação de dois movimentos sociais" (p. 265).

AS TRÊS FACES DA MODERNIZAÇÃO

Na perspectiva da modernização, conforme apresentado por Silva (2017), há uma disputa pelo presente e pelo futuro. Assim, o capital se impõe sobre os territórios das comunidades tradicionais por considerá-los potenciais para seus processos produtivos. Para a análise presente, buscou-se estabelecer o diálogo entre as dissertações e teses, as denúncias do Blog Pelo Território Pesqueiro (Movimento dos Pescadores e Pescadoras Artesanais - MPP), e os Relatórios "Conflitos Socioambientais e Violações de Direitos Humanos em Comunidades Tradicionais Pesqueiras no Brasil" (TOMÁZ; SANTOS, 2016; BARROS; MEDEIROS; GOMES, 2021) do Conselho Pastoral dos Pescadores - CPP. A análise desses documentos evidenciou que, na pesca artesanal, observa-se o avanço da modernização sobre os territórios tradicionais a partir de três faces.

Destaca-se que a análise do conteúdo de 44 denúncias presentes no blog Pelo Território Pesqueiro, publicadas até 2018, foi fundamental para distinguir as três faces da modernização. A ideia de "face da modernização" remete à sua expressão, logo, estão relacionadas a onde e como se apresentam. A degradação se apresenta nos ecossistemas, que passam a ser inóspitos à pesca, seja por não apresentar condições mínimas para a sobrevivência das espécies, seja pela alteração de sua dinâmica. A face da sobre-exploração e restrição ao acesso está relacionada às atividades que comprometem os pesqueiros tradicionais, ou seja, aquelas territorialidades reconhecidas pelas comunidades, que já têm uma série de práticas de uso relacionadas e que, devido à sobre-exploração, acabam sendo abandonadas pelos pescadores, tendo em vista que, sem peixe, essas territorialidades não se sustentam. Essa segunda face também se expressa quando outras atividades não permitem o acesso dos pescadores aos pesqueiros tradicionais. A terceira face põe em evidência principalmente o território em sua porção terrestre, onde os pescadores residem, vivem e convivem. Destaca-se o processo de expropriação da terra, frente ao avanço de outras atividades econômicas. A figura 34 apresenta o processo de identificação dessas faces da modernização.

Figura 34 - Diagrama de análise das faces da modernização a partir das denúncias do blog Pelo Território Pesqueiro

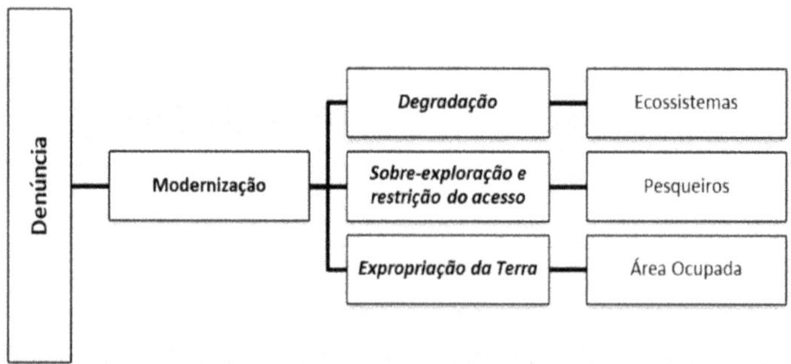

A partir das atividades promotoras de impactos ambientais, disputas no território e conflitos por território identificados nos 102 trabalhos, entre dissertações e teses, realizou-se o mapeamento dessas três faces da modernização. Com base nesses mapas, podemos refletir sobre a possibilidade da análise geográfica no processo de identificação e denúncia desses processos, a partir do diálogo com os movimentos sociais. A figura 24 apresenta esse processo de correlação.

Também subsidiaram este trabalho os dois volumes dos relatórios do CPP "Conflitos Socioambientais e Violações de Direitos Humanos em Comunidades Tradicionais Pesqueiras no Brasil" (TOMÁZ; SANTOS, 2016; BARROS; MEDEIROS; GOMES, 2021). Para a análise, foram mapeadas no relatório de 2016 um total de 140 comunidades no Brasil, e 720 contextos de tensões. No relatório de 2021, foram identificadas 130 comunidades e 706 conflitos. É importante destacar que, pela característica desse relatório, focado em direitos humanos, questões ambientais são menos frequentes. Em colaboração com o CPP, o REAT/FURG disponibilizou esse mapeamento em um websig, que pode ser consultado na página do grupo de pesquisa.

A análise das dissertações e teses, bem como dos relatórios do CPP, permitiu realizar mapeamentos que substanciam essa análise. Também foi fundamental a realização de trabalhos de campo com Grupos de Pesquisa da Geografia que abordam a pesca artesanal e com movimentos sociais da pesca, para a elaboração de uma proposta que fosse dialógica. Em De Paula (2018), as metodologias e os trabalhos de campo propriamente ditos estão apresentados com maior detalhe.

Como foi destacado, a primeira face versa sobre a degradação causada pela modernização, a qual avança sobre os corpos d'água e ecossistemas associados (mangues, marismas, matas de várzea, etc.) e foi apresentada em 6 denúncias do Blog Pelo Território Pesqueiro. Essa face da modernização apresenta menos conflitos em dissertações e teses analisadas (51), assim como nos relatórios, sendo 170 no relatório de 2016 e 181 no relatório de 2021. Contudo, suas marcas se evidenciam na intensa transformação da natureza, alteração dos seus processos e, por isso, redução na quantidade e na qualidade do pescado. Desta forma, cabe compreender os contextos de industrialização, urbanização, agroindústria e mineração. Compreender essa face da modernização enfatiza a degradação ambiental que extingue territórios dos pescadores artesanais.

A segunda face da modernização se evidencia na sobre-exploração e restrição do acesso aos pesqueiros, como evidenciado em 52 denúncias do Blog Pelo Território Pesqueiro. Nessa perspectiva da modernização, foram identificados conflitos (111) nos trabalhos analisados, (238) no relatório de 2016 e (389) no relatório de 2021, tendo como principais atividades o Hidronegócio (Aquicultura, Barragens de Usinas Hidrelétricas, Porto e Indústria Naval, Plataforma e Indústria do Petróleo) e Pesca (Industrial, Comercial e Amadora). Essa face da modernização tem, de um lado, o hidronegócio que restringe o acesso aos pesqueiros, e de outro, a pesca predatória (não artesanal) que tem levado ao colapso de pescarias tradicionais, devido à assimetria de poder estabelecida.

Cabe destacar o "fascismo territorial" (SANTOS, 2007) promovido pela terceira face da modernização que promove a desapropriação da terra, a mais frequente nos trabalhos analisados. Diz respeito ao avanço das atividades econômicas sobre o espaço das comunidades tradicionais de pescadores. Essa face da modernização se evidenciou em 98 conflitos em dissertações e teses, nos relatórios, ela tem a frequência de 287 em 2016 e 86 em 2021. As comunidades de pescadores artesanais têm essa distinção, o território ser ao mesmo tempo aquático e terrestre. Assim, as áreas de moradias das comunidades despertam o interesse dos agentes da modernização que as consideram um espaço que não é devidamente explorado pelo capital. Assim, se instalam sobre as comunidades e provocam a expulsão dos pescadores, ou nas proximidades submetendo as comunidades a outras lógicas de relação social. Os conflitos fundiários são decorrentes dessa face da modernização, bem como o turismo predatório e a especulação imobiliária. Trata-se da modernização que disputa com as comunidades a posse da terra, que até então é de uso comunitário, mas passa a ser vista como mercadoria com valor de uso e de troca.

O diálogo entre as problemáticas da Geografia (trabalhos analisados –

dissertações e teses) e as pautas do movimento social (denúncias do Blog Pelo Território Pesqueiro – MPP) evidencia resistências frente às faces da modernização. Na sequência, serão apresentadas as atividades relacionadas a cada uma das faces da modernização previamente apresentadas, estabelecendo diálogo entre a análise que distingue relações entre ambiente e território e contextos referidos nas denúncias apresentadas.

Primeira face da modernização: a degradação

A partir da análise das denúncias do MPP, observou-se que a modernização provoca a degradação dos ambientes que são fundamentais para as espécies pesqueiras, sendo aquela que apresenta maior equidade no que se refere às três abordagens propostas de relação conceitual entre ambiente e território. Dos 51 contextos analisados, 26 abordam impactos ambientais, 20 disputas no território e 5 conflitos por território. Dessa forma, observa-se um peso maior na questão ambiental, direcionando o foco da análise para o ambiente aquático e ecossistemas associados a ele. Assim, é fundamental considerar os corpos d'água (interiores e costeiros), manguezais, matas ciliares, matas de várzea/igapó, marismas, etc.

Com base nas pesquisas analisadas, a maior concentração está na região Nordeste (49.02%) e Sul (33.33%). Na sequência, estão as regiões Sudeste (9.80%), Centro-Oeste (3.92%) e Norte (1.96%), sempre lembrando que esta última teve um número reduzido de pesquisas analisadas (figura 35). Os principais impactos, disputas e conflitos são provocados pela instalação e funcionamento de indústrias (39.22%), urbanização (27.45%), agronegócio (19.61%) e mineração (13.73%).

Em diálogo com o movimento social, observa-se que a modernização que causa a degradação ambiental está presente nas falas que se referem à escassez. Contudo, na página de denúncias do Blog Pelo Território Pesqueiro, essa modernização está menos presente (6). Entende-se que isso se deve ao reconhecimento do fato da transfiguração da natureza a um ponto em que o empenho está prioritariamente em defender os territórios que ainda não estão tão degradados. Já nos trabalhos da Geografia, é possível acompanhar esse processo de degradação e suas consequências nas comunidades, nos seus modos de viver e na subsistência.

Fica evidente, no Rio Grande do Sul, uma mancha de maior intensidade no complexo Lagoa dos Patos - Lago Guaíba. Principalmente no Lago Guaíba e Delta do Jacuí, evidencia-se o contexto de degradação ambiental decorrente da modernização. Destaca-se o despejo de esgoto urbano da Região Metropolitana de Porto Alegre, os efluentes industriais que chegam no lago, principalmente da indústria calçadista do Vale do rio dos Sinos, e o despejo de agrotóxicos provenientes dos monocultivos da região. Em trabalho de campo realizado junto ao Núcleo de Estudos Geografia e Ambiente – NEGA/UFRGS, foi possível observar que esse estado de degradação influencia a quantidade e a qualidade de pescado, o que tem levado os pescadores a se desterritorializarem (DE PAULA, 2013).

Figura 35 - Mapa de densidade da primeira face da modernização: degradação dos ecossistemas, com base nas dissertações e teses

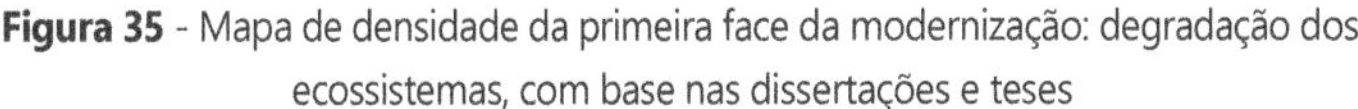

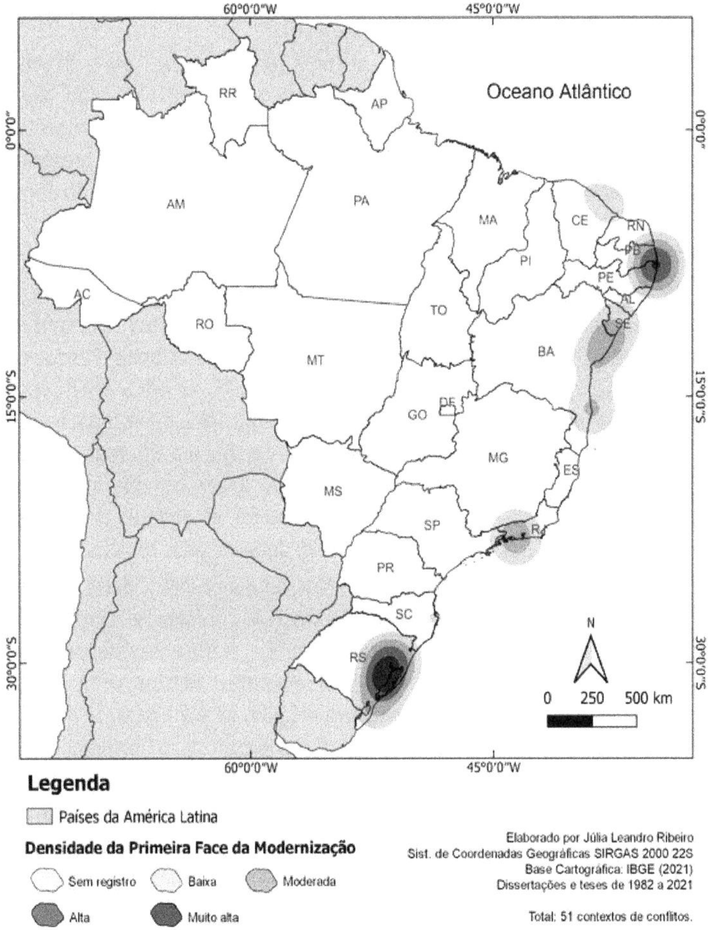

Na Bahia, também se observa a presença dos impactos ambientais da modernização que provocam degradação ambiental. No III Seminário Espaços Costeiros promovido pelo Grupo de Pesquisa Costeiros da UFBA, a fala da

pescadora Marizelha Lopes, integrante do MPP, apontou para a contaminação e degradação da água, solo e ar devido ao complexo industrial instalado na Ilha de Maré. Segundo a pescadora, a visita à ilha deveria ser chamada de "toxitur", tamanho o nível de degradação ambiental causado pela indústria petroquímica. Também salientou que os dejetos urbanos e resíduos sólidos da região metropolitana de Salvador são carreados pelo mar para o entorno da ilha, intensificando o quadro de degradação. As famílias perecem pela redução da pesca e devido a doenças causadas pela poluição.

No Rio de Janeiro, observa-se uma concentração mais intensa de trabalhos, onde é importante fazer referência ao NUTEMC, no qual os pesquisadores estão muito empenhados em compreender os impactos da modernização nas baías de Sepetiba e de Guanabara no tempo presente. Em trabalho de campo com os pesquisadores do núcleo, na constituição do Fórum de Pescadores em Defesa da Baía de Sepetiba, ficou evidente a preocupação dos pescadores da região com a degradação ambiental provocada principalmente pela intensa urbanização e industrialização do entorno.

O mapeamento dos conflitos identificados nos "Conflitos Socioambientais e Violações de Direitos Humanos em Comunidades Tradicionais Pesqueiras no Brasil" (TOMÁZ; SANTOS, 2016; BARROS; MEDEIROS; GOMES, 2021) permite reconhecer a expressão da primeira face da modernização, a degradação (figuras 36 e 37). É importante destacar que a ausência dessa face em algumas regiões está mais relacionada à metodologia de obtenção de dados do que à ausência de conflitos. A metodologia de obtenção dos dados foi via agentes do CPP, e essa pastoral da Igreja Católica está mais atuante em determinadas regiões.

O relatório de 2016 revela que as áreas de maior intensidade de conflitos estão nas regiões Nordeste e Norte do país. Dos 170 conflitos relacionados a essa face da modernização, 58.24% referem-se à degradação de ecossistemas de forma mais genérica, 17.06% à contaminação por efluentes domésticos e industriais, 10.59% à mineração, 8.24% ao agronegócio e 5.88% às barragens. Já no relatório de 2021, as regiões Nordeste e Norte continuam com protagonismo, porém, o Sudeste ganha destaque, especialmente na região do Rio São Francisco. Neste relatório, foram identificados 181 contextos relacionados à face da degradação, com as seguintes porcentagens: degradação dos ecossistemas (34.81%), contaminação por efluentes domésticos e industriais (33.70%), agronegócio (29.28%) e barragens (2.21%). Ao comparar os dois relatórios, observa-se um aumento percentual de 6.47% para essa face da modernização. Além disso, o segundo relatório apresenta uma identificação mais precisa das atividades, com uma redução na abordagem mais genérica de degradação dos ecossistemas.

Figura 36 - Mapa de densidade da primeira face da modernização: degradação dos ecossistemas, com base no relatório de conflitos do CPP de 2016

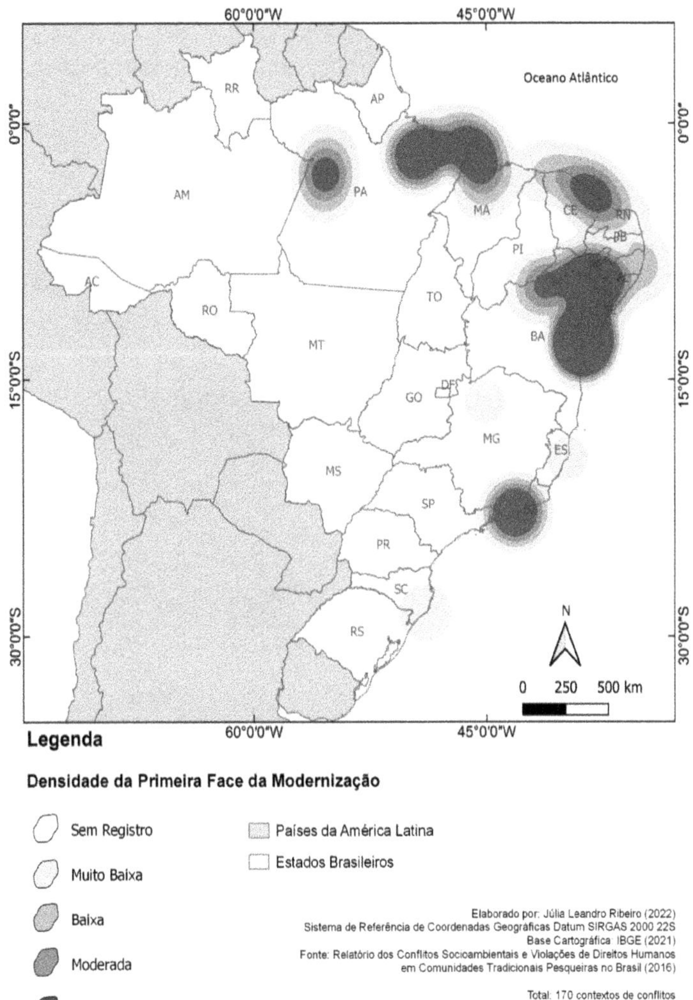

Figura 37 - Mapa de densidade da primeira face da modernização: degradação dos ecossistemas, com base no relatório de conflitos do CPP de 2021

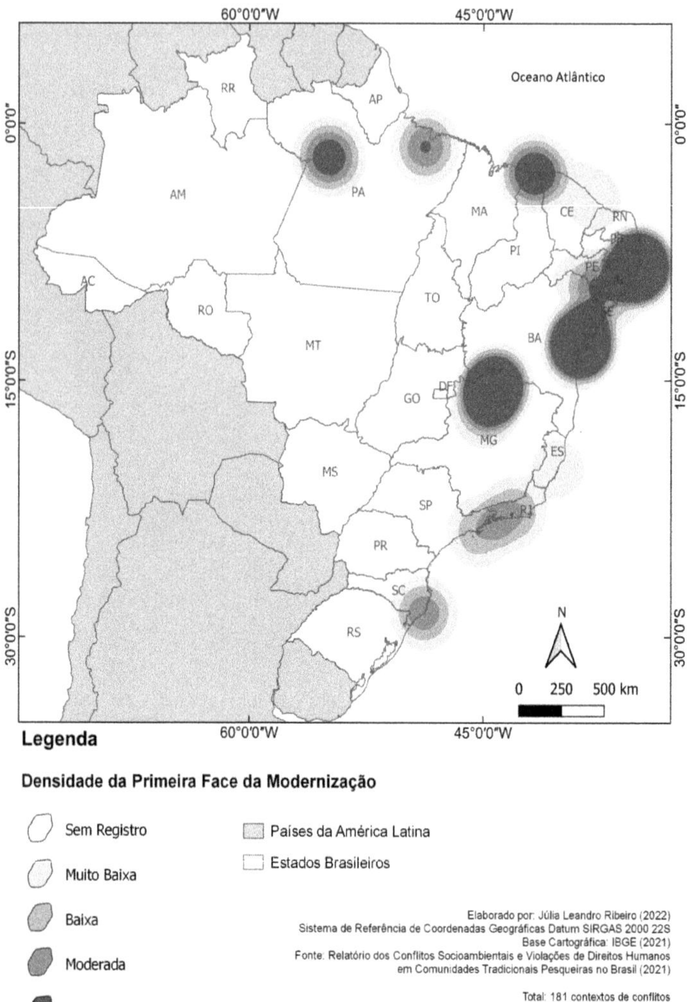

Essa concepção de degradação está presente em ambos os relatórios do CPP. Barros, Medeiros e Gomes (2021) apontam que:

> As respostas ao questionário indicam que todas as comunidades estão impactadas pelas consequências de um modelo de desenvolvimento que prioriza o acúmulo do capital em detrimento da vida. A destruição do habitat natural, onde se reproduzem e crescem os peixes e outros

> animais das águas, é provocada pela poluição dos dejetos industriais e esgotos urbanos, pelo desmatamento e uso de agrotóxicos, que contaminam os rios, o solo e o ar, levando à morte dos manguezais, à salinização da água dos rios e à secagem de rios, lagos, lagoas, riachos e nascentes. Com isso, as condições ambientais e a continuidade da pesca artesanal nos mares, mangues e demais mananciais estão se extinguindo rapidamente. A diminuição das espécies e do pescado é uma consequência inevitável diante do quadro descrito. (p.31)

Com base nas denúncias do Blog Pelo Território Pesqueiro - MPP, nos relatórios do CPP (TOMÁZ; SANTOS, 2016; BARROS; MEDEIROS; GOMES, 2021) e em trabalhos de campo realizados junto ao MPP, serão discutidas as principais atividades promotoras da modernização que causam degradação ambiental. Cabe salientar que essa discussão está baseada na proposta analítica que visa destacar impactos ambientais, disputas no território e recursos do ambiente, e conflitos por território.

Industrialização

A industrialização é apontada como a principal atividade da modernização que provoca a degradação ambiental nos trabalhos analisados (20). Contudo, a degradação ambiental causada pelas indústrias é menos frequente nas denúncias analisadas (2). Cabe destacar que não foram consideradas nessa análise as plataformas de petróleo e a indústria naval. No entanto, as consequências da indústria petroquímica foram levadas em conta.

Segundo as denúncias presentes no Blog Pelo Território Pesqueiro, esses impactos já se evidenciam com a redução do pescado em quantidade e qualidade na baía de Guanabara – RJ[20] e no Litoral do Espírito Santo[21]. Na baía de Guanabara, observa-se a "influência direta e indireta dos empreendimentos de grandes empresas causadoras de impactos ambientais, como a Petrobras". No Espírito Santo, "em nome do progresso e do desenvolvimento, sofreram o primeiro impacto com a chegada da PETROBRAS. Esta matou peixes, tartarugas, contaminou a terra...".

No Relatório "Conflitos Socioambientais e Violações de Direitos Humanos em Comunidades Tradicionais Pesqueiras no Brasil", a indústria petroquímica é destacada como uma atividade causadora de impacto ambiental no Litoral da Bahia, mais precisamente nas comunidades de Tororó e Ilha de Maré. Nesta última, o relatório apresenta que "os empreendimentos poluem o meio ambiente e causam mortandade de peixes e mariscos e afetam a saúde da população, causando doenças como o câncer. As árvores da ilha estão morrendo com a poluição da atmosfera e da água, assim como o manguezal" (TOMÁZ; SANTOS, 2016, p. 72). Esses contextos no estado da Bahia continuam sendo denunciados, conforme o relatório de 2021.

Em termos de conflitos, em grande parte das comunidades do litoral baiano, verifica-se a constante disputa do território quilombola e pesqueiro pelo complexo industrial-portuário. A partir dos anos 1950, com a industrialização, foram instaladas empresas ligadas à área petroquímica para que então atraíssem indústrias derivadas. O plano deu certo: chegou a Refinaria Landulpho Alves (RLAM) e, posteriormente, consolidou-se o Complexo Industrial de Aratu (CIA), o Centro Industrial do Subaé e o Complexo Petroquímico de Camaçari (Copec), além do Porto de Aratu-Candeias, que hoje é responsável por 60% de toda a carga movimentada no modal marítimo na Bahia. Portanto, possui grande importância para a economia do estado (BARROS, MEDEIROS, GOMES, 2021, p. 41)

Em relação aos impactos ambientais que prejudicam a pesca artesanal e obrigam os pescadores artesanais a abandonarem seus territórios tradicionais, cabe destacar o desmatamento dos manguezais (SILVA, 2012), a contaminação das águas (SILVA, 2007; TORRES, 2014) e, consequentemente, a contaminação do pescado (FIGUEIREDO, 2013). De acordo com os trabalhos analisados e informações apresentadas pelo movimento social, esses fatores reduzem tanto a quantidade quanto a qualidade do pescado. Assim, os pescadores artesanais veem-se progressivamente obrigados a abandonarem seus territórios tradicionais.

As disputas no território se evidenciam na resistência para se manterem no território pesqueiro frente à degradação do mesmo. Ressalta-se a relação entre degradação dos ecossistemas e atividades tradicionais, onde os pescadores veem o território pesqueiro, enquanto as atividades que causam degradação veem o ambiente como recurso (SILVA, 2017; RIOS, 2017). A devastação e poluição dos manguezais impossibilitam a mariscagem e a pesca (COSTA, 2010; SANTOS, 2012). Como demonstra o documentário "No Rio e no Mar"* a contaminação química do mangue, além da contaminação do pescado, coloca em condição de insalubridade a marisqueira. "Eu tinha doze anos quando meu pai apresentou esse monstro pra gente", fala Marizélia Lopes, pescadora de Ilha de Maré e uma das líderes do Movimento dos Pescadores e Pescadoras (MPP), apontando para a refinaria da Petrobras em Madre de Deus, na Baía de Todos os Santos (Trecho do documentário "No Rio e no Mar").

Acrescentam-se as bombas de sucção de água e os efluentes industriais lançados sem tratamento nos corpos d'água (DE PAULA, 2013), muitas vezes acumulando metais pesados no fundo, que, nas dragagens, são movimentados (VINHAS, 2011, 2020) e levam à extinção de territórios pesqueiros tradicionais (LINDOLFO, 2016). Além disso, a instalação de complexos industriais atrai novos moradores para as proximidades dos pesqueiros, que contribuem no incremento do processo de degradação ambiental (SANTANA, 2013). A resistência das comunidades para se manterem nos territórios pesqueiros tradicionais, frente à

* Direção: Jan Willem Den Bok e Floor Koomen: COPYRIGHTS, 2016. 1 DVD (56.44 min).

degradação causada pelas indústrias, dá-se por meio de estratégias de manutenção da atividade, mesmo em situação de insalubridade.

Em relação aos conflitos por território, observa-se que entram em choque duas racionalidades de apropriação do território — os pescadores artesanais, enquanto extrativistas, veem seus territórios serem degradados por atividades industriais, que seguem outra lógica de apropriação dos recursos (PÉREZ, 2016). Essas últimas utilizam a água em seus processos, drenando os corpos d'água da pesca artesanal, despejam efluentes contaminados, etc. Seguem a compreensão de que os recursos estão disponíveis para seus processos produtivos e que o território pesqueiro não existe, pois a prerrogativa é do desenvolvimento econômico.

Nesse sentido, além da degradação dos pesqueiros tradicionais, cabe enfatizar as consequências dos processos industriais nos territórios de moradia e vivência dos pescadores artesanais, devido à imposição de outra lógica de uso dos recursos naturais (RIOS, 2012). Cabe destacar que os avanços dessa atividade sobre as áreas das comunidades encontram apoio dos governos locais e suporte do grande capital (LIMA, 2002), e que o enfrentamento se dá pela resistência das comunidades (RAINHA, 2015).

Na II Conferência Nacional do Movimento dos Pescadores e Pescadoras Artesanais, foi denunciado que os poluentes lançados pela indústria, sobretudo petroquímica, têm consequências nos modos de viver dos pescadores e representam risco de vida devido à condição de insalubridade. Na fala da pescadora Marizélia Lopes no documentário "No Rio e no Mar", observa-se esse tipo de transformação das áreas das comunidades: "Esses empreendimentos fizeram com que Ilha de Maré deixasse de ser o paraíso que era."

Esses conflitos têm levado os pescadores artesanais a se mobilizarem em movimento social para também defenderem os territórios onde se situam as comunidades, frente ao quadro de degradação que tem consequências inclusive na saúde. Eles denunciam nas instituições formais, como os órgãos ambientais e o Ministério Público, e fazem manifestações com o intuito de chamar a atenção das autoridades competentes. A reportagem que segue demonstra uma dessas formas de mobilização para defender os territórios tradicionais:

> Mais de 200 pescadores e pescadoras da Ilha de Maré (BA) acabam de ocupar, na manhã de hoje (14/02/17), a sede da CODEBA (Companhia das Docas do Estado da Bahia), localizada no bairro do Comércio em Salvador (BA). O protesto é para denunciar a grave poluição química que tem contaminado a ilha e tem adoecido muitos dos pescadores e pescadoras da localidade[22].

Diante do que foi exposto, a modernização proposta pela industrialização causa degradação ambiental. Essa degradação se manifesta na poluição/

contaminação dos ambientes aquáticos e terrestres. Os impactos provocados nos ambientes de pesca têm levado à extinção da atividade tradicional. Em outros casos, os pescadores resistem na atividade, disputando o direito de uso do território. Os conflitos se estabelecem devido às consequências dessa degradação na pesca e na vida humana, chegando aos territórios de moradia e vivência das comunidades.

Urbanização

A modernização promovida pela urbanização também causa degradação ambiental, seja pela captação excessiva de água, pelo aterramento de ecossistemas importantes, mudanças nas características dos rios e pelo despejo de efluentes líquidos e sólidos nos corpos d'água, como apontam os relatórios do CPP (TOMÁZ; SANTOS, 2016; BARROS; MEDEIROS; GOMES, 2021) e em 14 dissertações e teses analisadas. Nesse sentido, é fundamental também considerar a falta de planejamento urbano para a conservação do ambiente onde estão os territórios tradicionais das comunidades de pescadores.

No Relatório de Tomáz e Santos (2016), observam-se as consequências nocivas da urbanização na região do Baixo Amazonas e de Marajó, na Comunidade de Juá, onde foi instalado um condomínio junto à comunidade tradicional e o esgoto é despejado diretamente no lago, que é o pesqueiro. Também na Bacia do Rio São Francisco, no município de Serra Talhada, que recebe efluentes de esgoto sanitário das cidades, que são despejados diariamente no rio. Já no Litoral da Bahia, em São Roque do Paraguaçu, é denunciado que devido à ocupação urbana desordenada, as áreas de manguezais foram suprimidas, provocando consequências à mariscagem e pesca.

Quanto aos impactos ambientais que provocam a desterritorialização dos pescadores artesanais, é fundamental considerar a poluição/contaminação provocada pelo crescimento das cidades sem sistema de coleta de esgoto (LIMA, 2003; SILVA, 2007; FIGUEIREDO, 2013; DORSA, 2015; SANTOS, 2019; MENDES, 2019; VINHAS, 2020) e a própria ocupação da cidade que avança sobre ecossistemas importantes, como manguezais, sobretudo para a construção de moradias de populações mais empobrecidas (SANTOS, 2013).

Sobre os impactos ambientais associados à degradação causada pela urbanização, é importante destacar o grau de transformação dos corpos d'água onde estão os territórios dos pescadores artesanais (SILVA, 2017; NUNES, 2018). Ressalta-se, nesse sentido, o Rio São Francisco, onde se constata que as cidades e povoamentos despejam resíduos sólidos e efluentes domésticos, o que, segundo os pescadores, provocou a proliferação de "parasitas e corpos estranhos", comprometendo a pesca. Em Serra Talhada, análises da água realizadas pelo poder público identificaram a presença de bactérias e toxinas (TOMÁZ; SANTOS, 2016). Nesse caso, o território pesqueiro deixa de existir devido à perda de produtividade na pesca, seja qualidade ou quantidade de pescado.

Os conflitos por território também são presentes quando ocorre degradação do ambiente pela urbanização. Esses conflitos se dão tanto nos pesqueiros quanto nas comunidades. O avanço do urbano sobre áreas que antes constituíam comunidades de pescadores põe em cena novos atores, agentes e estratégias de reprodução do espaço, frequentemente resultando na exclusão dos pescadores (RAINHA, 2015), apesar da resistência de muitas comunidades (FERREIRA, 2013). Consequentemente, a lógica de produção artesanal, com mais relação com os ciclos e ritmos da natureza, vai sendo substituída, o que implica em degradação (NUNES, 2011). Além disso, a urbanização e a constituição de segundas residências trazem para o âmbito do território comunitário serviços que contribuem com o processo de degradação (COSTA, 2015).

Destaca-se que o próprio processo de adensamento populacional promovido pela urbanização tende a exigir do pescador artesanal uma maior demanda de pescado, o que atrai outras pessoas para a atividade pesqueira, contribuindo com a intensificação da captura, provocando degradação e causando consequências nas relações entre pescadores, nas regras e acordos comunitários, de forma que desestabiliza a coesão comunitária. Além disso, a poluição/contaminação dos corpos d'água, terra e ar promovidos pelo avanço do urbano interfere no modo de viver dos pescadores. Comunidades passam a conviver com a falta de água potável, como se observa na bacia do Rio São Francisco:

> Constatamos as Cidades e povoamentos, continuarem jogando lixo e esgotos no Rio São Francisco, e vimos nesta região muitos parasitas e corpos estranhos presentes em nosso ecossistema, e o poder público com projetos enganadores de esgotamento sanitário e poucas ou nenhumas medidas satisfatórias serem realizadas[23].

A disputa nos territórios pesqueiros com a urbanização se dá pelo avanço do tecido urbano sobre ecossistemas onde a pesca é realizada, por meio de aterros e desmatamentos, ou o despejo de resíduos sólidos e efluentes domésticos sobre esses territórios causando degradação. É fundamental destacar que, nesse processo, a problemática ambiental orienta as ações territoriais dos pescadores. Existem diversas experiências no Brasil em que os próprios pescadores realizam a coleta de resíduos sólidos urbanos dos corpos d'água como estratégia para reduzir o dano ambiental no território tradicional. Um exemplo é o projeto Pescando Lixo realizado no âmbito da Colônia de Pescadores Z5, no Lago Guaíba em Porto Alegre – RS (DE PAULA, 2013). Ressalta-se que geralmente essa disputa com a urbanização leva os pescadores artesanais a procurarem outros territórios de pesca, migrando para áreas mais longínquas da comunidade. Frequentemente entram em disputa com pescadores locais que já haviam estabelecido territórios de pesca, além de resultar na intensificação do uso desses pesqueiros. Contudo, dependendo da condição do ambiente, esse território pode voltar a ser acessado.

Agronegócio

As atividades agropecuárias, sobretudo as relacionadas ao agronegócio, também apresentam consequências da modernização associadas à degradação ambiental em comunidades pesqueiras e são apresentadas em 10 trabalhos, entre as dissertações e teses analisadas. Ressalta-se o despejo de agrotóxicos e adubos químicos nos corpos d'água, os desmatamentos de matas ciliares e o avanço sobre os manguezais.

Cabe ressaltar que, nesse momento, não estão sendo considerados conflitos relacionados às questões fundiárias. Por isso, não serão apresentados conflitos por territórios das comunidades. Ganha centralidade, então, a questão ambiental expressa por meio de impactos e disputas no território que geram degradação.

A degradação causada pelo uso indiscriminado de defensivos químicos está expressa em denúncias apresentadas no Blog Pelo Território Pesqueiro: "Constatamos exasperados a terra e a água sendo contaminadas por altos índices de agrotóxicos e adubos químicos, empreendidos pelo agronegócio devastador"[24]. Esses contextos de poluição ou contaminação estão significativamente presentes nos relatórios do CPP de 2016 e de 2021 (TOMÁZ; SANTOS, 2016; BARROS; MEDEIROS; GOMES, 2021) e incidem sobre a vida das comunidades ribeirinhas e trazem prejuízos à produção pesqueira, como apontado no estado do Pará:

> Além das famílias atingidas no Aranaí, os agrotóxicos atingem as famílias ribeirinhas e comunidades que vivem nas margens do rio Arari. A lavagem dos canais de irrigação do arroz envenena a água e os peixes consumidos pela população e comercialização (BARROS, MEDEIROS, GOMES, 2021, p.94).

Entende-se que o principal impacto de degradação ambiental provocado pelas atividades agropastoris é a contaminação dos corpos d'água por defensivos e fertilizantes químicos (SILVA, 2007; FIGUEIREDO, 2013), o que também ameaça a qualidade do solo (MACHADO, 2007). Contudo, é de grande importância destacar o avanço da atividade agrícola que causa pressão sobre os ecossistemas (matas ciliares e mangue), reduzindo a biodiversidade (MACHADO, 2007; SANTOS, 2018) e desencadeia processos de desequilíbrio, como a erosão dos solos.

Os impactos ambientais decorrentes da irrigação intensiva e do desmatamento de matas ciliares — que desencadeia processos erosivos e assoreamentos dos corpos d'água — fazem com que os pescadores artesanais da bacia do Rio São Francisco questionem a seca no semiárido como fenômeno natural responsável pela escassez de água.

> Diante desta situação crítica, não podemos acreditar que a seca, enquanto fenômeno natural do Semiárido, seja responsabilizada mais uma vez por este colapso, sendo que os grandes irrigantes continuam usando a mesma quantidade de água para o agronegócio de exportação e a Chesf mantem uma baixa vazão para geração de energia[23].

Assim, o assoreamento e a poluição/contaminação são os principais impactos ambientais da agropecuária que causam degradação. Outro exemplo é a região Centro Maranhense, onde os agrotóxicos dos monocultivos de cana-de-açúcar e eucalipto são carreados para os rios, contaminando-os e inviabilizando a pesca. As áreas de criação de gado atingem as margens dos rios, provocando desmatamentos, o que resulta em assoreamento e redução do pescado no Maranhão (TOMÁZ; SANTOS, 2016).

As comunidades de pescadores estabelecem disputas no território decorrentes da degradação dos corpos d'água pela atividade agropecuária. Por poluir/contaminar e assorear corpos d'água (SCHEIBEL, 2013) onde se encontram importantes pesqueiros, degradam áreas importantes de criação e maturação das espécies, ao ponto que muitas espécies são extintas ou drasticamente reduzidas. Isso ocorre mesmo que a legislação ambiental estabeleça regras para preservá-las (MORAES, 2015), como a utilização de telas nos dutos de sucção de água para irrigação (DE PAULA, 2013). A pecuária também disputa territórios com a pesca artesanal, quando provoca o assoreamento de lagos (GUEDES, 2009) e rios, que constituem importantes territórios pesqueiros (SILVA, 2017).

Frente ao avanço de outras atividades econômicas que avançam sobre o território pesqueiro, os pescadores artesanais recorrem aos órgãos ambientais denunciando os crimes cometidos pelo agronegócio. Contudo, é o próprio Estado que motiva o avanço dessa atividade econômica e viabiliza o uso dos recursos hídricos por meio de outorgas de uso, que não consideram o impacto na pesca artesanal. Como consequência, os pescadores têm que migrar para outros territórios de pesca, onde entram em conflito com pescadores locais, como ocorre nas margens do rio Arari, região do Marajó (TOMÁZ; SANTOS, 2016).

Mineração

O relatório de 2016 do CPP (TOMÁZ; SANTOS, 2016) aponta a mineração como uma das atividades econômicas que mais provocam degradação ambiental em todo o mundo. "Ela altera intensamente a área minerada e as áreas vizinhas, onde são feitos os depósitos de estéril e de rejeitos. Além de introduzir no ambiente substâncias químicas nocivas durante a fase de beneficiamento do minério" (p. 13). A mineração é apontada em 7 dos trabalhos analisados, e entre os impactos citados, destacam-se a poluição da água, poluição do ar, poluição sonora, subsidência do terreno, incêndios causados pelo carvão e rejeitos radioativos. Assim, impacta os pesqueiros tradicionais e disputa território com as comunidades de pescadores.

No Blog Pelo Território Pesqueiro, destaca-se a resistência dos pescadores frente ao crime ambiental ocorrido na bacia do Rio Doce, que atingiu até o Oceano Atlântico, provocado pela Mineradora SAMARCO, VALE BHP.

Entre os impactos da atividade mineradora que causa degradação, é importante considerar as mudanças causadas nos corpos d'água e a ação sobre as áreas de criação e maturação das espécies pesqueiras (SILVA, 2007; SILVA, 2020; OLIVEIRA, 2020). A contaminação por rejeitos de mineração ganha destaque nos relatórios do CPP. Registram Tomáz e Santos (2016) que no Litoral Norte Maranhense houve destruição de áreas de manguezais e estuários por parte de Mineradora, devido aos vazamentos constantes de materiais químicos adicionados à matéria orgânica transportada para o mangue, contaminando o manguezal e provocando redução de pescados. Isso compromete a continuidade da pesca nos territórios pesqueiros tradicionais. Essa problemática é grave e compõe um projeto de desenvolvimento em expansão que avança sobre a Amazônia.

> O coração da Amazônia está ameaçado. A região de maior biodiversidade do planeta sofre com a pressão da construção de barragens hidrelétricas. São 150 barragens pensadas nos seis maiores rios. Isto representa um aumento de mais de 300% em relação as já existentes em uma área que se espalha por cinco países: Brasil, Bolívia, Colômbia, Equador e Peru. As consequências são a perda de florestas e a perda de conexão entre os Andes e as Planícies Amazônicas – a cordilheira é responsável pela maior parte dos sedimentos, nutrientes e matéria orgânica que chegam ao rio. Muitas espécies de peixes desovam em rios que dependem da influência andina, incluindo as que migram para as cabeceiras (TOMÁZ; SANTOS, 2016, p. 11).

As disputas no território e os conflitos por território se expressam quando a mineração avança sobre os pesqueiros tradicionais (SILVA, 2017; CHAVES, 2018), e a degradação causada leva os pescadores artesanais à mobilização e a se integrarem em movimento social (DE PAULA, 2013) para buscar fazer frente ao progresso dessa atividade que não reconhece os territórios tradicionais (SANTOS, 2014). Segundo denúncia do Blog Pelo Território Pesqueiro, os pescadores artesanais do município de Caetité-BA estão se mobilizando frente à instalação do Projeto Pedra de Ferro da empresa Bahia Mineração — Bamin, que inicia sua fase experimental de operação na exploração de minério de ferro. As comunidades "temem perder os rios, riachos, poços e barragens que abastecem as famílias da região"[25].

Como a denúncia destaca:

> A necessidade de preservação apontada pelos moradores da área contrasta com o projeto da Bahia Mineração, que no imenso vale onde está o leito do riacho Pedra de Ferro pretende implantar a sua barragem de rejeito, transformando o rico manancial num imenso mar de lama. Numa região que ao longo do tempo vem sofrendo com a escassez de água, destruir um rio não cabe no imaginário da população local. Não é legal, ético, moral[25].

Cabe destacar o caso emblemático de Mariana/MG, onde o rompimento da barragem de rejeitos da Mineradora Samarco BHP contaminou o Rio Doce, afluentes e um longo trecho do Oceano Atlântico que se estende do Espírito Santo até a Bahia. Por onde passou, a lama desalojou comunidades, extinguiu fauna e flora e causou mortes, como apresenta o Relatório:

> Milhares de pessoas perderam seu meio de sustento. À medida que os rejeitos de minérios atingiam as águas do Rio Doce e chegavam no mar, os peixes e os pescadores ficaram destruídos. "Nossas vidas foram soterradas num mar de lama", afirmam os pescadores artesanais. Cerca de 2 mil famílias de comunidades pesqueiras foram afetadas em 41 municípios desde Mariana até a Foz do Rio Doce, em Linhares/ES. Não se pode mensurar a mortandade de peixes ocorrida. Para o IBAMA, a ictiofauna que habita os rios Gualaxo do Norte, Carmo e Doce foi afetada drasticamente e o desastre foi maior ainda porque os peixes se encontravam em período de reprodução. Não faltam exemplos de conflitos semelhantes envolvendo empresas como a Vale S.A. no Brasil e no exterior. Essa empresa de mineração foi responsável pelo desastre de Mariana (TOMÁZ; SANTOS, 2016, p. 11-12).

Com esse episódio os pescadores foram impedidos de realizar a pesca no território tradicional, no rio Doce, e em uma extensa área no Oceano, que passou a ser definida como de exclusão da pesca, devido ao nível de contaminação das águas e das espécies pesqueiras. Articulados em movimento social, os pescadores cobram das autoridades a punição das empresas envolvidas no crime, como expõe a denúncia presente no Blog Pelo Território Pesqueiro:

> Na última sexta-feira pela manhã, 04, aconteceu o "Abraço ao Rio Doce", manifestação que reuniu cerca de 2 mil pessoas, entre

> pescadores e pescadoras vindos de diversos estados do Brasil em Linhares/ES, na ponte da BR101, para denunciar a pouca visibilidade dada ao caso das comunidades pesqueiras e exigir posicionamento do governo e da SAMARCO sobre medidas de mitigação socioambientais a curto e longo prazo para a pesca artesanal e para todos os impactados. Foram quase 2 horas de caminhada pelas ruas de Linhares até os manifestantes chegarem a Ponte da BR 101. Encenações, cartazes, faixas e gritos pediam que a SAMARCO se responsabilizasse e dialogasse com as famílias impactadas. "Queremos discutir as medidas que a empresa vai tomar, queremos garantir nossas vidas, nosso sustento. Esse desastre não pode passar impune", desabafou uma das pescadoras.[26]

No relatório do CPP de 2021 continuam sendo apontadas repercussões desse crime ambiental, bem como a morosidade da justiça na aplicação de penalidades em favor da população local:

> Até hoje, pescadoras e pescadores artesanais atingidos pelo crime ambiental das mineradoras SAMARCO/VALE/BHP lutam pelo reconhecimento como atingidos e pelas reparações dos danos. Negou-se às comunidades uma série de direitos conexos ao direito ao reconhecimento da identidade: direito a informação, direito a reparação, o direito a consulta livre prévia e informada etc. Os desastres das barragens e seu violento impacto sobre o cotidiano da pesca no Rio Doce acabou por visibilizar violações de direitos e consequências estruturais das atividades de mineração e barragem dos rios que já se constituíam em problema histórico vivenciado pelas comunidades. Análise da Universidade Federal do Espírito Santo avalia que a morosidade do estado, e das empresas responsáveis pelo crime ambiental, em produzir alguma garantia e proteção aos trabalhadores atingidos faz com seus efeitos perdurem no tempo. As políticas deveriam ser integradas e dialogadas com as comunidades atingidas (MEDINA, 2020). (BARROS, MEDEIROS, GOMES, 2021, p.68)

Importante destacar que, além de Mariana, em Brumadinho, também ocorreu um crime ambiental com consequências nos modos de viver das populações ribeirinhas, provocado pela contaminação dos corpos d'água: "Outro exemplo de catástrofe ambiental se materializou com o rompimento da barragem de Brumadinho, que ocasionou anomalias e morte do pescado, devido à contaminação por substâncias tóxicas da água, além da disseminação da lama" (TOMÁZ, 2021, p.159).

Diante do que foi apresentado, a degradação ambiental é uma face da modernização, resultado prioritariamente do avanço das atividades industriais, da expansão da cidade e seus impactos, da implementação de projetos do agronegócio e da instalação e funcionamento de mineradoras. Essas atividades provocam impactos ambientais quando afetam o ambiente ao ponto de extinguirem o território pesqueiro, estabelecem disputas no território e conflitos por território quando se impõem sobre o território apropriado pelas comunidades e desejam o domínio do espaço.

Entendendo a degradação como resultado desses processos, os pescadores artesanais, organizados em movimento social, se apropriaram do conceito de "racismo ambiental". Esse conceito, tratado desde os anos 1990, aborda políticas públicas que prejudicam prioritariamente os grupos étnicos vulneráveis. Isso quer dizer que, quando são definidos projetos de desenvolvimento que provocam degradação ambiental, escolhe-se áreas onde estão as comunidades que são consideradas impotentes frente ao grande capital.

Segunda face da modernização: sobre-exploração e restrição do acesso

Com base na análise das denúncias apresentadas no Blog Pelo Território Pesqueiro, observou-se que a segunda face da modernização se expõe prioritariamente nos pesqueiros tradicionais. Essa face afeta os territórios pesqueiros por meio da sobre-exploração dos recursos pesqueiros e/ou interrompe o acesso entre o território onde está situada a comunidade e o pesqueiro tradicional. Ambas as formas causam impactos ambientais, disputas no território e conflitos por territórios pesqueiros. Foram identificados 134 contextos nos trabalhos analisados (dissertações e teses) que abordam essa problemática. Desses, 82 dizem respeito às disputas estabelecidas no território por recursos do ambiente, 35 são contextos que se referem a conflitos por território e 17 tratam de impactos ambientais. Observa-se que a maioria dos trabalhos trata de disputas no território por recursos do ambiente, evidenciando a correlação entre os conceitos de ambiente e território quando se trata dos pesqueiros tradicionais.

Com base nas dissertações e teses analisadas, verificou-se que a maior concentração dessa face está na região Nordeste (38.81%) e Norte (26.87%). Em seguida, estão as regiões Sul (20.90%), Sudeste (11.19%) e Centro-Oeste (2.24%), conforme mostra a figura 38. Os impactos, disputas e conflitos identificados foram provocados pelo hidronegócio (aquicultura 18.66%, barragens de produção de energia hidrelétrica 11.94%), pesca predatória (pesca industrial 18.66%, pesca artesanal 11.94%, comercialização do pescado 11.94%, pesca comercial 7.46% e pesca amadora 5.22%); portos (9.70%) e plataformas de petróleo (3.73%), além de esportes náuticos (0.75%).

Figura 38 - Mapa de densidade da segunda face da modernização: sobre-exploração e restrição ao acesso, com base nas dissertações e teses

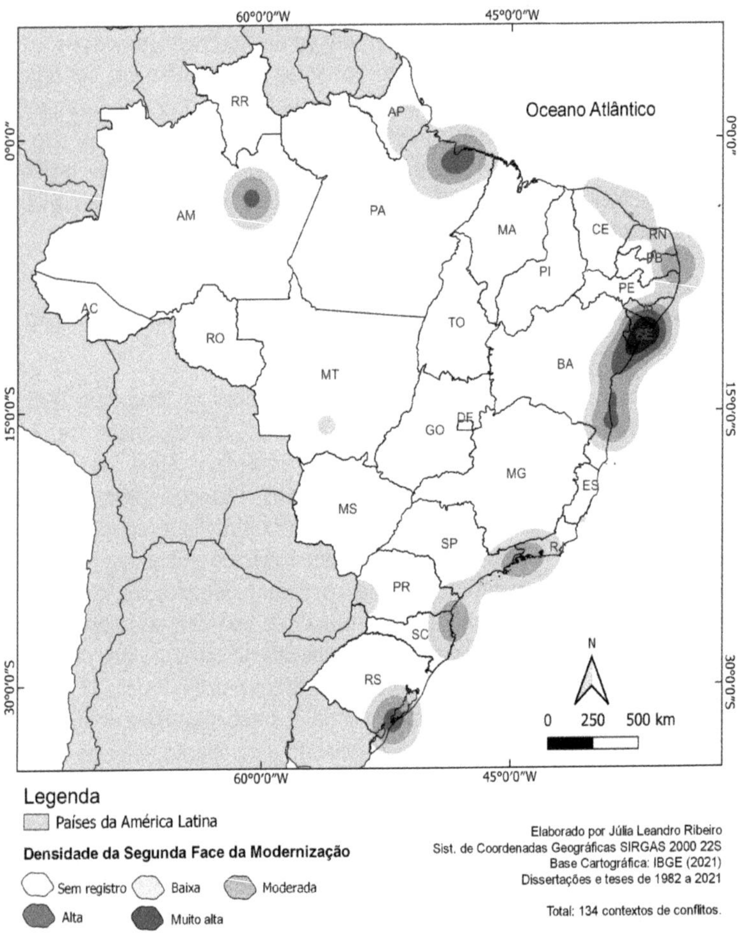

Em diálogo com o movimento social, observa-se que a modernização, que promove a sobre-exploração dos recursos pesqueiros ou impossibilita o acesso, está presente nas denúncias que evidenciam a situação de vulnerabilidade dos pesqueiros tradicionais. Cabe enfatizar que na página de denúncias do Blog Pelo Território Pesqueiro, essa face da modernização é a mais frequente (75). Isso ocorre porque o MPP compreende os pesqueiros tradicionais como ambiente e território, associados ao território de moradia e vivência das comunidades. Outro fator é que essa face da modernização é resultado de atividades econômicas que desejam explorar os pesqueiros, seja os recursos ou o sítio em que estão localizados. Logo, ao contrário da face anteriormente apresentada, aqui o processo em curso é de disputa no território (o pesqueiro tradicional) entre pesca artesanal e outras atividades econômicas. Nem sempre essas outras atividades econômicas reconhecem o território pesqueiro.

Em diversos estados do Nordeste, evidenciam-se disputas, conflitos e impactos, sobretudo com a Carcinicultura Industrial, que avança sobre os territórios pesqueiros tradicionais e causa impactos no ambiente, prejudicando a pesca. Durante o trabalho de campo na II Assembleia Nacional do MPP, os pescadores cearenses destacaram o avanço dessa atividade econômica com o apoio dos agentes públicos e viabilizada por meio de legislações federais. Uma das bandeiras do movimento social diz respeito a derrubar as cercas nas águas, ou seja, combater os empreendimentos de aquicultura que impedem o acesso dos pescadores artesanais aos pesqueiros tradicionais.

No caso do Amazonas, a pesca comercial tem disputado territórios tradicionais com pescadores artesanais, causando conflitos e impactos. Em o trabalho de campo junto ao Núcleo de Estudos Geografia e Ambiente – NEGA/UFRGS — na Floresta Nacional de Tefé – FLONA de Tefé, observou-se que as disputas e conflitos entre pescadores desta unidade e pescadores comerciais urbanos foram minimizados por meio de acordos de pesca. Outra problemática presente na região é o hidronegócio expresso em barragens para a produção de energia. No I Seminário Nacional: Territórios, Ordenamentos e Representações (I SETOR) promovido pelo Grupo Acadêmico Produção do Território e Meio Ambiente na Amazônia – GAPTA/UFPA, os pesquisadores destacaram que, na atualidade, são os gestores das barragens de hidroelétricas que definem períodos de cheia e seca.

A mancha sobre o Estuário da Lagoa dos Patos, no Rio Grande do Sul, corresponde às disputas, conflitos e impactos relacionados à pesca industrial e aos portos. Diante das disputas com a pesca industrial, os pescadores locais se mobilizaram por meio do Fórum da Lagoa dos Patos e conseguiram estabelecer normativa[19] que proíbe embarcações industriais (traineiras) no estuário. Cabe destacar que nessa região, a pesca industrial levou ao colapso dos recursos pesqueiros, deixando os pescadores artesanais em situação de vulnerabilidade social. Já os portos, além de desalojarem as comunidades, geram extensas áreas de exclusão da pesca. No caso do Estuário da Lagoa dos Patos, essas áreas constituíam territórios tradicionais.

A problemática dos portos/indústria naval também se evidencia no Rio de Janeiro. Durante o trabalho de campo junto aos pesquisadores do Núcleo de Pesquisa e Extensão: Urbano, Território e Mudanças Contemporâneas, observou-se o avanço do Porto do Açu sobre as comunidades tradicionais, desalojando, impedindo o acesso aos territórios tradicionais e tornando impraticável a pesca em determinados locais devido aos impactos ambientais. No mesmo trabalho de campo, os pescadores da Ilha da Madeira – Itaguaí também demonstraram preocupação das comunidades com a instalação do complexo naval, o estaleiro para a produção de submarinos na Base Naval da Marinha do Brasil. Essas comunidades veem sua mobilidade normatizada pela Marinha, e agora convivem com outros agentes fazendo uso do território tradicional, estabelecendo disputas, conflitos e impactos.

O levantamento dos conflitos identificados nos relatórios intitulados "Conflitos Socioambientais e Violações de Direitos Humanos em Comunidades Tradicionais Pesqueiras no Brasil" (TOMÁZ,SANTOS, 2016; BARROS, MEDEIROS, GOMES, 2021) permite compreender a manifestação da segunda face da modernização, da sobre-exploração e restrição ao acesso (figuras 39 e 40). Como foi destacado anteriormente as áreas de baixa densidade se devem à falta de dados e não necessariamente de inexistência de conflito, próprio da metodologia utilizada na obtenção das informações pelo CPP.

O relatório de 2016 revela que as regiões Nordeste, Norte e Sudeste do país são as áreas de maior intensidade de conflitos. Dos 238 conflitos relacionados a essa face da modernização, 38,24% referem-se ao impedimento de acesso de forma mais genérica. As atividades do hidronegócio têm destaque, com aquicultura (9,66%), geração de energia (7,98%) e barragens (2,94%), seguidas por portos e indústria naval (15,54%), pesca predatória (10,08%), indústria petrolífera e petroquímica (5,88%) e outros conflitos de uso (9,66%). No relatório de 2021, observa-se um maior destaque para a região Nordeste, enquanto a região Sudeste avança especialmente no litoral, ganhando mais proeminência em relação à região Norte. Neste relatório, foram identificados 389 contextos relacionados à segunda face da degradação, com as seguintes porcentagens: restrição ao acesso de forma genérica (21,34%), hidronegócio (geração de energia 11,57%, aquicultura 4,37%, barragens 3,34%); porto (13,62%) e indústria naval (21,59%); indústria petrolífera e petroquímica (20,31%); pesca predatória (11,32%) e outros conflitos de uso (6,17%). É interessante observar o aumento de notificações de conflitos relacionados às atividades portuárias e atividades relacionadas a elas.

Figura 39 - Mapa de densidade da segunda face da modernização: sobre-exploração e restrição ao acesso, com base no relatório de conflitos do CPP de 2016

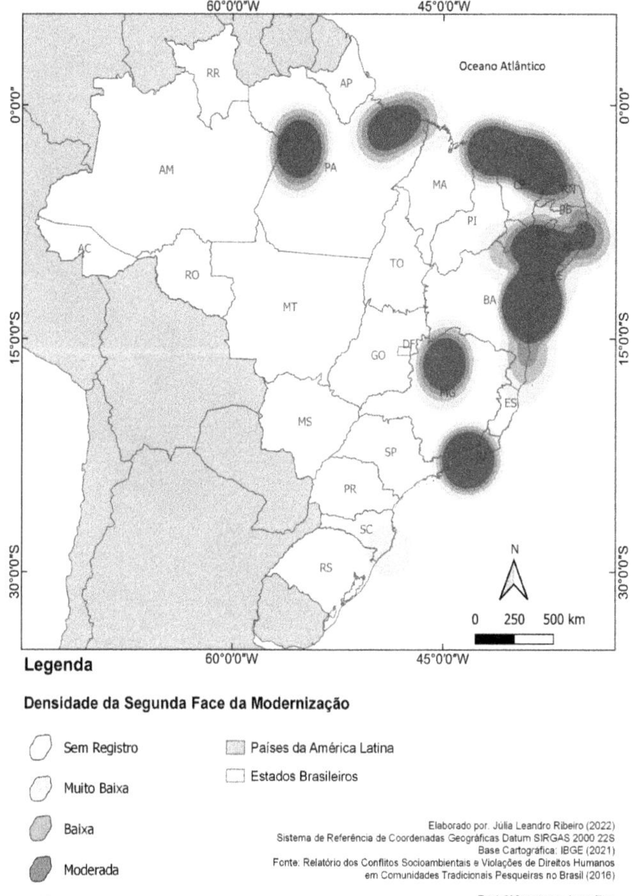

Figura 40 - Mapa de densidade da segunda face da modernização: sobre-exploração e restrição ao acesso, com base no relatório de conflitos do CPP de 2021

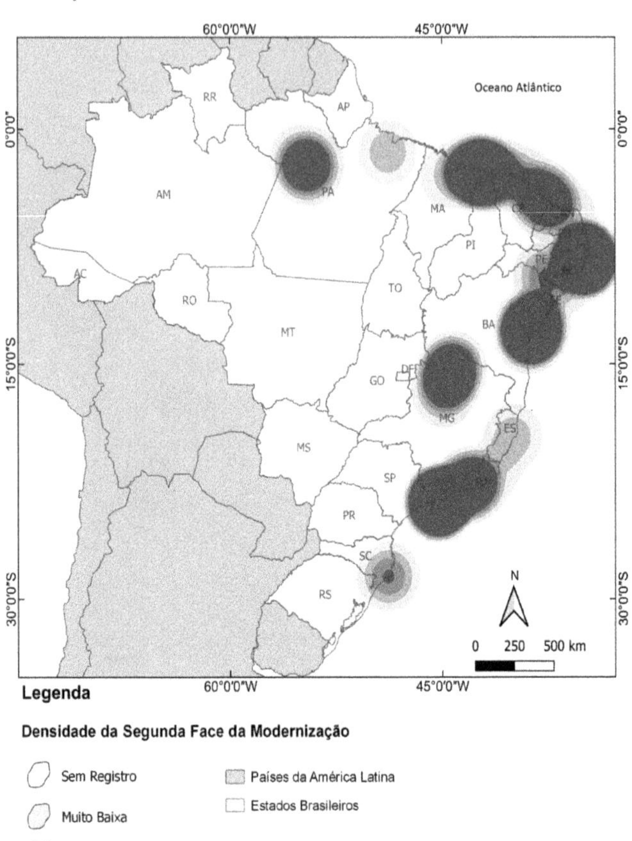

Legenda

Densidade da Segunda Face da Modernização

Sem Registro
Muito Baixa
Baixa
Moderada
Alta

Países da América Latina
Estados Brasileiros

Elaborado por: Júlia Leandro Ribeiro (2022)
Sistema de Referência de Coordenadas Geográficas Datum SIRGAS 2000 22S
Base Cartográfica: IBGE (2021)
Fonte: Relatório dos Conflitos Socioambientais e Violações de Direitos Humanos em Comunidades Tradicionais Pesqueiras no Brasil (2021)

Total: 389 contextos de conflitos

Importante enaltecer que a restrição ao acesso é uma das principais denúncias presentes nos relatórios do CPP, como apontam Barros, Medeiros e Gomes (2021):

> A restrição de acesso ao território, que abrange tanto a terra como a água, surge como a principal violação enfrentada pelas comunidades pesqueiras no relatório de 2021. Tanto agentes públicos quanto privados são responsáveis por inviabilizar total ou parcialmente a permanência das comunidades em seus territórios tradicionais. Essa

> perda de acesso compromete todo o modo de vida da comunidade e acarreta em uma série de consequências, sendo a diminuição da quantidade e diversidade do pescado uma das mais relevantes. Essa consequência, quando analisada em conjunto com a poluição das águas, diminuição dos habitats, assoreamento e contaminação do solo, configura um cenário catastrófico para a pesca artesanal. Nesse contexto, a luta das comunidades para preservar seu modo de vida tradicional, com acesso ao território, torna-se a principal bandeira dessas comunidades em sua luta por seus direitos (p.8).

As denúncias do Blog Pelo Território Pesqueiro – MPP, os Relatórios de 2016 e 2021 "Conflitos Socioambientais e Violações de Direitos Humanos em Comunidades Tradicionais Pesqueiras no Brasil" e os trabalhos de campo realizados junto ao MPP servirão de base para a análise das atividades promotoras da modernização que impedem o acesso dos pescadores aos territórios tradicionais, ou promovem a sobre-exploração dos pesqueiros. Em diálogo com as dissertações e teses, serão enfatizados os impactos ambientais, disputas no território por recursos do ambiente e conflitos por território que têm comprometido os pesqueiros tradicionais.

Hidronegócio

Para estabelecer um diálogo com os movimentos sociais da pesca, a aquicultura e a geração de energia hidrelétrica serão compreendidas como parte do hidronegócio*. Nas dissertações é teses as atividades relacionadas são apontadas 34 vezes, sendo 13 vezes a geração de energia hidrelétrica. Segundo o Relatório "Conflitos Socioambientais e Violações de Direitos Humanos em Comunidades Tradicionais Pesqueiras no Brasil" (2016), o hidronegócio se destaca como uma disputa, conflito ou impacto que afeta diretamente a pesca artesanal e avança sobre os pesqueiros tradicionais, gerando conflitos territoriais com os pescadores artesanais. A expropriação forçada ocorre muitas vezes por meio de ameaças ou homicídios.

> Na mesma lógica do agronegócio, o hidronegócio arrasa territórios pesqueiros por meio da privatização e mercantilização da água. Porém, a face esdrúxula do hidronegócio se apresenta principalmente como energia hídrica (as barragens), irrigação para o agronegócio, carcinicultura e piscicultura e a violação contra a vida de quem resiste e se opõe (TOMÁZ; SANTOS, 2016, p. 12).

* O termo hidronegócio vem sendo adotado nas reivindicações de movimentos sociais, como MPP (Movimento dos Pescadores e Pescadoras Artesanais), MAB (Movimento dos Atingidos por Barragens), CPP (Conselho Pastoral da Pesca), CPT (Comissão Pastoral da Terra) entre outros. Segue a compreensão do agronegócio, mas enfatizando os corpos d'água, logo trata-se do "negócio" da água. Malvezzi (2012) destaca que esse termo tem sido tratado na academia como agrohidronegócios.

Cabe destacar que a modernização que se evidencia nos projetos de hidronegócio "possuem um padrão político de intervenção estatal de mercantilização dos ecossistemas e das intervenções sobre os territórios de ocupação tradicional, ostentados como promessa de desenvolvimento e progresso". Assim, avança sobre a pesca artesanal com argumentos de que essa atividade do ponto de vista da "produção" é menos promissora do que a aquicultura e a geração de energia. Os governos, interessados nas divisas prometidas com a modernização do território estabelecem políticas de fomento e flexibilizam a legislação ambiental. "Os megaprojetos mobilizados pelo bloco hegemônico do capitalismo contemporâneo avançam com uma matriz energética nefasta apoiada nas hidrelétricas, eólicas, nucleares e nas transposições de rios; no avassalador hidronegócio, com a carcinicultura e piscicultura". Diante disso, entende-se que esse projeto contempla "empreendimentos que fazem parte do arcabouço de injustiça ambiental e social que devastam o planeta" (TOMÁZ, SANTOS, 2016, p. 102).

No relatório do CPP de 2021 Azevedo destaca as ofensivas do hidronegócio aos territórios das comunidades tradicionais pesqueiras:

> Mares, rios, lagos, lagoas e manguezais, que também compõem os territórios das comunidades tradicionais, têm sofrido com processos de privatização que geram desterritorialização das comunidades. A aquicultura, as hidrelétricas e a própria política hídrica e de saneamento abrem margem para a privatização dos bens comuns e dos espaços aquáticos (AZEVEDO, 2021, p. 178).

Aquicultura

A aquicultura, como atividade integrante do hidronegócio, provoca disputas no território, conflitos por território e impactos ambientais. Neste momento, além da exploração excessiva do ambiente, merece destaque o "cercamento" das águas, que impede o acesso das comunidades ao território pesqueiro. É essencial enfatizar que essa conexão contínua entre o território de moradia e vivência comunitária e o território pesqueiro é fundamental para compreender a pesca artesanal não apenas como uma atividade econômica, mas também como uma tradição.

As disputas, conflitos e impactos relacionados à aquicultura foram evidenciados nos relatórios do CPP de 2016 e de 2021, principalmente em relação à restrição de acesso e às mudanças nas características do ambiente, incluindo a supressão dos manguezais e o despejo de efluentes contaminados. O relatório de 2021 ressalta que:

> O uso da água unicamente como mercadoria ou mero insumo para a produção de mercadorias é outro elemento de conflito que afeta as

> populações pesqueiras. Desse modo, a aquicultura em larga escala, que envolve o cultivo de peixes, crustáceos, moluscos, anfíbios, répteis e plantas aquáticas, segue a lógica predatória, assim como o agronegócio. Isso acarreta diretamente na contaminação das águas e dos cursos d'água, reduzindo a disponibilidade desse bem essencial à vida. Em algumas situações, isso resulta na falta de acesso a água potável para as comunidades, levando ao uso diário de água imprópria para o consumo humano. Isso, por sua vez, afeta a saúde das populações, gerando consequências desastrosas, inclusive para o exercício do trabalho, devido à exposição a doenças (FOLGADO, 2021, p.185).

A problemática da aquicultura é evidenciada nas análises de trabalhos (dissertações e teses) realizados em várias regiões do Brasil. O foco principal recai sobre as disputas, conflitos e impactos nos pesqueiros tradicionais, que são considerados tanto ambiente quanto território.

As disputas no território ganham destaque nos trabalhos analisados, revelando os impactos da modernização promovida pela aquicultura. Os recursos do ambiente são objeto de disputa à medida que essa atividade econômica se apropria do espaço e impõe seus processos à natureza, resultando na destruição de ecossistemas fundamentais para a produtividade dos pesqueiros tradicionais. A invasão da aquicultura em áreas de manguezais (RODRIGUES, 2005; MACHADO, 2007; SANTOS, 2008; NETO, 2009; KUHN, 2009; SANTOS, 2012, 2018; RIOS, 2012; CUNHA, 2015; ARAÚJO, 2017; SILVA, 2017; NUNES, 2018; SILVA, 2020) é uma ocorrência frequente, levando à perda de território tradicional para a pesca artesanal. Além da devastação dos manguezais, a contaminação por produtos químicos utilizados nesse processo produtivo também é um problema apontado (RODRIGUES, 2005; FIGUEIREDO, 2013; CUSTÓDIO, 2006). Uma denúncia do Blog Pelo Território Pesqueiro ilustra essa disputa na comunidade de Encarnação de Salinas - BA:

> A comunidade tradicional pesqueira de Encarnação de Salinas, situada no município de Salinas da Margarida, Bahia, está organizada em luta contra a degradação ambiental que vem sendo provocada por mais um empreendimento da carcinicultura que está se instalando na Praia da Igreja e de Santa Luzia.
>
> O MPP/BA recebeu denúncias de moradores afirmando que, mesmo com a advertência do Instituto do Meio Ambiente e Recursos Hídricos (INEMA), os empreendedores estão colocando tratores para derrubar o manguezal nas áreas em que se pretende instalar o empreendimento. A comunidade está fazendo o enfrentamento com diversas articulações e denuncia, inclusive, ameaças de morte sofridas por algumas lideranças locais[27].

Por outro lado, é importante enfatizar que existem disputas nos territórios à medida que pesqueiros tradicionais são ocupados pela aquicultura ou têm o acesso negado devido à instalação de projetos aquícolas (MORENO, 2021). É fundamental compreender que esses empreendimentos são frequentemente estabelecidos em fazendas localizadas nas margens dos corpos d'água, tornando o acesso aos pesqueiros um elemento crucial para a manutenção do território pesqueiro tradicional. As restrições impostas pela aquicultura muitas vezes são implementadas por meio de cercas que impedem o acesso dos pescadores aos pesqueiros tradicionais (NETO, 2009; CUNHA, 2015). Como resultado, as comunidades são obrigadas a se deslocar para distâncias maiores para realizar a pesca (SANTOS, 2012), resultando em mudanças nas condições sociais, ambientais, culturais e econômicas do território (RIOS, 2012). Ressalta-se que essas consequências também levam ao rompimento da conexão entre território, terra e água.

Os movimentos sociais da pesca artesanal demonstram preocupação com o avanço da aquicultura no Brasil, considerando as consequências negativas dessa atividade em outros países, como o Chile (RIOS, BRAVO, 2012). Essa problemática foi discutida em reunião do Conselho Pastoral dos Pescadores:

> Nestes dias escutamos atentamente as experiências e os clamores dos pescadores brasileiros e chilenos que estão sendo expulsos violentamente dos seus territórios com a implantação da aquicultura industrial e intensiva, a exemplo da carcinicultura no Brasil e salmonicultura no Chile. Estas atividades têm promovido nos últimos anos uma destruição verdadeira dos estoques pesqueiros (reservas marinhas) e uma extensiva privatização dos manguezais e das águas (bem como dos espaços de moradia dos pescadores e pescadoras), inviabilizando a soberania alimentar e o processo de reprodução física e cultural das comunidades pesqueiras artesanais[28].

É fundamental frisar o papel do Estado como promotor da aquicultura empresarial, estabelecendo políticas de fomento e garantindo territórios para essa atividade[18], em detrimento da pesca artesanal.

> No Brasil, estamos acompanhando com bastante preocupação uma série de iniciativas (investimento público) do Governo através do Ministério da Pesca para alavancar o desenvolvimento da aquicultura. Percebemos que o governo brasileiro, a exemplo da experiência chilena, tem sido bastante subserviente na criação de leis que visam facilitar da implantação de parques aquícolas, tanto no litoral quanto nas águas continentais, sem a participação da sociedade. Inclusive passando por cima de acordos internacionais do qual é signatário como a convenção nº 169 da Organização Internacional do Trabalho — OIT, garantindo que discussões sobre mudanças em legislações que impactem nas comunidades tradicionais devem preceder de uma consulta a estes povos e comunidades.

Em reunião da Articulação Sudeste-Sul do Movimento dos Pescadores e Pescadoras Artesanais em Paranaguá-PR, discutiu-se com a Secretaria de Patrimônio da União — SPU sobre a concessão de parques aquícolas previstos na IN Interministerial Nº1 de 10 de outubro de 2007. Os pescadores temem o avanço dessas atividades sobre o território pesqueiro, pois a regulamentação da área ou parque aquícola permite ao proprietário do empreendimento restringir ou proibir a presença dos pescadores artesanais.

A proibição da presença dos pescadores artesanais ou a restrição do acesso ao pesqueiro implica em conflitos por território. Os trabalhos analisados expõem que a cessão de uso funciona como a "privatização" dos corpos d'água para os empresários do setor aquícola (PÉREZ, 2012, 2016). Assim, opõem-se lógicas de apropriação do espaço, onde pescadores defendem a área comunal, com valor de uso, enquanto os empresários defendem a propriedade privada, com valor de troca (FERREIRA, 2014). Na pesca artesanal, o cercamento não faz sentido, mas para as empresas é a garantia de domínio e geração de lucro (SANTOS, 2013).

Além das cercas, o MPP denuncia no Blog Pelo Território Pesqueiro diversos casos em que seguranças de fazendas de aquicultura agem com violência contra os pescadores artesanais, impedindo que pesquem ou naveguem nas proximidades, conforme enfatizado no Documentário "Vento Forte", onde os pescadores José Nilton e Gilda apresentam as restrições ao acesso, como a delimitação da área com cordas e boias indicando que a área não pode ser acessada, bem como a presença de seguranças, em Petrolândia (PE).

Quanto aos trabalhos que abordam os impactos ambientais decorrentes da modernização provocada pela aquicultura, os principais decorrem da contaminação dos corpos de água (TORRES, 2014) e da destruição dos manguezais. As comunidades de pescadores resistem a esses impactos e, assim, defendem o território pesqueiro. Contudo, são repelidos por funcionários dos empreendimentos, frequentemente com apoio de agentes do Estado.

> Hoje pela manhã, cerca de 27 famílias que ocupavam a área de um viveiro de camarão abandonado, no Cumbe, Aracati/CE, foram despejadas por policiais militares, enquanto empresário da carcinicultura assistia o desespero das/os comunitários. Para protestar pela degradação do manguezal e reivindicar a garantia do território, desde o dia 10 de março, as moradoras e os moradores acampavam na área que dá acesso ao campo de dunas e cemitério local[29].

Geração de energia

A geração de energia hidrelétrica também provoca disputas no território e conflitos territoriais, expressando a face da modernização que causa restrições de acesso ao território e sobre-exploração. É importante ressaltar as mudanças provocadas, sobretudo na geração de energia hidrelétrica no ambiente, onde os pescadores estabeleciam seus territórios. Entre essas mudanças, destaca-se a instalação de barragens, que também provocam a desapropriação das comunidades de seus territórios de moradia e vivência, mas essa problemática será destacada nos conflitos fundiários.

O relatório "Conflitos Socioambientais e Violações de Direitos Humanos em Comunidades Tradicionais Pesqueiras no Brasil" (TOMÁZ; SANTOS, 2016) destaca que, no caso da Amazônia, o modelo de construção de hidrelétricas "segue a lógica perversa de violação de direitos humanos, desrespeito às leis e acordos internacionais, impactos profundos na biodiversidade e nas comunidades tradicionais". Nesse caso das hidrelétricas, além da restrição do acesso aos pesqueiros, destaca-se que mudanças no ambiente provocam a redução drástica dos recursos, em um projeto de modernização que não considera o impacto sobre a sustentabilidade das comunidades pesqueiras.

> O coração da Amazônia está ameaçado. A região de maior biodiversidade do planeta sofre com a pressão da construção de barragens hidrelétricas. São 150 barragens pensadas nos seis maiores rios. Isto representa um aumento de mais de 300% em relação as já existentes em uma área que se espalha por cinco países: Brasil, Bolívia, Colômbia, Equador e Peru. As consequências são a perda de florestas e a perda de conexão entre os Andes e as Planícies Amazônicas – a cordilheira é responsável pela maior parte dos sedimentos, nutrientes e matéria orgânica que chegam ao rio. Muitas espécies de peixes desovam em rios que dependem da influência andina, incluindo as que migram para as cabeceiras.

A face da modernização que se expressa na perda de acesso ou sobre-exploração dos pesqueiros tradicionais, causados por hidrelétricas, é abordada nas dissertações e teses analisadas principalmente como disputas no território. Ressalta-se as alterações no regime hidrológico do rio (CUNHA, 2006, 2015; FERREIRA, 2014; SANTOS, 2019; LIMA, 2020), que influenciam no comportamento das principais espécies capturadas na pesca artesanal (CRUZ, 2006; BRACONARO, 2011) e, consequentemente, na relação dos pescadores com o território, que é disputado (CRUZ, 2011; BRACONARO, 2011; CHAVES, 2018).

Também são significativos os impactos ambientais decorrentes da geração de energia, como aponta Marinho (2018). A relação entre mudanças no ambiente e desterritorialização dos pescadores artesanais foi tratada no I Seminário Nacional: Territórios, Ordenamentos e Representações (I SETOR). Os pesquisadores da região Amazônica foram enfáticos ao afirmar que os principais rios da Amazônia têm regime hídrico regulado pelas empresas que exploram esses corpos hídricos para a produção de energia. No caso Amazônico, é fundamental ressaltar que é a dinâmica dos rios que orienta o ciclo anual de produção, como verificado em trabalho de campo junto ao Núcleo de Estudos Geografia e Ambiente - NEGA (SUERTEGARAY, OLIVEIRA, DELFINO, 2016).

Contudo, essas transformações também se apresentam em outras regiões, como no Litoral da Bahia, por exemplo, conforme destaca o relatório de 2016 do CPP:

> A criação da Barragem da Pedra do Cavalo (1970), construída pelo governo militar, alterou significativamente o ecossistema da Baía do Iguape, ocasionando impactos sociais, ambientais e econômicos em diversas comunidades tradicionais pesqueiras e remanescentes de quilombo localizadas nos municípios de Maragogipe e Cachoeira (TOMÁZ; SANTOS, 2016, p. 72).

Os conflitos por território se relacionam com a face da modernização, pois, sobretudo, há o impedimento do acesso aos pesqueiros tradicionais. Assim, a implementação do empreendimento hidrelétrico impõe domínio sobre o território (SANTOS, 2013; SILVA, 2020). Como enfatizam Tomáz e Santos (2016):

> Os famigerados projetos capitalistas põem em risco a nossa existência e a do rio com as velhas barragens hidrelétricas que já expulsaram mais de 250 mil pessoas de seus territórios e são responsáveis pela destruição do percurso natural do rio. Tudo isso a serviço de um modelo energético que compromete as águas, as lagoas marginais, a vazão do rio, a reprodução dos peixes e impede o acesso à terra e à água, além da agricultura de vazante (p. 99).

Assim, as formas tradicionais de gestão do território pesqueiro são desconsideradas e proibidas. A resistência dos pescadores artesanais para se manterem nos territórios implica em conflitos, nos quais o pescador artesanal tem que enfrentar um conjunto de atores que, em nome do capital, defendem a modernização do território em um modelo de desenvolvimento predador, como é o caso da transposição do Rio São Francisco.

> Como se não bastasse, esse modelo de desenvolvimento predador propõe a construção de mais hidrelétricas, usinas nucleares e parques eólicos que ameaçam os territórios e comprometem ainda mais a vida do Velho Chico. A transposição, tão combatida por nós, virou instituição política de sustentação de empreiteiras com obras infindáveis para fortalecer a velha e a nova indústria da seca (TOMÁZ; SANTOS, 2016, p. 99).

Portos e indústrias relacionadas

Portos são mencionados em 12 das dissertações e teses analisadas, e a indústria do petróleo, em cinco ocasiões. Complexos portuários, estaleiros navais e plataformas de petróleo se instalam sobre os pesqueiros tradicionais, impedindo a pesca. Assim, disputam territórios e ambiente com os pescadores artesanais, promovendo conflitos por território e impactos ambientais que resultam na restrição do acesso aos pesqueiros tradicionais e na sobre-exploração dos recursos pesqueiros. Seus danos são denunciados pelos movimentos sociais, como o contexto apresentado no relatório do CPP de 2021, no estado do Pará.

> Podemos mencionar muitos impactos cumulativos que têm violentado os direitos das comunidades pesqueiras. Destacamos o naufrágio da balsa que derramou dois milhões de litros de óleo BPF; derramamento de carvão mineral no Rio Pará; vazamento de lama vermelha das bacias de rejeito da Alunorte; chuva de fuligem sobre Vila do Conde; rompimento do tanque de soda cáustica; vazamento de caulim pela IMERYS, que ocorreu mais de uma vez, tornando o Rio Pará impróprio para consumo humano; naufrágio do navio Haidar com 5 mil bois vivos e 700 toneladas, atingindo diretamente as comunidades de Vila do Conde e Beja em Abaetetuba. Outro problema enfrentado pelas comunidades é a perspectiva de construção de um porto entre as Ilhas do Xingu e do Capim, o que impediria todo o acesso das embarcações à pesca e ao tráfego de uma comunidade a outra, além de impactar a pesca artesanal desenvolvida na região (BARROS, MEDEIROS, GOMES, 2021, p. 95).

Ressalta-se a ênfase nas disputas pelo território, compreendendo que, ao mesmo tempo em que ocorre a disputa pela apropriação/domínio do espaço, a própria permanência da pesca artesanal depende das condições ambientais. Dessa forma, é importante destacar que o avanço dessas atividades econômicas segue a lógica do domínio do espaço, onde a razão econômica desconsidera os impactos no ambiente. Uma situação destacada no relatório do CPP de 2016 é o estado de vulnerabilidade da Mata Atlântica, que é atacada em toda a costa brasileira.

> Um dos exemplos desmedidos é o desmatamento de mais de mil hectares de mata para implantação do complexo portuário de Suape, em Pernambuco, que mexeu severamente na biota da região e na vida das comunidades pesqueiras. Mas o mais descabido é que em Pernambuco a Lei Estadual nº 14.046/2010 foi aprovada para autorizar o desmatamento da Mata Atlântica e de mangues para expansão do porto sem sequer exigir estudos prévios. Segundo o Ministério Público Federal, a gestão de Suape é feita com processos repletos de vícios e ilegalidades (TOMÁZ; SANTOS, 2016, p. 12).

Cabe enfatizar que, embora os referidos relatórios apresentem distinções entre os impactos de portos e da indústria de construção naval, essa análise não foi destacada nas dissertações e teses. No entanto, neste momento, observa-se a articulação entre porto, indústria naval e indústria petrolífera, e essas três vertentes serão abordadas conjuntamente.

Em relação às disputas no território, é importante ressaltar as transformações que os portos e a indústria naval causam nos territórios (MORENO, 2018; RIOS, 2017; DUARTE, 2018). As mudanças no ambiente (SANTANA, 2013) e a consequente redução no pescado (GOMES, 2012) expressam a face da modernização que resulta na sobre-exploração dos pesqueiros. Além disso, há o estabelecimento de áreas de exclusão da pesca (GOMES, 2012; LINDOLFO, 2016; VINHAS, 2020) devido à circulação de navios, o que implica na restrição de acesso aos pesqueiros tradicionais. A indústria petroquímica também disputa territórios, causando impactos no ambiente (COSTA, 2010; CHAVES, 2011) que frequentemente inviabilizam a continuidade da pesca (ALVES, 2015; RIOS, 2017).

Em relação aos portos e à indústria naval, é importante destacar o choque entre duas formas de apropriação da natureza. Enquanto os pescadores têm um modo de vida mais vinculado ao ambiente, a instalação de portos e indústria naval provoca modificações que, além de impossibilitarem o acesso ao pesqueiro, influenciam os modos de vida das comunidades, como denunciado por Tomáz e Santos (2016) no caso da instalação do porto de SUAPE.

> No que se refere especificamente às comunidades tradicionais pesqueiras, cabe destacar que, pelas relações específicas que os pescadores e pescadoras artesanais têm com a natureza na região, a implantação do Porto de Suape causou enorme impacto nos modos de ser, viver e produzir destas comunidades. Ressaltam-se os impactos causados pela expulsão de moradores e moradoras da região, a supressão e aterramento dos manguezais, a criação de áreas de exclusão de pesca, os danos à pesca e à saúde causados pela poluição produzida pelo porto, a diminuição do pescado e a mortandade de espécies raras da fauna marinha (como o mero e o boto-cinza), a ausência de medidas mitigatórias e compensatórias para todos estes impactos e a ausência de manifestação e participação das comunidades pesqueiras tradicionais diretamente impactadas (p. 32).

Contudo, o Estado, enquanto promotor da modernização, viabiliza a instalação desses empreendimentos sobre ambientes que são manejados pelas comunidades tradicionais, onde estabeleceram seus territórios, como registrado no relatório do CPP de 2016.

> No território do Cajueiro, onde secularmente vivem centenas de famílias de pescadores, agricultores, extrativistas que contribuem para o equilíbrio ecológico da região, situa-se o mais antigo lugar de culto afro na Ilha do Maranhão, o Terreiro do Egito, que deu origem a vários terreiros que se espalharam não apenas no estado, mas por outras partes do mundo.
>
> O Governo do Estado não esclarece publicamente várias questões, na mais total falta de transparência em relação a esse assunto: o que foi feito do processo para implantação desse terminal portuário, que a Secretaria de Meio Ambiente se nega a dar vistas? Ainda está em

> vigor a suspensão da licença prévia para instalação da empresa? (p. 42).

Cabe enfatizar que, nesse caso, entende-se como disputa, porque a relação com o ambiente (impactado) provoca tensões no território. No território, expressam-se relações sociais, que também são influenciadas, como aponta a denúncia apresentada no Blog Pelo Território Pesqueiro.

> Os principais problemas ocasionados por Suape, colocados pelos pescadores e pelas pescadoras artesanais do território, vão desde as questões ambientais ao complexo quadro social. Esses impactos estão relacionados, o que faz com que as questões ambientais interfiram nas sociais ocasionando nas injustiças que se justificam em nome do crescimento predatório do Porto[30].

Essa problemática de disputa no território que gera a sobre-exploração e restringe o acesso aos pesqueiros também é documentada (TOMÁZ; SANTOS, 2016) no Rio de Janeiro:

> O grupo deu origem, em janeiro de 2007, à Associação Homens e Mulheres do Mar da Baía de Guanabara — AHOMAR, que assumiu a luta dos pescadores contra o descaso das empresas petrolíferas e de off-shore, responsáveis pelas obras causadoras de impactos negativos ao meio ambiente e, consequentemente, à pesca artesanal na Baía de Guanabara, no Rio de Janeiro. Em função das obras realizadas, inviabilizava-se a pesca na região, e as famílias dos pescadores ficavam sem seu sustento (p. 60).

O estabelecimento de áreas de exclusão da pesca, devido ao avanço dos portos, indústria naval e do petróleo, gera conflitos por território (VINHAS, 2011, PÉREZ, 2016). Embora exista resistência por parte dos pescadores para que permaneçam desenvolvendo a pesca nos pesqueiros tradicionais, o Estado prioriza a instalação de portos e polos navais, entendendo que favorecem o desenvolvimento econômico e provocam reestruturações produtivas que movimentam a economia (MARTINS, 2002). Destarte, a pesca artesanal, que é a principal origem do pescado consumido no Brasil, é desconsiderada, e os pescadores que insistem em utilizar o território tradicional estão sujeitos à violência, como é denunciado pelo Blog Pelo Território Pesqueiro.

> Embarcações nossas já foram recebidas a tiros. Em 2010, visitamos 28 comunidades que beiram a Baía de Guanabara de Niterói a Duque de Caxias. Em todas elas, a pesca estava acabando. E isso é devido à perda do território, principalmente para empreendimentos petrolíferos. É uma expulsão dos pescadores. Boa parte deles está abandonando a profissão ou, diante da crise da atividade, sendo sustentados por terceiros – diz Alexandre[20].

Além da violência física é importante destacar a imposição de regras que são alheias à dinâmica do território. Assim, a autonomia dos pescadores é perdida com a sua submissão às empresas "proprietárias" das terras, dos pesqueiros ou dos acessos aos mesmos. Um exemplo se evidencia na ilha de Tatuoca – PE:

> Um exemplo a ser citado, que tem a ver com o direito a ir e vir, diz respeito aos moradores da Ilha de Tatuoca, que agora, para entrar e sair de onde vivem há décadas (mesmo antes da existência da empresa) receberam uma carteirinha de identificação da empresa Suape. Sem falar da verdadeira "milícia" (como chamam os moradores), que foi criada e é comandada pela Diretoria de Gestão Fundiária e Patrimônio da empresa, que infernizam e tornam a vida dos que ali moram insuportável[31].

Em relação aos impactos ambientais, neste momento destacam-se as alterações no ambiente, que é utilizado de forma mais intensa do que a sua capacidade de resiliência, ou seja, é sobre-explorado com a instalação e funcionamento de terminais portuários, indústrias navais e plataformas de petróleo. No caso dos portos, destaca-se o impacto das dragagens, que alteram a dinâmica ambiental e o ciclo de vida das espécies pesqueiras (SILVA, 2012). Contudo, os impactos são variados, como é denunciado no Blog Pelo Território Pesqueiro, no caso de SUAPE:

> Desde abril a CPRH vem analisando os impactos ocasionados por Suape na localidade, inclusive, a morte de espécies protegidas por lei, como o peixe Mero e o boto-cinza. De acordo com o relatório do órgão, as obras incidem diretamente sob áreas estuarinas, habitats de diversas espécies de peixes que são fonte de subsistência das comunidades tradicionais pesqueiras do território. As investigações tiverem como base denúncias vindas de pescadores e pescadoras artesanais e informações de documentos, incluindo científicos, referentes à dragagem e derrocamento e aos impactos socioambientais[32].

Ressalta-se que esses impactos não resultam da falta de leis ou de penalidades pelo descumprimento das mesmas. Contudo, as leis que deveriam proteger o ambiente e evitar a sobre-exploração não abrangem o conjunto do território e seus impactos, sobretudo nas espécies pesqueiras e na subsistência das comunidades, como é denunciado no caso de SUAPE:

> O mais gritante desapego à lei são os anos e anos (mais de 10 anos) de descumprimento da aplicação das compensações ambientais impostas para que os desmatamentos dos mangues, restingas e mata atlântica ocorressem naquele território. Os inúmeros Termos de Ajustes de Conduta assinados com o Ministério Público foram sistematicamente desrespeitados pela empresa Suape. Em janeiro de 2012, a empresa publicou como matéria paga nos três jornais de

> grande circulação do Estado informe publicitário anunciando que o passivo ambiental daquela área tinha sido zerado. Até hoje, os moradores se perguntam onde foram realizadas as intervenções anunciadas com grande pompa? E o Ministério Público, que não se posicionou sobre o pedido de informação para que Suape apontasse em que locais teriam sido efetuadas aquelas intervenções?[31]

Em alguns casos, a mobilização das comunidades em audiências públicas e manifestações, por meio de movimentos sociais, consegue barrar o avanço desses empreendimentos, como é apresentado por Tomáz e Santos (2016), no caso do Maranhão, onde "o 'investimento' da WTorre no porto, além de ameaçar Cajueiro e comunidades vizinhas, destruiria cerca de 20 hectares de mangues, comprometeria importantes mananciais de água potável, provocaria fortes impactos ambientais, gerando consequências para toda a Ilha de São Luís" (p. 42).

Cabe enfatizar que, no caso das indústrias de petróleo, os impactos sobre o ambiente pesqueiro e de vivência comunitária são muito intensos, destacando-se a poluição/contaminação do solo, ar e água. No Rio de Janeiro, os pescadores denunciam, no Blog Pelo Território Pesqueiro, os impactos das refinarias no ambiente e na qualidade de vida dos moradores:

> A Baia de Guanabara é um grande ecossistema e, no seu entorno, moram mais de 10 milhões de pessoas que precisam ter qualidade de vida. Ocorre que toda essa população está sofrendo e vai sofrer com a poluição dessas atividades. Refinarias em operação, passando pelo Comperj em construção, geram poluição no mar e no ar. Há muito armazenamento de combustível na baía, oleodutos, gasodutos, navios com cargas perigosas, embarcações que soltam tintas tóxicas...[33]

No caso do Porto de Aratu, na Bahia, os pescadores denunciam, no Blog Pelo Território Pesqueiro, que os "acidentes" decorrentes dos portos e indústrias associadas expressam o racismo ambiental, que permite a instalação dessas atividades extremamente poluidoras sobre os territórios tradicionais das populações mais pobres e dependentes do ambiente.

> Esclarecemos que acidentes ambientais ligados a desembarque de navios ocorrem constantemente ao longo dos anos e é por conta desta situação que estudos ambientais indicam esta área como uma das mais poluídas da Baía de todos os Santos. A gravidade desta explosão poderia ter se espalhado pelos outros reservatórios de produtos muito mais nocivos à saúde e ao ambiente, retrata a vulnerabilidade socioambiental em que se encontram as comunidades pesqueiras e quilombolas de Ilha de Maré e entorno. Revelam também o desrespeito aos seus direitos constituídos caracterizando um quadro de racismo institucional e ambiental praticado pelas instituições públicas e privadas em nosso país.[34]

Importante destacar que as atividades portuárias e industriais associadas, além de causar danos à pesca prejudicam a vida humana, como aponta Pena (2021) no relatório do CPP de 2021:

> Conflitos decorrentes da construção de portos/indústria naval em áreas tradicionais de pesca, assim como grandes empreendimentos industriais e petroquímicos, os quais podem resultar em várias formas de desastres e na contaminação dos mananciais pesqueiros. As consequências são o surgimento de enfermidades decorrentes das intoxicações por produtos químicos, como metais pesados, hidrocarbonetos aromáticos, produtos que podem causar cânceres, alterações congênitas e repercussões genéticas nas futuras gerações. A poluição atmosférica industrial resulta no aumento das doenças respiratórias, como as alérgicas (asma brônquica, por exemplo) e cânceres de pulmão e das vias respiratórias altas (PENA, 2021, p. 175).

Pesca predatória

Na expressão da face da modernização que causa a sobre-exploração dos pesqueiros tradicionais, é fundamental destacar os impactos, disputas e conflitos relacionados à pesca predatória (Pesca Industrial, Pesca Comercial, Pesca Amadora/ Esportiva e Comercialização de Pescado). Esses contextos foram frequentes nas dissertações e teses analisadas, sendo identificados 58.

Sobretudo, a pesca industrial (25) é apresentada como responsável pelo colapso nos recursos pesqueiros no Brasil, tendo sido intensamente fomentada pelo governo através da Superintendência de Desenvolvimento da Pesca – SUDEPE, mas predileta até os dias atuais nas políticas nacionais. A pesca comercial (10), principalmente na região Amazônica, tem provocado mudanças nas práticas tradicionais da pesca, intensificando as capturas para atender as demandas do mercado, por isso a comercialização do pescado (16) também é apresentada na compreensão dessa face da modernização que causa sobre-exploração. A pesca amadora (7) e/ou esportiva também provoca a sobre-exploração por estarem sujeitas a outros enquadramentos normativos que permitem essas práticas em períodos e com instrumentos diversos dos da pesca artesanal, acrescenta-se a falta de fiscalização dessas atividades, o que permite capturas bem acima das permitidas.

Nos relatórios de conflitos do CPP (TOMÁZ; SANTOS, 2016; BARROS; MEDEIROS; GOMES, 2021) as referências à pesca predatória são menos frequentes. Quando ocorrem, enfatizam as consequências da pesca industrial. Sobre a pesca industrial, é importante destacar que as dissertações e teses analisadas destacam as disputas nos territórios tradicionais dos pescadores artesanais. Evidenciam que os saberes dos pescadores artesanais sobre o ambiente lhes permitem a territorialização onde há maior produtividade da pesca. Esses saberes incorporam também práticas de manejo que não exaurem os recursos em intensidade maior do que a possibilidade de renovação (LIMA, 2002). A pesca industrial, pelo contrário, faz uso de tecnologias de localização de estoques pesqueiros e captura acima da sua taxa de renovação (GIANNELLA, 2009; CARDOSO, 1996; DUMITH, 2017), pois a maior capacidade de navegação lhes torna independentes dos recursos estritamente presentes no local, enquanto os pescadores artesanais dependem dos recursos locais (LIMA, 2008; ARAÚJO, 2017; ABREU, 2020). Assim, disputam territórios tradicionais duas lógicas de apropriação e/ou domínio (GUEDES, 2009; PÉREZ, 2012; MORENO, 2018; VINHAS, 2020). Tal disputa com a pesca industrial frequentemente resulta na desterritorialização dos pescadores, pois a sobre-exploração, face expressa dessa modernização, reduz a produtividade na pesca, fundamental para a manutenção dos territórios tradicionais (MACHADO, 2013, 2019; DUARTE, 2018; CARVALHO, 2019).

Para exemplificar as disputas no território entre pesca artesanal e pesca industrial, vamos trazer o exemplo do Estuário da Lagoa dos Patos — Rio Grande do Sul. Em 1998 se evidenciou grave crise na pesca, principalmente do camarão rosa, expondo a face da sobre-exploração dos recursos pesqueiros pela pesca industrial, sobretudo devido à presença de pescadores do Estado de Santa Catarina nas safras, os quais utilizavam elevado número de redes de espera e redes de arrasto. Para evitar a presença desses atores territoriais de transição, os pescadores do Estuário constituíram um fórum de pesca denominado Fórum da Lagoa dos Patos e, a partir dessa instituição, propuseram uma Instrução Normativa[19] específica para a região de abrangência do estuário e que, sendo aprovada, restringiu a atividade pesqueira aos pescadores locais. Sendo assim, para que o ambiente se recuperasse, proibiu-se a pesca industrial no interior do estuário, por meio do estabelecimento de um território de uso exclusivo para os pescadores residentes.

Entre os impactos ambientais provocados pela pesca industrial, destaca-se a redução e extinção dos recursos pesqueiros (MAIER, 2009; SANTOS, 2019) em tradicionais territórios da pesca artesanal, o que expressa a face da modernização – sobre-exploração. Nesse sentido, o aumento do esforço de pesca por meio da utilização de apetrechos de pesca predatórios e tecnologias que permitem a localização e exterminação de cardumes são impactos ambientais que promovem a extinção de importantes territórios de pesca.

Os impactos da pesca industrial expressam suas consequências na pesca artesanal na redução dos estoques pesqueiros. Importantes estoques pesqueiros, como o da tainha, capturada nas regiões Sudeste e Sul, encontram-se prejudicados devido à sobre-pesca. Contudo, além do impacto sobre o recurso, cabe enfatizar os impactos da falta desses recursos sobre as comunidades que dependem dos mesmos no ambiente. Além da redução das pescarias, cabe destacar que normativas são aplicadas provocando restrições à pesca industrial, mas a pesca artesanal também é prejudicada. Um exemplo é o Plano de Gestão para o Uso Sustentável da Tainha (BRASIL, 2015C) proposto pelo Governo Federal, que proíbe a pesca industrial, mas também impõe restrições à pesca artesanal. Os pescadores do Rio Grande do Sul, por exemplo, seriam proibidos de pescar no período mais piscoso, como foi discutido no II Encontro da Região Sudeste-Sul do Movimento dos Pescadores e Pescadoras Artesanais.

A intensificação da pesca industrial também gera conflitos por território. Esses se devem ao avanço dessa atividade econômica (SANTANA, 2013) sobre territórios tradicionais, de forma que suas embarcações maiores e uso de tecnologias mais ostensivas se impõem sobre os pescadores artesanais que se retiram do território para evitar a perda de equipamentos de pesca e os riscos à vida resultantes desse conflito.

No estado de Santa Catarina, a pesca industrial conta com embarcações e apetrechos muito ostensivos. Isso se opõe à pesca artesanal tradicional, praticada em lagunas e lagoas com embarcações de pequeno porte e número limitado de redes. Quando desejam explorar os mesmos pesqueiros, os conflitos se evidenciam, expulsando os pescadores artesanais, que ficam em situação de risco de vida e frequentemente perdem apetrechos de pesca. Em determinados territórios, como em Laguna e Jaguaruna, os pescadores artesanais conseguiram estabelecer normativas que priorizam a pesca artesanal nas águas interiores, como ficou evidenciado em reunião da Articulação Sudeste-Sul do Movimento dos Pescadores e Pescadoras Artesanais.

A pesca comercial também é apresentada nas dissertações e teses como promotora de disputas no território. Nesse caso, cabe destacar que, assim como a pesca comercial não é regida pelos ciclos da natureza, mas pela dinâmica do mercado, o que resulta em sobre-exploração (CRUZ, 2007; ABREU, 2011; NASCIMENTO, 2016; FERREIRA, 2016; PEREIRA, 2021). Sendo assim, são empregadas novas tecnologias que afastam essa modalidade de pesca da artesanal, que está mais relacionada com o ambiente e com as técnicas tradicionais de uso. Os barcos que fornecem gelo, por exemplo, permitem que os pescadores comerciais permaneçam mais tempo explorando o território pesqueiro, o que permite a captura sem limites. Contudo, geralmente se difere da pesca industrial pelas relações de trabalho entre pescadores. De modo geral, percebe-se que o pescador comercial se difere do pescador artesanal por estar mais vinculado ao mercado, o que faz com que abandonem formas tradicionais de manejo do ambiente e tratados comunitários de uso do território, inclusive avançando sobre territórios de outras comunidades (MACHADO, 2007; ARAÚJO, 2012), o que resulta em conflitos (SILVA, 2009).

Em trabalhos de campo realizados em Tefé-Amazonas, observa-se a disputa no território entre pescadores artesanais e comerciais. Cabe enfatizar que movidos pela dinâmica do mercado, os pescadores comerciais frequentemente avançam sobre pesqueiros tradicionais e realizam pescarias que não estão em consonância com acordos comunitários. Assim, comprometem a presença dos recursos pesqueiros nos territórios tradicionais dos pescadores artesanais. Além disso, ocorre que muitas vezes os pescadores comerciais que disputam território com os artesanais vêm de locais externos à comunidade. Na unidade de conservação Floresta Nacional de Tefé – FLONA de Tefé, os pescadores comerciais urbanos disputavam territórios pesqueiros tradicionais com os pescadores artesanais locais. Os pescadores artesanais da FLONA estabeleceram acordos de pesca como forma de limitar o avanço da pesca comercial praticada pelos pescadores urbanos dentro desta unidade.

Assim, é fundamental também compreender o papel da comercialização do pescado como promotora da face da modernização que causa sobre-exploração. A comercialização demanda dos pescadores industriais e comerciais a intensificação das capturas, o que resulta na utilização exaustiva do ambiente por meio de técnicas mais predatórias (ARAÚJO, 2012). Essa pressão (SANTOS, 2012) se dá por demanda e preço, uma vez que além de terem que atender à demanda do mercado, os pescadores industriais e comerciais podem ser motivados a impactarem o ambiente e conflitarem por território em busca da obtenção de maior lucro, frente à desvalorização do pescado.

Os conflitos por territórios decorrentes da comercialização que causa sobre-exploração dos pesqueiros se dão no embate entre pescadores que estão sujeitos à lógica do mercado (industriais e comerciais) (GUEDES, 2009; ABREU, 2011) e pescadores artesanais que defendem e resistem no território (CRUZ, 2007). Acrescenta-se ainda a inserção de outros atores territoriais, como o atravessador que faz a intermediação entre pescador e mercado (indústria e consumidor) (CARDOSO, 1996; KUHN, 2009; QUEIROZ, 2012; SANTANA, 2013; FERREIRA, 2014). Mesmo entre pescadores artesanais, a comercialização pode motivar conflitos, uma vez que na busca de maior produtividade, normas de uso do território pesqueiro podem ser desconsideradas, o que gera, inclusive, o desmantelamento das relações comunitárias (GUEDES, 2009).

No estuário da Lagoa dos Patos, assim como em diversos territórios no Brasil, a pesca está sujeita à dinâmica do mercado. No caso da pesca do camarão, por exemplo, antes da abertura da safra, o preço pago pelo pescado é mais elevado, o que leva a prática da pesca à margem do que foi estabelecido pela lei. No âmbito das comunidades, os pescadores que seguem a lei entram em conflito com os pescadores que realizam a pesca em desacordo com a normatização. Isso gera toda uma desestabilização dos vínculos comunitários. Acrescenta-se a presença do atravessador, que estabelece vínculo financeiro com os pescadores, de forma que provocam a dependência desses atores, que se submetem às suas demandas. Assim, a comercialização se evidencia como um fator fundamental a ser considerado, principalmente quando se consideram os conflitos entre pescadores.

A pesca amadora e/ou esportiva se apresenta como causadora de impactos ambientais e conflitos por território, que geram a sobre-exploração dos pesqueiros tradicionais. Ressalta-se que os impactos dessas atividades se distinguem, pois não são devidamente mensurados, e apesar de sujeitos a normas próprias, essas modalidades de pescaria não são devidamente fiscalizadas, o que incorre na prática da pesca predatória (CARDOSO, 1996; CUNHA, 2011). Já os conflitos por território são estabelecidos entre pescadores artesanais, que possuem técnicas e normas de uso que mantêm os territórios pesqueiros produtivos, e pescadores eventuais, atores territoriais de transição, que não reconhecem essas formas de manejo e fazem uso do território de forma predatória (FIGUEIREDO, 2013). Os conflitos de uso do território se agravam quando outros agentes buscam o monopólio dos pesqueiros para a promoção da pesca esportiva (PRADO, 2015).

No Rio Jacuí, os pescadores artesanais denunciam os impactos da pesca amadora sobre os recursos pesqueiros. Destacam essa prática próxima às barragens, onde o peixe encontra-se confinado e a utilização de cevas (depósito de sacos de grãos, como milho) que atraem os peixes. Sendo assim, a captura ocorre de forma intensa se equiparando ou até sendo superior à da pesca artesanal.

É importante salientar que a pesquisa revela uma série de complexidades e desafios enfrentados pelos pescadores artesanais em relação à exploração predatória e às disputas por território, tanto por parte da pesca industrial quanto da pesca comercial e amadora. Os problemas enfrentados vão desde a sobre-exploração dos recursos pesqueiros até a ameaça à cultura e às formas tradicionais de manejo do ambiente. A necessidade de políticas de manejo sustentável e de fiscalização adequada torna-se evidente para a proteção dessas comunidades tradicionais e a preservação dos ecossistemas marinhos e fluviais.

TERCEIRA FACE DA MODERNIZAÇÃO: A EXPROPRIAÇÃO DA TERRA

Com base no Blog Pelo Território Pesqueiro, observou-se a predominância de denúncias sobre a terceira face da modernização, que expõe principalmente as áreas de moradia e convívio das comunidades tradicionais de pescadores artesanais, afetando os territórios comunitários por meio da expropriação da terra. Ressalta-se que, como já foi mencionado, a continuidade entre o território de moradia e o pesqueiro tradicional é fundamental para compreender os territórios da pesca artesanal. Dos trabalhos analisados (dissertações e teses), identificaram-se 84 contextos em que a problemática versa sobre essa face da modernização.

Destes, 77 dizem respeito aos conflitos por território, 6 abordam disputas estabelecidas no território por recursos do ambiente e 1 trata dos impactos ambientais. É intrínseco à modernização a expropriação do território comunitário, bem como impactos ambientais e disputas no território, contudo, a ênfase é dada sobre os conflitos por território.

Com base nas dissertações e teses analisadas, verificou-se que a maior concentração dessa face está na região Nordeste (44). Em menor número, estão as regiões Sul (17), Sudeste (13), Norte (9) e Centro-Oeste (1). As principais atividades causadoras desses conflitos são o turismo (36.90%), os conflitos fundiários (34.52%) e a especulação imobiliária (28.57%). A figura 41 apresenta a expressão desses contextos no Brasil, com base na análise de dissertações e teses.

Dialogando com o movimento social, percebe-se que a modernização, que resulta na expropriação dos territórios de moradia e convívio, enfrenta ameaças devido ao avanço de atividades econômicas que buscam impor outro uso do espaço. É importante ressaltar que o blog Pelo Território Pesqueiro, em sua página de denúncias, registra frequentemente essa face da modernização (52). Isso acontece porque o MPP (Movimento dos Pescadores e Pescadoras Artesanais) busca assegurar a presença das comunidades tradicionais de pescadores artesanais em seus territórios, que são adjacentes aos pesqueiros tradicionais. O conflito se estabelece devido ao embate entre o território tradicional e a nova territorialização. Nesse caso, a evidência do território das comunidades está na terra ocupada, porém, muitas vezes essas comunidades são posseiras, e outras atividades econômicas estabelecem o domínio do espaço através do capital.

É crucial enfatizar que o turismo é a principal atividade econômica que promove a modernização e causa a expropriação dos territórios das comunidades. Essa atividade gera impactos ambientais, disputas territoriais e, principalmente, conflitos com a pesca artesanal. Já as questões fundiárias e a especulação imobiliária estão mais diretamente relacionadas aos conflitos por território.

A região Nordeste é a mais afetada pelos conflitos com o turismo de massa. Na Assembleia Geral do MPP, realizada na Reserva Extrativista do Batoque — CE, destacou-se o avanço da atividade turística sobre as comunidades tradicionais de pescadores artesanais. No Ceará, inúmeros resorts são instalados, com vastas infraestruturas que não estão alinhadas com o modo de vida dos pescadores. Motivados pelo poder público municipal e estadual, esses empreendimentos promovem a remoção das famílias de pescadores artesanais. No entanto, vem ocorrendo uma contraposição nesse estado com a promoção do turismo de base comunitária. Na mencionada assembleia, alguns participantes se hospedaram em uma pousada da Rede Cearense de Turismo Comunitário - TUCUM. Essa atividade turística tem como objetivo não receber hóspedes acima da capacidade de suporte e oferecer serviços mais adequados à dinâmica do território das comunidades.

Figura 41 - Mapa de densidade da terceira face da modernização: expropriação da terra, com base nas dissertações e teses

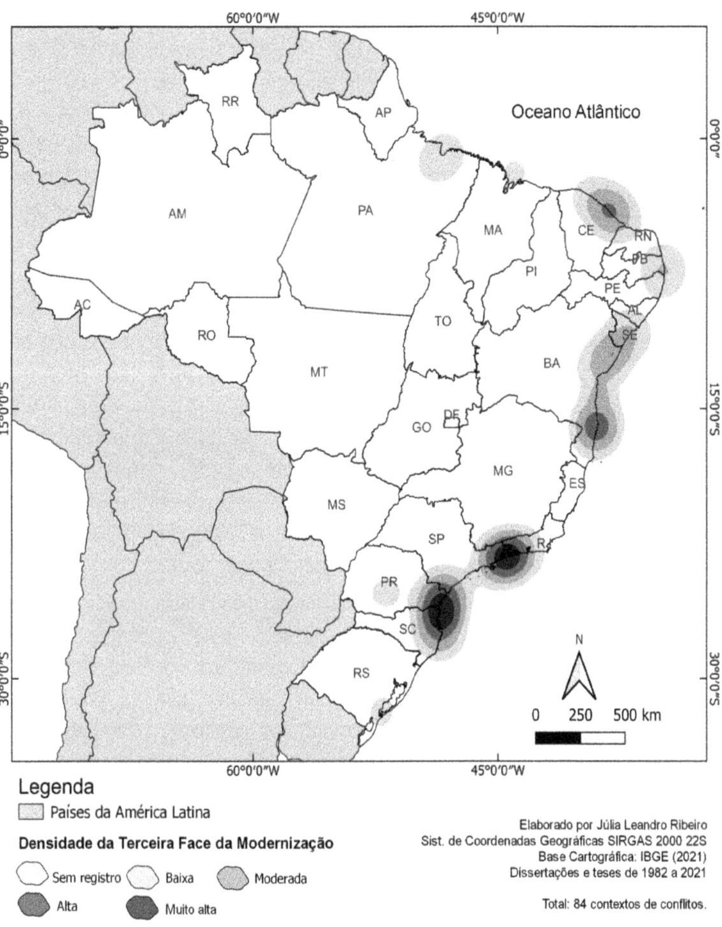

As questões fundiárias também têm contribuído para a expropriação dos territórios das comunidades tradicionais de pescadores. Isso está relacionado à luta pelo direito à terra entre as comunidades de pescadores artesanais e outros agentes econômicos que visam a modernização do território. O agronegócio é a principal atividade econômica que entra em conflito pela terra com as comunidades de pescadores, mas existem outras, como a instalação de complexos turísticos, terminais portuários, indústrias, entre outras. Na Assembleia Geral do MPP, destacaram-se os relatos de pescadores artesanais/quilombolas que veem seu direito de permanecer no território tradicional ameaçado pelo avanço do agronegócio. Outra problemática que gera conflitos territoriais é a implementação de unidades de conservação. No I Encontro da Articulação Sudeste-Sul do MPP, os pescadores do estado do Paraná destacaram essa questão no caso do Parque Nacional do Superagui, inclusive criticando a Secretaria de Patrimônio da União sobre a condução da regularização fundiária.

No espaço urbano, a problemática da especulação imobiliária também tem mobilizado comunidades de pescadores, expulsando-as de seus territórios tradicionais para a instalação de loteamentos e empreendimentos imobiliários. Nesse caso, o valor da terra urbana ganha centralidade, devido às amenidades como a paisagem associada e a proximidade dos grandes centros urbanos.

Na região Nordeste, essa problemática está muito relacionada ao turismo, uma vez que se propagam as segundas residências para veraneio, como discutido na II Assembleia Nacional do MPP. A instalação de serviços urbanos que não são acessíveis às comunidades locais e a valorização da terra têm promovido o deslocamento das comunidades para locais distantes dos pesqueiros tradicionais, inclusive levando muitos a abandonarem a pesca. Ao longo do litoral brasileiro, o avanço das cidades sobre as áreas das comunidades também promove a especulação imobiliária sobre seus territórios. Nesse caso, agentes do Estado e do capital se unem para a expropriação da terra e instalação de loteamentos e condomínios destinados à população com maior poder aquisitivo.

O mapeamento dos conflitos identificados nos relatórios do CPP (TOMÁZ; SANTOS, 2016; BARROS; MEDEIROS; GOMES, 2021) permite visualizar a manifestação da segunda e terceira face da modernização, ou seja, a expropriação da terra (figuras 42 e 43). É fundamental ressaltar que as regiões menos densamente representadas ocorrem devido à escassez de dados e não necessariamente à inexistência de conflito. Essa situação decorre da abordagem metodológica empregada pelo CPP para a coleta das informações.

O relatório de 2016 revela que as regiões Nordeste, Norte e Sudeste do país são as áreas de maior intensidade de conflitos. No relatório constam 287 contextos, e há um maior detalhamento de conflitos, destacando-se a privatização de terras públicas (18,12%), ameaça contra a vida (17,07%), ameaça e expulsão de famílias pesqueiras (15,68%), especulação imobiliária (15,68%), turismo (14,63%), violência física e psicológica (6,27%), conflitos fundiários (5,57%), destruição do patrimônio (3,83%) e marginalização e vulnerabilidades (3,14%). Já no relatório de 2021, observa-se uma redução expressiva dessa face da modernização nos dados registrados (86 contextos), com áreas de maior concentração em estados específicos do Nordeste e do Sudeste. Os conflitos identificados são especulação imobiliária (46,51%), turismo (38,37%), ameaça contra a vida (8,14%), marginalização e vulnerabilidades (3,49%), conflitos fundiários (2,33%) e violência física e psicológica (1,16%).

Figura 42 - Mapa de densidade da terceira face da modernização: expropriação da terra, com base no relatório de conflitos do CPP de 2016

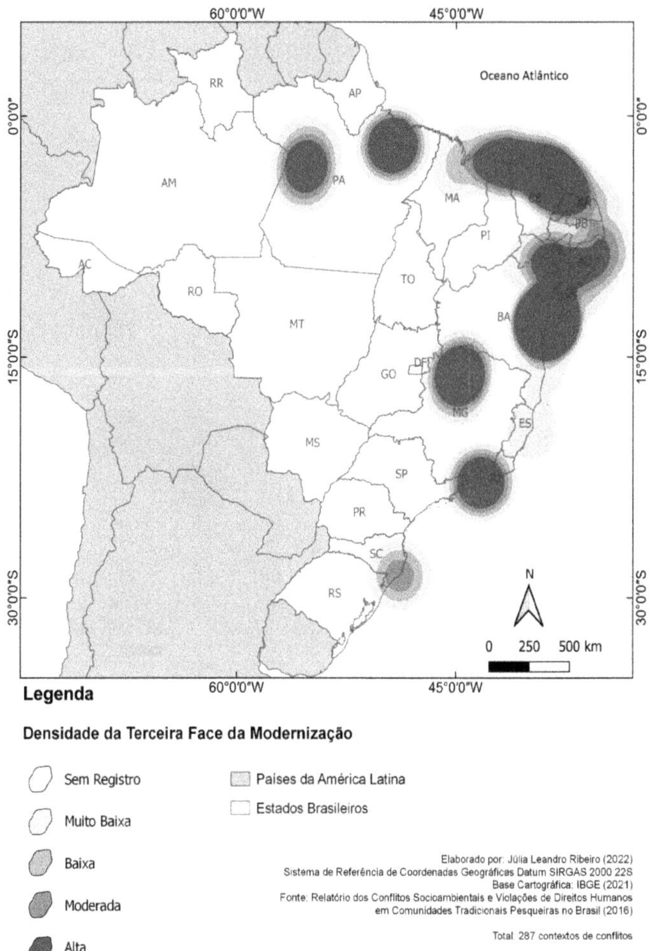

Figura 43 - Mapa de densidade da terceira face da modernização: expropriação da terra, com base no relatório de conflitos do CPP de 2021

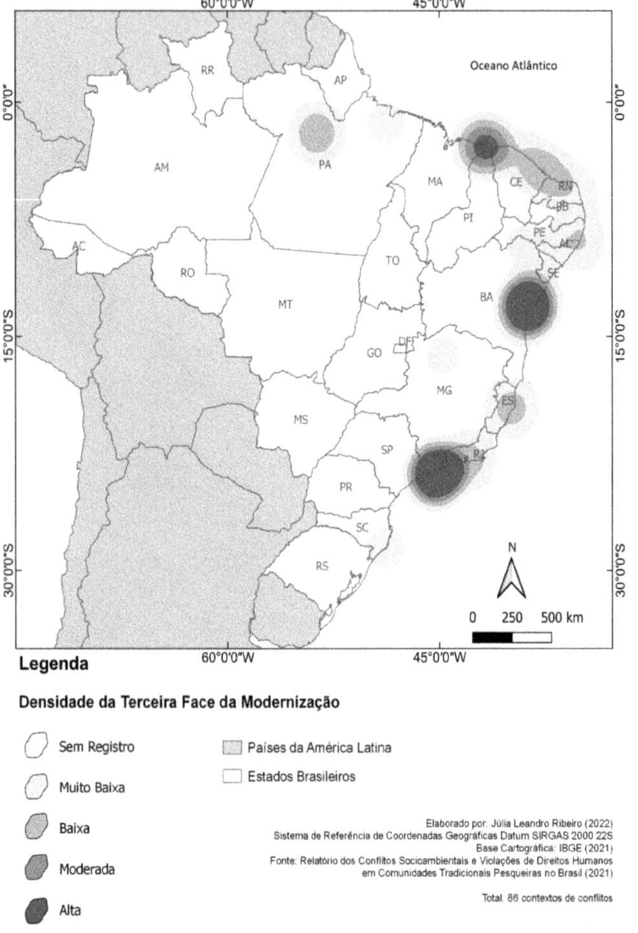

Neste estudo, iremos abordar as principais atividades que impulsionam a modernização e levam à expropriação da terra, com base nas denúncias do Blog Pelo Território Pesqueiro — MPP, nos relatórios do CPP (TOMÁZ; SANTOS, 2016; BARROS; MEDEIROS; GOMES, 2021) e em pesquisas de campo realizadas em conjunto com o MPP. É importante ressaltar que nossa análise se concentra em identificar os impactos ambientais, as disputas territoriais relacionadas a recursos naturais e os conflitos por território.

Turismo

O Movimento dos Pescadores e Pescadoras Artesanais tem utilizado o termo "predatório" para descrever as atividades turísticas que visam o consumo do espaço, sem respeitar a dinâmica da natureza e o modo de vida comunitário (MPP, 2012). Dessa forma, o turismo destaca-se como uma atividade econômica que entra em conflito por território com as comunidades tradicionais de pescadores, causando impactos e disputas territoriais. É importante ressaltar as ações dos promotores do turismo, alinhados com o poder público, que visam a expropriação da terra onde os pescadores artesanais estão territorializados. Esses projetos são implantados sem diálogo com as comunidades e resultam na instalação de infraestruturas de atração turística e serviços que não são acessíveis aos pescadores artesanais, pois não seguem a mesma lógica de consumo do espaço. Além disso, as comunidades se veem pressionadas a sair do território devido à valorização da terra pelo mercado imobiliário.

Além das ações dos promotores do turismo com o objetivo de expropriar as terras onde os pescadores artesanais estão estabelecidos, é importante destacar o aumento de visitantes decorrente do turismo de massa (ZAOUAL, 2008), o que demanda novas infraestruturas e pressiona os recursos ambientais, além de estabelecer relações com os moradores que nem sempre estão em conformidade com o modo de vida comunitário.

O relatório do CPP de 2021 destaca a pressão do mercado no setor do turismo, e a violação dos direitos das comunidades tradicionais. No estado da Bahia é denunciado:

> Por ser área litorânea existe também o conflito com a indústria do turismo e especulação imobiliária, que planejam a construção de hotéis, pousadas, resorts e condomínios, entre outras iniciativas, que em muitos casos promovem a expulsão das comunidades, atacando a autodeterminação e o direito a consulta livre, prévia e informada. Essa situação caracteriza a violação do direito ao território, seu acesso e uso para a subsistência e reprodução de seus modos de vida. Isso tem atraído também a circulação de drogas ilícitas e o narcotráfico, situação que acaba por afetar as comunidades (BARROS, MEDEIROS, GOMES, 2021, p.41).

Os espaços litorâneos que abrigam os territórios das comunidades tradicionais de pescadores têm despertado o interesse da indústria do turismo (PAULA, 2012; MORENO, 2021). Essa lógica de consumo do espaço, a organização e os valores dos atores envolvidos no turismo diferem da apropriação do território tradicional pelos pescadores artesanais (COSTA, 2010; MACHADO, 2013, 2019; SANTOS, 2018; DUARTE, 2018). Isso resulta em conflitos tanto na terra quanto no mar (FIGUEIREDO, 2013; DORSA; 2015), uma vez que essas paisagens "naturais" (LIMA, 2002) e a própria paisagem comunitária tornam-se cada vez mais raras (NUNES, 2011, 2018).

Esses conflitos abrangem diversos aspectos, desde a influência cultural (e de consumo) da atividade turística sobre as comunidades até a disputa pelo território e o desejo de remoção das comunidades tradicionais (CAVALCANTE, 2012), incluindo também a privatização de praias que impede a continuidade entre o território comunitário e o pesqueiro tradicional. Diante disso, as comunidades resistem e se mobilizam para frear esses empreendimentos (RIOS, 2012, 2017), apesar dos esforços dos agentes públicos municipais (DUMITH, 2012, 2017) e dos empreendedores de outros setores que se beneficiam das infraestruturas instaladas para o turismo, como estradas (RODRIGUES, 2005; PERRY, 2015).

No Blog Pelo Território Pesqueiro, esses conflitos por território estabelecidos entre pescadores artesanais e turismo predatório estão evidenciados. Como é destacado na Ilha da Madeira - Itaguaí - RJ, o turismo faz parte de um conjunto de empreendimentos que propagam a modernização do espaço. Nessa ilha, "Em conjunto com a intervenção da Odebrecht, empreendimentos de mineração e o turismo predatório já retiraram inúmeras famílias pesqueiras de seu território. Esses empreendimentos não consideram a pesca artesanal, o que faz com que as comunidades pesqueiras da região procurem outras atividades econômicas". A expropriação fica evidente à medida que o avanço do turismo, combinado com outras atividades econômicas, resulta na expulsão das comunidades e inviabiliza a pesca[35].

Cabe destacar a resistência das comunidades nesses processos. No caso das comunidades de pescadores, marisqueiras e quilombolas da Ilha de Boibepa — Cairú — Bahia, a mobilização se deu exigindo o debate sobre o licenciamento do empreendimento. Mesmo com a aprovação do empreendimento Projeto Turístico-Imobiliário Fazenda Ponta dos Castelhanos, criado em 2001 pela empresa Mangaba Cultivo de Coco Ltda, os pescadores artesanais continuam lutando para que prevaleça o diálogo e o respeito às comunidades tradicionais, que veem seu território ameaçado[36].

Essas resistências das comunidades pesqueiras também são apontadas no relatório do CPP de 2021, como o ocorrido no Piauí:

> A família da elite local queria vender a área para a construção de um resort, mas o movimento organizado pelos pescadores resultou em uma grande manifestação e criou obstáculos. Os fazendeiros alegaram então que o negócio do turismo não era rentável e desistiram da ideia. Depois, a mesma família, ainda alegando ser proprietária da área, anunciou a intenção de vendê-la para uma empresa espanhola, que ingressou com ação judicial alegando risco de esbulho possessório. O juiz pediu então a lista das famílias da comunidade, a qual foi entregue em 2018. E até hoje as famílias seguem na luta pelo reconhecimento

da posse da área em favor da comunidade (BARROS, MEDEIROS, , GOMES, 2021, p.111).

As disputas pelos recursos ambientais presentes no território das comunidades tradicionais de pescadores também devem ser consideradas (MORENO, 2018; ABREU, 2020). A pressão da indústria do turismo de massa sobre o ambiente, como os manguezais (MORAES, 2010), provoca modificações que reduzem a produtividade dos pesqueiros e a qualidade ambiental (NETO, 2009). Isso resulta em reações e modificações nas relações que os pescadores artesanais estabelecem com o ambiente e nas normas de gestão do território tradicional, diante da promoção do turismo de massa (CHAMAS, 2008). Ressalta-se que os indivíduos que se beneficiam do turismo costumam ser as elites urbanas, logo, têm menor dependência do ambiente que exploram nessa atividade (CAMARGO, 2013).

Na Ilhota da Coroa - Acupe/Santo Amaro — Bahia, os pescadores artesanais denunciam o avanço de empreendimentos turísticos sobre o território tradicional, sem que as comunidades sejam consultadas e sem licenciamento ambiental. Eles destacam a importância dos recursos ambientais na preservação do território tradicional: "Esta ilhota faz parte do nosso território pesqueiro e quilombola, onde a utilizamos historicamente para a pesca artesanal (coleta de mariscos), refúgio em tempos de tempestade e lazer comunitário. Do ponto de vista ambiental, a ilhota se configura como um importante ecossistema, assegurando a reprodução de diversas espécies de peixes, crustáceos, manguezais, moluscos e pássaros"[37].

Acrescenta-se que as atividades turísticas de massa impõem um incremento no uso do ambiente e a instalação de infraestruturas (MACHADO, 2007), o que provoca impactos ambientais. Esses impactos geram modificações na dinâmica da natureza que, consequentemente, interferem na qualidade dos ambientes onde os pescadores artesanais estabelecem seus territórios. Desta forma, a desterritorialização dos pesqueiros tradicionais causada por impactos ambientais (SILVA, 2007) interfere na continuidade entre o território pesqueiro e o território de vida comunitária.

Na Ilha de Boibepa - Bahia, por exemplo, o empreendimento turístico não apresenta soluções para o acréscimo de quase 260% dos resíduos sólidos, nem para outros impactos ambientais que o próprio projeto aponta. Diante disso, os pescadores temem as consequências sobre a mariscagem, pesca e extrativismo. "Muitas das obras irão invadir áreas de pesca e mergulho, desmatarão boa parte do mangue preservado, atacarão áreas de guaiamum, dentre outras irregularidades já apontadas pelas entidades ambientais"[36].

Fundiários

Os conflitos relacionados às questões fundiárias são centrais na análise da expropriação dos territórios das comunidades tradicionais de pescadores artesanais. Esses conflitos envolvem múltiplos atores relacionados às atividades econômicas que promovem a modernização do território. De um lado, temos os pescadores artesanais que se apropriaram do espaço onde estabeleceram seu território tradicional. Do outro lado, os agentes públicos atuam viabilizando o avanço dessas atividades econômicas modernas e, ao mesmo tempo, se omitem de sua função de defender os direitos adquiridos pelas comunidades tradicionais por meio de acordos nacionais e internacionais. Ressalta-se que a resistência dos pescadores artesanais para se manterem no território é enfrentada com violência física e psicológica, tanto por particulares envolvidos com o empreendimento quanto por agentes públicos.

Em relação à questão fundiária, a análise apontou a existência exclusiva de conflitos por territórios, uma vez que disputas territoriais e impactos ambientais dessas atividades econômicas já estão contemplados nas análises anteriores. Ressalta-se que o conflito por terra expresso nas questões fundiárias não nega o território de água. Pelo contrário, destacou-se que a presença das comunidades de pescadores próxima aos corpos d'água onde estão os pesqueiros tradicionais compõem o conjunto que se denomina território tradicional das comunidades tradicionais de pescadores. Nesse sentido, a pesca artesanal deve ser considerada também no âmbito da questão agrária.

> Observa-se no gráfico abaixo que a incidência de causadores dos conflitos socioambientais em territórios pesqueiros se dá, principalmente, entre os fazendeiros e particulares, a partir da omissão direta do poder público. Os outros causadores de conflitos estão relacionados a situações entre comunidades tradicionais e sem terras que lutam por Reforma Agrária – também aqui nota-se a omissão do poder público, especialmente sobre a questão agrária (TOMÁZ, SANTOS, 2016, p. 94).

Ressalta-se que os conflitos fundiários têm ganhado destaque nas pautas dos movimentos sociais de pescadores artesanais. Entende-se que o reconhecimento dos territórios tradicionais se dá por meio de instrumentos legais que regularizem a posse específica.

> No jogo do uso da terra e da água como mercadoria e da acumulação de bens, os megaprojetos expropriam as condições materiais e simbólicas dos pescadores artesanais. Nesta perspectiva em especial, a luta das comunidades pesqueiras é fortalecer a noção do reconhecimento do território tradicional com uma titulação e a formalização de sua posse específica. Para isto, o Movimento de Pescadores e Pescadoras Artesanais – MPP e o CPP se dedicam a uma

> luta constante para discutir e pautar a Campanha do Projeto de Lei de Iniciativa Popular sobre a Regularização do Território Pesqueiro. (TOMÁZ; SANTOS, 2016, p. 104).

Mudanças na estrutura fundiária incidem em conflitos com as comunidades tradicionais de pescadores artesanais e sua dinâmica de apropriação do território (CRUZ, 2006; PERRY, 2015; ARAÚJO, 2017). Ressalta-se que esses atores geralmente se apropriaram do espaço e estabeleceram territórios de uso comum (QUEIROZ, 2012; PRADO, 2015), logo, encontram-se na situação de posseiros (CAMARGO, 2013). A ocupação histórica, no entanto, é contestada frente a outros atores que desejam o domínio do território para o estabelecimento de suas atividades econômicas, impedindo o uso do território pelas comunidades tradicionais (GUEDES, 2009; COSTA, 2015; DUARTE, 2018; SIMÃO, 2021). Assim, por meio de grilagem e/ou por iniciativa do próprio poder público (FERREIRA, 2013), essas comunidades passam a ser tratadas como invasoras (LIMA, 2002; MACHADO, 2013; BARBOSA, 2014) e enfrentam diversos processos de reintegração de posse em favor daqueles que detêm o capital (MORENO, 2018, 2021).

Outro fator importante a ser considerado é a valoração da terra, que frequentemente pressiona as comunidades a venderem seus terrenos e se afastarem do território tradicional (COSTA, 2010). Também agravam-se os conflitos fundiários decorrentes da instalação de unidades de conservação sobre territórios comunitários tradicionais, as quais passam a resistir para se manterem em seus territórios (FARIAS, 2009; DUMITH, 2017) ou para que tenham a prerrogativa de fazerem a gestão do mesmo por meio do conhecimento tradicional (RODRIGUES, 2014). Sem direito "legal" de se manterem no território, as comunidades de pescadores, que também são quilombolas, têm buscado a titulação de território quilombola para garantir sua permanência no território tradicional (RIOS, 2012, 2017).

No Blog Pelo Território Pesqueiro, são apontados diversos contextos de conflitos decorrentes de questões fundiárias, sobretudo, devido ao entendimento das comunidades de pescadores como posseiros ou invasores, negando seus direitos enquanto comunidades tradicionais. Um caso emblemático é a Comunidade Pesqueira de Caraíbas - Minas Gerais.

> A comunidade Caraíbas é quase que a única sobrevivente entre as 09 comunidades que historicamente viveram à margem direita do rio São Francisco, em Pedras de Maria da Cruz/MG, com sua vasta diversidade cultural. Estas comunidades viviam em paz com sua gente e com seu rio até que, a partir de 1980, fazendeiros passaram a praticar violência contra elas e a expulsá-las do local. A comunidade Caraíbas teve as suas moradias destruídas.
>
> Algumas famílias, em meio aos conflitos, resistiram, morando no seu território. Documentos confirmam sua existência desde antes de 1909.

> Contam os mais velhos que a comunidade se fez a partir de um casal de gorutubanos que se instalaram ali.
>
> A comunidade, tradicionalmente, ocupa o território de modo diversificado: as ilhas, as áreas de vazantes, as margens do rio e a mata, conforme o período do ano, o clima, as enchentes etc. Vive da pesca, da agricultura de subsistência, coleta de frutos nativos etc[24].

Contudo, esse território tradicional é reivindicado pelo fazendeiro local - Fazenda Pedras de São João. Na condição de posseiros, resistem às liminares de reintegração de posse, restrições do uso do território pela polícia e limitação no direito de ir e vir:

> A comunidade, denuncia que policiais civis e militares penetram o seu território intimidando-a. E, como se não bastasse, outras ameaças se inserem na luta da mesma: as crianças não podem mais brincarem livremente, pois, recentemente, um funcionário do bananal que faz divisa com a área próxima às residências, usou arma de fogo para afastá-las do local; o gado do de locatário, sob responsabilidade da fazenda está pisoteando as lagoas marginais, a beira do rio, os quintais das famílias e impedindo-a de fazer o plantio das roças; as estrada de acesso à cidade está bloqueada pelos fazendeiros. A prefeitura, não enfrenta o problema, colocou lancha escolar que nem sempre responde às necessidades das crianças e cria conflitos desnecessários entre pais e funcionários municipais que atuam na área[24].

Diante desse contexto, a comunidade tem se mobilizado junto aos órgãos públicos e ao poder judiciário. No entanto, não sendo atendidas, partem para o confronto direto na luta por direitos. No Blog Pelo Território Pesqueiro, está documentada a mobilização dos pescadores para reabrir a estrada que dá acesso ao território da comunidade e para reconstruir moradias que são derrubadas a mando dos fazendeiros locais. Por isso, a luta é pela "necessidade da demarcação física da área concedida, para a garantia da soberania alimentar e para condições de sobrevivência mínima da comunidade, embora reconheçam que o problema só se resolverá de fato, perante a ação de regularização do Território quilombola reivindicado"[38].

Esse contexto de luta para se manter no território também ocorre em São Francisco do Conde — Bahia. Quando os pescadores se organizam para a demarcação do território (no caso de comunidades que também são quilombolas), há reação dos fazendeiros com violência, como o incêndio de casas de pesca. "Há suspeitas de que o incêndio tenha sido criminoso e de que se trata de uma retaliação de fazendeiros locais, em razão da recente visita técnica do INCRA e da Superintendência do Patrimônio da União (SPU) à área para viabilizar a identificação das terras da União para fins de regularização fundiária do território quilombola"[39]. Esses fazendeiros também fazem uso do poder público local como denuncia o Blog Pelo Território Pesqueiro:

> A comunidade pesqueira e quilombola Porto de D. João, localizada no município de São Francisco do Conde/BA, desde 2009 sofre violência e criminalização por parte da prefeitura local, que é aliada aos interesses dos grandes fazendeiros da região. Em novembro, o poder público municipal entrou com uma ação junto a justiça federal no intuito de anular a certificação quilombola da comunidade e paralisar o processo de regularização fundiária do INCRA, ação que viola o direito de auto-reconhecimento da comunidade garantido pela Convenção 169 da OIT[40].

Cabe enfatizar que, na atualidade, esses contextos de luta pelo reconhecimento e demarcação ocorrem nas comunidades que também são remanescentes de quilombolas, as quais já têm lei específica. Isso tem garantido a permanência de diversas comunidades pesqueiras em seus territórios tradicionais (exclusivamente o território de moradia e vivência). Nas denúncias do Blog Pelo Território Pesqueiro, esses contextos também são apresentados na comunidade pesqueira de Croatá, em Januária - Minas Gerais, que tem promovido ações de retomada do território frente às restrições impostas pelos fazendeiros locais, como o direito de ir e vir[41].

De fato, denúncias do Blog Pelo Território Pesqueiro demonstram a restrição do acesso ao território da comunidade como forma de pressão que inviabiliza a presença das mesmas no território. Contudo, também é frequente a derrubadas de moradias e expulsão de moradores, como é registrada a denúncia do ocorrido com família pesqueira em Ibiaí no Norte de Minas[42]. Esses contextos não correm sem resistência e luta, inclusive com a mobilização para a retomada do território da comunidade, como ocorrido com os pescadores da Ilha do Fogo, entre Juazeiro – Bahia e Petrolina – Pernambuco, no Rio São Francisco, onde o Exército Brasileiro havia desocupado o território[43].

Os pescadores do Distrito de Regência, em Linhares – Espírito Santo, denunciam inúmeras ofensivas ao território comunitário e a resistência dos pescadores:

> A terceira e atual ofensiva, que dá sequência a este calvário de perseguições e danos, está sendo vergonhosamente emplacada pela empresa UNIÃO FERRAGENS E MONTAGENS. Esta, representada pelo Sr. EDIVAL SANTANA e proprietária de terras na vizinhança, está cercando, como se sua fosse, as terras dos caboclos, numa prática flagrante, inequívoca de esbulho. Nessa pretensão, fixou uma porteira de ferro com mourões de concreto, colocou corrente e cadeado, impedindo o direto de ir e vir das pessoas que dependem da servidão da estrada; soltou 150 cabeças de gado bovino na área, e estes, comeram as plantações que ali havia, causando perturbação e prejuízo aos ribeirinhos; não bastasse, contratou pessoas para destruir as casas

> das famílias, sem antes avisar ou propor alternativa.
>
> Nesta ocasião, conseguiram destruir algumas; uma, inclusive, abrigava uma mulher e uma criança de seis anos que ficaram em pânico ao verem seu lar destruído. Para tanto, o Sr. Edval Santana sustenta ter adquirido o território ribeirinho da JUSTIÇA FEDERAL, representada por um Advogado e uma Juíza, até então desconhecidos, como também o são as provas documentais da suposta aquisição. Por fim, os posseiros procuraram o INCRA, que se comprometeu a vistoriar a área[21].

Ressalta-se que, além dos conflitos com fazendeiros locais, também há conflitos por território com o Estado, como ocorre no Quilombo Rio dos Macacos, em Simões Filho - Bahia, onde há um embate entre comunidades tradicionais e a Marinha do Brasil.

> Nos últimos meses, como forma de enfrentar a organização política da comunidade Rio dos Macacos e a solidariedade de muitos grupos da Bahia e do Brasil, a Marinha protagonizou inúmeras ações violentas, a exemplo do assédio diário à comunidade com dezenas de fuzileiros armados; invasão de domicílios, atentando contra os direitos das mulheres; uso ostensivo de armamento exclusivo das Forças Armadas, criando verdadeiros traumas em crianças, adolescentes e idosos, que tiveram casas invadidas e armas apontadas para as suas cabeças; e impedimento das atividades econômicas tradicionalmente desenvolvidas pela comunidade, como a agricultura e a pesca de subsistência, como forma de inviabilizar a permanência no território (TOMÁZ; SANTOS, 2016, p. 81).

Frente a diversas denúncias apresentadas a órgãos públicos, reivindicando direitos conquistados por meio de tratados internacionais e leis nacionais, deu-se início ao processo de construção do "Relatório Técnico de Identificação e Delimitação (RTID), que é uma peça técnica fundamental para que a presença da comunidade no território seja entendida pelos poderes públicos" (TOMÁZ, SANTOS, 2016). Contudo,

> Estranhamente e de forma arbitrária, a Marinha achou-se no direito de impedir um órgão da administração federal, o INCRA, de cumprir com o dever constitucional e o acordo institucional firmado no dia 3 de novembro de 2011. No dia 9 de dezembro, a Marinha anunciou que não ia permitir a entrada dos técnicos do INCRA no local, alegando que as ações daquele órgão no sentido de realizar os estudos necessários à regularização das terras dos quilombolas e, assim, cumprir com o que manda a Constituição seriam incompatíveis com o interesse público. Leia-se: incompatíveis com o interesse de ampliar a Vila dos Militares (p. 81).

Especulação Imobiliária

No âmbito do espaço urbano, a especulação imobiliária se destaca como uma forma de modernização que leva à expropriação das terras das comunidades de pescadores. Nesse caso, os equipamentos urbanos instalados, aliados às amenidades relacionadas à beleza da paisagem onde estão as comunidades, são fatores que elevam o valor de troca dos imóveis. Pressionadas pelo mercado imobiliário e sem acesso aos serviços relacionados à nova configuração urbana, as comunidades progressivamente vendem seus imóveis, que, por serem considerados como "posse", são comercializados por um valor abaixo do mercado. Consequentemente, os pescadores acabam procurando novas moradias em áreas distantes dos pesqueiros tradicionais e, muitas vezes, abandonando a pesca. Como destaca o Relatório "Conflitos Socioambientais e Violações de Direitos Humanos em Comunidades Tradicionais Pesqueiras no Brasil" de 2016, a especulação imobiliária "traz como consequência a expulsão das comunidades pesqueiras de seus territórios ou o impedimento do acesso a partir da privatização das terras. Esta pressão é estabelecida em águas e terras públicas" (TOMÁZ; SANTOS, 2016, p. 10). Esse contexto também é denunciado no relatório de 2021, como é apontado no estado do Pará:

> Outra situação preocupante é o avanço indiscriminado da especulação imobiliária que está expulsando os pescadores dos seus territórios e se apropriando das margens dos rios e do mar. O crescimento imobiliário tem contribuído para o avanço do consumo de drogas, que está afetando diretamente as famílias dos pescadores (BARROS, MEDEIROS, GOMES, 2021, p.94).

Ressalta-se que o avanço do tecido urbano também expõe os pescadores artesanais a problemáticas sociais que antes não estavam presentes nas comunidades, como o tráfico de drogas, assaltos, entre outros. Isso também contribui para a desvinculação dos comunitários com o território tradicional e, consequentemente, para a submissão às propostas dos incorporadores imobiliários.

A intensificação da especulação imobiliária está estritamente relacionada ao avanço do turismo (LIMA, 2002; FIGUEIREDO, 2013) ao longo do litoral, sobre os territórios das comunidades tradicionais de pescadores (PERRY, 2015; DUMITH, 2017; ARAÚJO, 2017). Nesse sentido, o valor da terra é um fator fundamental no entendimento do deslocamento das comunidades de pescadores para locais mais afastados dos pesqueiros tradicionais (MACHADO, 2013, 2019; MORAES, 2010; SILVA, 2017; MORENO, 2018, 2021). As comunidades, no entanto, resistem à privatização das áreas que eram de convívio comunitário (NUNES, 2011, 2018; FERREIRA, 2016, COSTA, 2016) e à imposição de outros modos de viver com a chegada de novos moradores atraídos por áreas menos influenciadas pelas problemáticas das grandes cidades (FIGUEIREDO, 2013; EUZEBIO, 2018; SIMÃO 2021).

Os pescadores do Rio São Francisco denunciam, em carta, as ações privatistas da terra no entorno desse importante território pesqueiro. No espaço urbano, a especulação imobiliária se destaca como uma atividade que impede a permanência dos pescadores artesanais em seus territórios tradicionais[23].

Em reunião junto aos pescadores em Itaguaí-RJ foi relatado o contexto de insegurança em que vivem os pescadores devido ao tráfico de drogas. Existem relatos que na própria Baía de Guanabara traficantes coagiram pescadores a atravessarem entorpecentes de barco, por meio de uma série de ameaças a vida.

Estado como promotor da modernização

Tendo compreendido as três faces que expressam a modernização que avança sobre os territórios da pesca artesanal, considerou-se relevante apresentar reflexões sobre o papel do Estado nesses contextos. Essa análise não está baseada em denúncias do Blog Pelo Território Pesqueiro, mas em discussões estabelecidas junto ao movimento social que permitem discutir algumas questões frequentes nas dissertações e teses analisadas. Nestes trabalhos, 46 contextos relacionados ao Estado foram evidenciados. Destes, 38 fazem referência a conflitos por território, 6 a disputas por recursos do ambiente no território e 2 a impactos ambientais. Ressalta-se que, uma vez que o Estado brasileiro tem a prerrogativa da gestão do ambiente e da pesca artesanal, justifica-se a maioria dos contextos analisados terem referência a conflitos por território.

Os principais contextos analisados que expõem o Estado como agente da modernização são: instalação de unidades de conservação (39.13%); institucional (39.13%); normatizações da pesca e do ambiente (13.04%) e fiscalização (8.69%).

Unidade de Conservação

Do ponto de vista das faces da modernização apresentadas e em diálogo com o movimento social, a instalação de unidades de conservação está estritamente relacionada com a face da modernização que provoca a expulsão dos pescadores artesanais de seus territórios tradicionais. É fundamental destacar que a ocupação do espaço pelas comunidades e o estabelecimento de seus territórios tradicionais são anteriores ao Sistema Nacional de Unidades de Conservação — SNUC (BRASIL, 2000). Consequentemente, as normas estabelecidas por esses documentos para o uso das unidades, com frequência, não estão de acordo com o processo de ocupação das mesmas.

Destaca-se que, no estabelecimento de Unidades de Conservação de Proteção Integral, a presença de comunidades é proibida, o que leva ao processo de desapropriação e remoção das comunidades. Em alguns contextos, por falta de condições para a regularização fundiária, a comunidade permanece, mediante uma série de normas impostas pelo conselho da unidade, que nesse caso não é deliberativo, ou seja, a comunidade participa, mas não delibera, o que é uma prerrogativa dos gestores com base na legislação ambiental.

As unidades de conservação também estão relacionadas com a face da modernização que tira o acesso aos pesqueiros tradicionais. Ressalta-se que unidades de proteção integral e de uso sustentável estabelecem Planos de Manejo que criam normas de uso dos recursos do ambiente. Em alguns casos, essas normas proíbem a pesca em importantes pesqueiros tradicionais, que eram manejados pelos pescadores artesanais por meio de saberes tradicionais. Além disso, a definição de determinados apetrechos de pesca também inviabiliza a pesca em determinados pesqueiros.

Os pescadores artesanais estão em constante conflito com unidades de conservação devido ao não reconhecimento da ocupação anterior e às formas tradicionais de uso dos recursos do ambiente (CARDOSO, 1996; CHAMAS, 2008; DE PAULA, 2013). Sobre os usos, há o embate entre a legislação ambiental (FARIAS, 2009; SCHEIBEL, 2013; RODRIGUES, 2014) e os usos tradicionais (COSTA, 2015), os quais expressam uma construção social (BARBOSA, 2014) a partir da relação estabelecida com o ambiente. Uma possibilidade de minimizar conflitos é envolver a comunidade local na construção do plano de manejo e reconhecer seus saberes, contudo, esse documento ainda não foi construído em muitas unidades (FARIAS, 2009). No ambiente das unidades de uso sustentável, para a pesca artesanal, se destaca o modelo das Reservas Extrativistas (DUMITH, 2012), onde o espaço de participação é ampliado no conselho deliberativo (ROSÁRIO, 2009).

Conflitos entre pescadores e unidades de conservação são numerosos. No âmbito do Fórum Delta do Jacuí – Região Metropolitana de Porto Alegre – Rio Grande do Sul, de 2011 a 2013, acompanhou-se a construção do Plano de Manejo do Parque Estadual Delta do Jacuí. Antes disso, para resolver a questão fundiária sem necessidade de remoções, essa unidade em parte foi transformada em Área de Proteção Ambiental Delta do Jacuí. Contudo, os rios que compõem esse delta fluvial ficaram situados na área do parque, o que acarretou em proibir a pesca artesanal em importantes pesqueiros tradicionais.

Devido à mobilização dos pescadores artesanais no Fórum Delta do Jacuí, em audiências públicas e por meio de documentos protocolados na Secretaria Estadual do Meio Ambiente — SEMA, a aprovação do Plano de Manejo ficou associada à criação de um Acordo de Gestão. A primeira versão desse acordo foi construída em reunião dos gestores ambientais com o presidente da Colônia de

Pescadores Z1. Quando os pescadores do Fórum tiveram conhecimento desses documentos, observaram que as regras criadas não correspondiam à realidade dos pescadores de toda a região. Diante disso, foram realizadas reuniões com a SEMA e, no âmbito do Fórum, as regras foram discutidas e o acordo firmado. Destaca-se que esse processo ocorreu ao longo de quase dois anos de luta dos pescadores artesanais para se manterem no território pesqueiro.

Situações envolvendo a regularização fundiária também são expressivas nos embates entre pescadores artesanais e Unidades de Conservação de Proteção Integral. No caso dos pescadores artesanais que residem no Parque Nacional do Superagui – Paraná — o processo de regularização fundiária promovido pela Secretaria de Patrimônio da União – SPU se deu por meio de conflitos. Relatam que o processo de regularização não respeitou o território tradicional dos pescadores artesanais, e suas atividades tradicionais como pesca, roçado e extrativismo.

Normatizações

Outro ponto de total importância para compreender o papel do Estado diz respeito às normatizações da pesca e do ambiente. Destacam-se as normas construídas sem a participação das comunidades, aquelas estabelecidas de cima para baixo, geralmente a partir de um corpo de técnicos e consultores especialistas. Estas, costumeiramente, estão incompatíveis com as técnicas e normas tradicionais de uso dos recursos no território pesqueiro. As consequências expressam as faces da modernização que causam degradação ambiental, sobre-exploração e limitação no acesso aos pesqueiros, além da expropriação do território.

A face da degradação ambiental se expressa na medida em que as regras estabelecidas não são capazes de garantir a permanência dos recursos do ambiente em situação de equilíbrio. Isso não se restringe à normatização da pesca, mas abrange toda a legislação ambiental, incapaz de estabelecer normas que evitem danos ambientais sobre os ecossistemas fundamentais para a sobrevivência das espécies pesqueiras.

Quanto à modernização que restringe o acesso aos pesqueiros ou promove a sobre-exploração da pesca, destaca-se a contradição de normas que restringem as práticas tradicionais de pesca artesanal e, ao mesmo tempo, favorecem a pesca industrial por meio de flexibilizações normativas e políticas de fomento ao setor (industrial e aquicultura).

Do ponto de vista da norma, também há a expressão da face da modernização que promove a expropriação do território. O não reconhecimento do território tradicional das comunidades, frequentemente, gera áreas de exclusão da pesca para favorecimento de outras atividades econômicas. Também não reconhece as particularidades do território pesqueiro, que é contíguo ao território de moradia e vivência das comunidades.

Diante do exposto, é fundamental considerar que as normas que não estão de acordo com as características do ambiente não são eficazes na conservação dos recursos (SILVA, 2012A). No âmbito da normatização da pesca, os conflitos emergem na medida em que não envolvem a comunidade na construção, logo, não reconhecem as práticas tradicionais de uso (SANTOS, 2013), estabelecidas a partir de conhecimentos tradicionais. As consequências de normas incapazes de manter os recursos em situação de equilíbrio refletem-se nas relações comunitárias, quando os pescadores passam a disputar recursos cada vez mais reduzidos (MAIER, 2009).

Em relação às normas de gestão da pesca que são construídas de cima para baixo, serão destacados dois contextos. O primeiro trata-se da Portaria nº 445/14[44], a qual inclui duas espécies do bagre *Genidens barbus* como "Em Perigo de Extinção" e *Genidens planifrons* como "Criticamente em Perigo de Extinção". Ressalta-se que no caso do Rio Grande do Sul, as referidas espécies de Bagre foram indicadas no Decreto Estadual N° 51.797[45]. A segunda trata-se do Plano de Gestão para o Uso Sustentável da Tainha no Sudeste e Sul do Brasil[46].

Segundo notícia do Blog Pelo Território Pesqueiro, "A portaria foi muito criticada por não levar em consideração as diferenças regionais, que faziam com que uma espécie estivesse ameaçada numa determinada área, mas sem perigo algum de extinção em outra região. Em alguns casos, a ausência de estudos mais recentes que confirmassem verdadeiramente a vulnerabilidade das espécies também foi motivo de crítica dos pescadores"[47].

O que se acompanhou no âmbito do Fórum Delta do Jacuí foi uma disputa pelo domínio do saber competente. A fundação estadual que elaborou a referida lista apregoa ter utilizado técnicas de pesquisa referendadas internacionalmente e que o estudo contém as informações mais atualizadas sobre os estoques das espécies em questão. De outro lado, os pescadores artesanais argumentam que houve aumento na quantidade desses peixes nos corpos d'água da região nos últimos anos e que não foram consultados no processo de pesquisa que embasou a referida lei. Os últimos dados comparativos de Estatística Pesqueira apresentados pela Fundação Zoobotânica datam de 1970, 1980, 1990 e 2000, apresentando a lacuna de informações.

Diante da situação grave de insegurança alimentar em que se encontram as comunidades de pescadores que viviam das pescarias de bagre, o Fórum Delta do Jacuí questionou, via Ministério Público Federal, o seguinte: 1) o desrespeito à OIT 169[5], que prevê que normativas que afetam as práticas das comunidades tradicionais devem ser precedidas de pesquisa que promova a participação dos envolvidos; 2) que o estudo integre informações importantes na gestão da pesca artesanal na região, como a criação dos cinco fóruns de pesca artesanal (que contemplam todo o estado), a implementação da política de seguro-defeso para o pescador artesanal e a construção de instruções normativas regionais; 3) que sejam mensurados os impactos provocados por outras atividades econômicas, como a mineração, o agronegócio, a ampliação do complexo portuário de Rio Grande e a própria pesca industrial sobre as espécies, de forma que a pesca artesanal não seja a única atividade penalizada.

No âmbito da Articulação Sudeste-Sul do Movimento dos Pescadores e Pescadoras Artesanais, outra normativa que foi imposta de cima para baixo e põe em risco a permanência de uma pescaria tradicional é o Plano de Gestão para o Uso Sustentável da Tainha. Destaca-se como méritos desse plano o reconhecimento de fatores socioeconômicos, a distinção entre o impacto provocado pela pesca artesanal e pesca industrial e o esforço em propor cenários possíveis para a recuperação da espécie. Contudo, os limites apresentados para a pesca artesanal põem em risco a manutenção dessa atividade tradicional.

Destaca-se que esse plano não foi devidamente discutido com as comunidades, inviabiliza a pesca em determinados estados e, progressivamente, tende a acabar com a pesca artesanal dessa importante espécie. Os(as) pescadores(as) artesanais exigem que as normas do território pesqueiro sejam definidas a partir das comunidades* (Articulação Sudeste-Sul).

A Organização Não Governamental OCEANA apresentou no II Encontro da Articulação Sudeste-Sul do MPP, em Jaguaruna - SC, um estudo realizado por consultores que expõe a situação dos estoques de tainha e corrobora dados de uma metodologia de monitoramento proposta pela ONG denominada TAINHOMETRO e testada no litoral de Santa Catarina. A proposta é que a gestão da tainha seja realizada por meio de cotas de pesca. Nesse sentido, a pescaria seria permitida até atingir determinada cota, e caso essa não fosse alcançada pela pesca artesanal, haveria abertura para a pesca industrial.

Destaca-se que, no atual regramento da tainha, as regras estão baseadas nas características da espécie (tamanho, peso, estágio de maturação, etc.). A nova proposta do governo está mais centrada em limitações nos apetrechos de pesca e capacidade de navegação. Por outro lado, a proposta da ONG OCEANA está vinculada às cotas de pesca, ou seja, à população de tainha presente. Essas três propostas entram em conflito com a proposta do Movimento dos Pescadores e Pescadoras Artesanais, os quais propõem que a gestão seja estabelecida a partir do território pesqueiro. Isso quer dizer que nenhuma regra deve ser tomada a priori, mas deve estar relacionada às características do ambiente, das práticas tradicionais de pesca e dos acordos firmados.

* **Carta de Jaguaruna**. Resultado do II Encontro da Articulação Sudeste-Sul do Movimento dos Pescadores e Pescadoras Artesanais, 2017.

Fiscalização

A fiscalização da pesca e do ambiente, ou a ausência desta, também promove as faces da modernização que geram degradação ambiental, redução dos recursos e limitação de acesso aos pesqueiros. A degradação ambiental ocorre quando não há fiscalização sobre as atividades econômicas que contaminam os corpos d'água. A sobre-exploração decorre da insuficiente e ineficiente fiscalização sobre a pesca industrial e comercial. Quando não se adverte sobre as atividades que impedem o acesso aos pesqueiros, também se expõe a limitação ao acesso.

Ressalta-se que, partindo do entendimento de que a fiscalização promove a efetividade das leis estabelecidas, os limites e possibilidades estão condicionados à normatização vigente. Além disso, por meio da fiscalização, o Estado impõe sua intencionalidade. Logo, pode ser mais flexível para atividades econômicas que correspondem ao seu projeto de modernização e mais intensa sobre aquelas que resistem a esse projeto. De fato, a fiscalização ambiental e da pesca, frequentemente, tem levado à criminalização dos pescadores artesanais no Brasil.

Ressalta-se a necessidade de haver fiscalização sobre atividades econômicas que causam danos ambientais nos ecossistemas necessários para a presença das espécies pesqueiras (CUNHA, 2006). Isso diz respeito à capacidade dos órgãos ambientais brasileiros em defender os recursos ambientais. A ausência de fiscalização sobre atividades que exploram os recursos pesqueiros, como a pesca industrial e comercial, representa limites para a permanência da pesca, sobretudo em corpos d'água de extensão mais restrita (CUNHA, 2011). A redução do pescado, por consequência, expõe conflitos entre pescadores, que passam a competir pelo pescado. Entende-se que as disputas no território pelos recursos do ambiente seriam reduzidas caso houvesse outro modelo de gerenciamento, cujas regras estivessem claras e houvesse menos impasses entre instituições quanto a quem tem a prerrogativa da fiscalização (LIMA, 2008). No âmbito da pesca, entende-se a importância da fiscalização para a manutenção dos recursos do ambiente (MACHADO, 2013). Contudo, devido à falta de infraestrutura, os órgãos ambientais acabam se concentrando na pesca artesanal, em detrimento da pesca industrial.

Quanto à fiscalização, deseja-se dar ênfase à criminalização dos pescadores artesanais e à constituição da figura do pescador artesanal como um depredador do ambiente, enquanto se desconsidera a ação de outras atividades econômicas. No contexto apresentado da pesca do Bagre no Rio Grande do Sul, houve um hiato de tempo em que as comunidades não compreendiam qual a lei que estava em vigor. Compreendendo que a Portaria 445 estava suspensa, alguns pescadores que dependiam da pesca do Bagre permaneceram pescando. Contudo, a fiscalização ambiental promovida pela Polícia Militar do Rio Grande do Sul (Brigada Militar) autuou e prendeu pescadores que estavam realizando a atividade. Um casal de pescadores relatou no Fórum Delta do Jacuí o contexto de humilhação ao qual foram submetidos devido à ação violenta da fiscalização. Além de terem os apetrechos de pesca apreendidos, os pescadores foram registrados em boletim de ocorrência e, no cumprimento da legislação ambiental, sujeitos a multa. Frente a esse contexto, por iniciativa do Fórum Delta do Jacuí, esses pescadores realizaram uma denúncia ao Ministério Público Federal, onde tramita o processo.

Outro contexto que deve ser enfatizado é o processo de criminalização dos pescadores artesanais da Baía de Sepetiba — Rio de Janeiro — como assassinos de botos. Além do contexto de violência sofrido nas abordagens dos órgãos ambientais, esses pescadores perecem diante da sociedade em geral, que está sujeita à manipulação midiática que associa os pescadores à morte de botos. A partir da mobilização dos pescadores artesanais no Fórum dos Pescadores em Defesa da Baía de Sepetiba e da denúncia junto ao Ministério Público Federal, deu-se início a esse enfrentamento provando que os botos na verdade morriam por envenenamento provocado pela indústria petroquímica instalada no entorno da baía. Para fortalecer essa discussão, os pescadores, em parceria com a Universidade do Estado do Rio de Janeiro, promoveram o I Seminário de Avaliação Socioambiental Global da Baía de Sepetiba (RJ): diagnósticos e desafios para pensar a gestão regional*.

Institucional

A forma como os órgãos de Estado tratam a pesca e o pescador artesanal também expressa as faces da modernização. Ressalta-se que isso se refere tanto à abordagem da pesca artesanal em políticas públicas como ao tratamento dos agentes do governo aos pescadores artesanais e suas comunidades. No que diz respeito à face da modernização que expressa a expropriação dos territórios tradicionais, evidencia-se a falta de política que garanta os territórios tradicionais dos pescadores. A face da sobre-exploração e restrição do acesso se expressa nas políticas que fomentam, principalmente, a pesca industrial e aquicultura em detrimento da pesca artesanal. Soma-se a isso legislações que vêm "descaracterizando" o pescador artesanal, restringindo o seu acesso a políticas públicas do setor pesqueiro.

O movimento social vem denunciando diversos casos de discriminação institucional de órgãos e agentes públicos, reivindicando direitos presentes em tratados internacionais que defendem as comunidades tradicionais, dos quais o Brasil é signatário, como a Resolução 169 da Organização Internacional do Trabalho[5].

* Realizado de 29 e 30 de junho de 2016 na UERJ, campus Maracanã.

No âmbito da pesca, há uma disputa pela gestão entre órgãos públicos e comunidades de pescadores (GUEDES, 2009). Progressivamente, os pescadores artesanais conquistaram o direito de participar em alguns processos de construção de normas; entretanto, em muitos casos, permanece a visão de gestores de que os pescadores artesanais são incapazes de propor normativas (GUEDES, 2009) e que agem de forma predatória. Assim, conflitos institucionais permanecem como entraves para o pescador artesanal desenvolver a atividade tradicional e permanecer no território pesqueiro (FARIAS, 2009). Esse distanciamento entre instituições formais e pescadores artesanais (CONTATO, 2012) tem comprometido a efetividade de políticas públicas.

A concessão do Registro Geral de Pesca – RGP é um exemplo da discriminação institucional recebida pela comunidade pesqueira artesanal. Esse registro é obrigatório para exercer a pesca artesanal e ter acesso às políticas públicas relacionadas ao pescador, como o seguro-defeso. Contudo, mudanças institucionais interferem na forma como esse documento é concedido e mantido.

Outro contexto que deve ser evidenciado refere-se ao tratamento institucional recebido pelos pescadores artesanais e diz respeito aos Decretos 8424 e 8425 publicados em 2015 pelo extinto Ministério da Pesca e Aquicultura. O Decreto 8424 estabelece que o seguro defeso deve ser destinado exclusivamente para pescadores profissionais artesanais que exercem a atividade de forma ininterrupta. O Decreto 8425 estabelece normas para a concessão do Registro Geral de Pesca e para a concessão de autorização, permissão ou licença para o exercício da atividade a partir de categorias.

Ambos os decretos foram intensamente contestados pelos movimentos sociais de pescadores artesanais porque reconfiguram a noção de pesca e de pescador artesanal. Nas manifestações da II Assembleia Nacional do MPP, frisou-se que tratar a pesca artesanal como atividade ininterrupta é negar a relação estabelecida entre os pescadores e o ambiente, onde o uso respeita os ciclos da natureza. Quanto às categorias de pescadores e a proposição da figura do "trabalhador de apoio à pesca artesanal", agride a condição do pescador artesanal como comunidade tradicional. Essa categorização vitima principalmente as mulheres pescadoras que não são embarcadas, pois restringe a ser pescador profissional artesanal ao indivíduo que está envolvido na captura, negando toda a cadeia produtiva e os sujeitos envolvidos na pesca artesanal.

Em reação a esses decretos e visando à revogação dos mesmos, os movimentos sociais de pescadores realizaram diversas reuniões com o MPA e mobilizações locais e nacionais. Contudo, o governo federal manteve os decretos.

> Como a gente previa o curso da reunião não foi bom. Os ministros chegaram com pouca disposição de ouvir e fazer encaminhamentos concretos, no sentido de reverter as questões que estávamos

> colocando como centrais, como: reverter o decreto 8424 e 8425 ou construir coletivamente estratégias de incidência sobre esses instrumentos. Também pautamos que as carteiras suspensas e canceladas, por ausência de gestão, deveriam ser descanceladas e a suspensão deveria ser revista", explica a liderança do MPP de Salinas da Margarida, Elionice Sacramento[48].

Tento em vista a violação da Convenção 169 da OIT[5], em relação aos direitos dos pescadores e pescadoras, no contexto do Grito de Luta da Pesca Artesanal, foi realizado um ato que integrou pescadores e indígenas que protocolaram a sede a Organização Internacional do Trabalho uma denúncia contra o governo brasileiro.

> A convenção internacional 169, da qual o Brasil é signatário, estabelece a necessidade de consulta prévia às comunidades e povos tradicionais sobre todas as medidas suscetíveis de afetá-los. Com a publicação dos decretos 8424 e 8425 emitidos pelo governo federal, em 2015, foi criada a categoria do "trabalhador e trabalhadora de apoio à pesca artesanal", desconsiderando o regime de economia familiar e tradicional da pesca artesanal. Ao determinar qual atividade da cadeia produtiva terá acesso ao Registro "Prévio" da atividade pesqueira, o Estado violou o direito de autodefinição das comunidades tradicionais pesqueiras, o que motivou o documento de denúncia protocolado pelo Movimento dos Pescadores e Pescadoras artesanais e pelo Conselho Pastoral dos Pescadores na OIT.
>
> O informe pede que a OIT recomende ao Estado Brasileiro a regularização da situação cadastral/administrativa dos pescadores e pescadoras artesanais do país, pede também que o Estado Brasileiro crie um procedimento específico com o objetivo de regulamentar a Consulta Prévia aos povos e comunidades tradicionais, com ampla discussão da metodologia com representantes das comunidades tradicionais. Por último, o informe pede que a OIT recomende a suspensão dos decretos 8424 e 8425.
>
> Essa é a primeira vez que pescadores e pescadoras do Brasil protocolam um informe de violação da convenção 169 na Organização Internacional do Trabalho. O documento será encaminhado para Genebra, na Suíça, onde será analisado pelo Comitê de Peritos em Aplicação de Convenções e Recomendações da OIT. Após análise, o Comitê deve emitir parecer sobre a denúncia feita no documento[48].

Ainda sobre o Decreto 8425, destaca-se que ele insere os pescadores que utilizam embarcação de pesca com arqueação bruta menor ou igual a vinte na categoria de "pescador profissional artesanal". Entende-se essa como uma estratégia de inserir pescadores industriais em políticas públicas exclusivas da pesca artesanal, evidenciando novamente que, enquanto a pesca artesanal é penalizada, a pesca industrial recebe privilégios.

Por fim, para evidenciar o tratamento dado à pesca artesanal, ressalta-se a transferência de atribuições relacionadas ao setor pesqueiro entre ministérios e secretarias. Em 2003, foi criada a Secretaria Especial de Aquicultura e Pesca - SEAP, vinculada à presidência da república. Esta foi extinta em 2009 com a criação do Ministério da Pesca e Aquicultura – MPA. Este, por sua vez, foi extinto em 2015 durante a reforma ministerial. Por decreto, instituiu-se a Secretaria de Aquicultura e Pesca no Ministério de Agricultura, Pecuária e Abastecimento – MAPA. Em 2017, o setor pesqueiro passa a ser de responsabilidade do Ministério da Indústria, Comércio Exterior e Serviços – MDIC. Ainda neste ano, a Medida Provisória nº 789 na Lei nº 13.502, de 1º de novembro de 2017, instituiu novamente a Secretaria Especial de Aquicultura e Pesca — SEAP, subordinada à presidência da república. Em 2023 o Ministério da Pesca e Aquicultura é reinstituído, com uma secretaria própria para a pesca artesanal.

Na ocasião da transferência da Secretaria de Aquicultura e Pesca do MAPA para o MDIC, foi divulgada uma carta aberta do Movimento dos Pescadores e Pescadoras Artesanais expondo o contexto político no qual essa transferência de pasta foi realizada:

> A pesca continua sendo manipulada como uma mercadoria política em prol de interesses políticos eleitorais e financeiros, às custas da mesma sobrevivência da atividade e dos seus trabalhadores. Nós, dos Movimentos de Pescadores e Pescadoras, pesquisadores, ativistas, entidades e ONG's de apoio à pesca artesanal, denunciamos e repudiamos esta manobra cruel, irresponsável, eleitoreira e pró reforma da previdência do atual governo. Por toda a situação exposta e em defesa da pesca artesanal, dos pescadores e pescadoras artesanais e de suas comunidades, exigimos que a atividade pesqueira e seus protagonistas sejam respeitados e valorizados e deixem de ser moeda de troca política para interesses particulares, colocando a Secretaria da Pesca em um ministério que a assuma realmente, visando o seu desenvolvimento econômico, com justiça social e sustentabilidade ambiental[49].

Modernização e pesca artesanal

Até o momento, tem-se discutido a expressão das faces da modernização sobre os territórios tradicionais das comunidades de pescadores artesanais. Contudo, as dissertações e teses também evidenciam contextos em que a pesca artesanal promove impactos, disputas e conflitos. Dessa forma, como as faces da modernização foram estabelecidas a partir das fontes do movimento social, é evidente que a pesca artesanal não se destaca como atividade que causa degradação no ambiente, sobre-exploração e restrição de acesso aos pesqueiros e expropriação dos territórios.

Para finalizar, a reflexão segue na perspectiva de que, em alguns contextos, a expressão das faces da modernização modificou a pesca artesanal. Isso quer dizer que, de um lado, os pescadores artesanais foram obrigados a modificar as artes de pesca, tornando-as mais predatórias, e, de outro, os vínculos comunitários foram sendo deteriorados. Dos 16 registros de impactos/conflitos/disputas intrínsecos à pesca artesanal, 8 estão relacionados a conflitos por território, 4 a impactos ambientais e 4 a disputas por recursos do ambiente no território. Soma-se a isso 8 contextos em que os conflitos se devem à representatividade dos pescadores, por meio de suas entidades formais, e que dizem respeito a conflitos por território.

Entre os impactos relacionados à pesca artesanal, destaca-se a sobre-pesca e a realização de pescarias em locais e períodos de piracema (SANTOS, 2012), chegando ao ponto de prejudicar ecossistemas como os manguezais (SILVA, 2006B). Contudo, a utilização de apetrechos de pesca predatórios resulta em disputas entre os comunitários (COSTA, 2010). De um lado, estão esses pescadores que utilizam técnicas mais intensivas; de outro, permanece o contexto de acordo e respeito ao ambiente que fornece os recursos pesqueiros (TORRES, 2014).

Outro fator que gera disputas entre pescadores artesanais é a inserção de novos pescadores na atividade (CONTATO, 2012). Frequentemente, os pescadores novos têm uma lógica de apropriação dos recursos presentes no espaço mais voltada para o lucro, sem terem conhecimento sobre a dinâmica do ambiente e sua necessidade de renovação. Destaca-se que os conflitos por território se dão entre pescadores locais e de outras localidades – com a invasão de pesqueiros de uso comunitário – (CRUZ, 2006; LIMA, 2008; DE PAULA, 2013; FERREIRA, 2014), mas também no âmbito da própria comunidade – devido aos pescadores que transgridem regras comunitárias – (NETO, 2009; CRUZ, 2011). Contudo, a própria legislação ambiental não é compreendida da mesma forma por todos os pescadores, o que gera impasses e conflitos (SILVA, 2012A). Esses conflitos frequentemente resultam em violência e em morte de pescadores (SILVA, 2006A). A redução de tais conflitos tem sido alcançada por meio de acordos de pesca (SILVA, 2012A; PRADO, 2015).

A face da modernização que provoca a degradação do ambiente resulta na mudança das características dos corpos d'água e redução na quantidade e qualidade do pescado. Para permanecer na atividade pesqueira, os pescadores acabam tendo que se deslocar para locais mais distantes, o que exige um incremento na capacidade de navegação e maior esforço de pesca. Nesses locais, o manejo do ambiente não é feito por meio de saberes aprendidos ao longo de anos em relação com a natureza e com normas de uso aprendidas em comunidade, o que acaba desvinculando os pescadores dos saberes tradicionais e intensificando a exploração dos recursos. Nesse contexto, disputam com os pescadores artesanais do local, que estão mais vinculados àquele ambiente, e resultam em conflitos. Assim, a face da modernização que causa degradação acaba transformando a pesca artesanal.

Em relação à face da modernização que provoca a sobre-exploração e restrições no acesso, também se observa que as consequências afetam a pesca artesanal. Nesse contexto, a perda do pesqueiro tradicional acaba por resultar na erosão dos conhecimentos tradicionais e na dissolução de importantes vínculos comunitários. Os pescadores que não acabam desistindo da atividade têm que se deslocar para áreas mais distantes, o que incide em disputas e conflitos por territórios entre pescadores artesanais. Na disputa pela produtividade do pesqueiro, são empregadas artes de pesca que são mais predatórias, o que resulta também em conflitos de uso entre pescadores. Na constituição desse novo território, os vínculos comunitários ainda não estão firmados, o que é um obstáculo para a resolução de conflitos.

A terceira face da modernização que gera a expropriação do território de moradia e vivência dos pescadores artesanais também provoca transformações na atividade pesqueira artesanal. Aqui ganha centralidade as relações fora do pesqueiro, que também sustentam a atividade pesqueira artesanal, seja na constituição dos saberes tradicionais, seja no estabelecimento de vínculos que são fundamentais para a gestão do território pesqueiro. Nessa face da modernização, cabe destacar os conflitos relacionados às entidades que representam os interesses dos pescadores artesanais. Destacam-se as Colônias de Pescadores e Associações de Pescadores, que, em conflito, geram cisões nas comunidades e também prejudicam os vínculos necessários para a existência e defesa do território tradicional.

DAS GEOGRAFIAS DAS AUSÊNCIAS, ÀS GEOGRAFIAS DAS EMERGÊNCIAS DA PESCA ARTESANAL BRASILEIRA

Como apresentado desde o princípio desse livro, nesse recorte da Geografia brasileira que se refere aos estudos relativos à pesca artesanal, há significativos avanços, principalmente a partir da primeira década do século XXI. Tem-se proporcionado a abertura para a multiculturalidade e a exposição de campos de disputas e conflitos, onde o poder é multidimensional. Assim, tem interessado as leituras dos processos de Territorialização-Desterritorialização-Reterritorialização — TDR, onde a influência das redes informacionais é significativa na transformação dos territórios, mas encontra resistência nas comunidades organizadas em movimentos sociais de escala local e nacional.

Contudo, frente à dimensão da Geografia brasileira, as presenças ainda são limitadas frente às ausências. Pensando, por exemplo, no âmbito da cartografia, é importante refletir o "porquê" de, na imensa quantidade de mapas produzidos sobre bacias hidrográficas, raramente haver presença de comunidades de pescadores. O porquê de frequentemente os mapas do urbano situarem o território das comunidades de pescadores como áreas verdes. Esses são dois de inúmeros exemplos que poderiam ser citados, onde a Geografia é produtora de ausências. No caso dos mapas, as ausências produzidas servem para a promoção de outras atividades que buscam o domínio do território, como a construção de complexos portuários e instalação de loteamentos, retomando os dois exemplos.

Sem querer finalizar a discussão, mas abrir esse debate, será dado ênfase à produção de ausências na Geografia brasileira, a partir do diálogo com Boaventura Santos. Tais ausências na Geografia têm expressão no espaço geográfico concebido e produzido. Assim, entende-se a produção de ausências no território que viabilizam o avanço da modernização por meio dos paradigmas do saber único, da unicidade do tempo, inferioridade dos grupos e territórios, escala global e produtivismo.

Para destacar as Geografias das Emergências, retoma-se as faces da modernização apresentadas nos trabalhos analisados e nas denúncias do movimento social, como expressão das expectativas e estratégias sociais frente ao avanço da modernização para a recuperação da autonomia dos territórios tradicionais. Assim, expõem a autonomia do território a partir da promoção dos saberes, das multitemporalidades, dos reconhecimentos das diferenças, da escala do local e da produção tradicional. Essas seriam possibilidades de enfrentamento à modernização que apresenta como faces: degradação, sobre-exploração e restrição ao acesso, e expropriação da terra, em contexto do território tradicional dos pescadores artesanais. De tal modo, acredita-se que a Geografia, por meio do diálogo com as comunidades tradicionais, tem um papel importante na superação da moderno-colonialidade.

A EXPRESSÃO DO/NO TERRITÓRIO DAS AUSÊNCIAS E EMERGÊNCIAS

A compreensão de ausências e emergências no âmbito da Geografia provoca a pensar as mesmas na dimensão espacial. Isso tem sido assumido por diversos geógrafos que têm tratado as "invisibilidades", cujas abordagens têm em comum a compreensão de que determinados sujeitos, por meio de processos sociais, são invisibilizados no espaço. Assim, as abordagens que enaltecem os "até então invisíveis" expõem a expressão deles no espaço (lugar, território, paisagem, etc.).

Contudo, como ensina Santos (2006), as ausências são amplamente produzidas, inclusive no meio científico. Desta forma, cabe compreender que tais "invisibilidades" sociais decorrem também da ausência desses sujeitos nos estudos dos geógrafos. Compreende-se a impossibilidade de tratar de todas as dimensões em determinada pesquisa, contudo, questiona-se o porquê da predileção destas por determinada classe ou grupo (dependendo do método). Destacou-se as ausências no âmbito da cartografia, mas entende-se que elas são produzidas amplamente na Geografia e decorrem da promoção do discurso sempre a partir do dominante, no privilégio a alguma cultura, e na promoção de determinada racionalidade.

Nesse sentido, é significativo retomar a relação entre território e modernidade na produção de ausências na Geografia. Ressalta-se que a separação entre sociedade e natureza na Geografia deu-se no âmbito da ciência moderna ocidental (SUERTEGARAY, 2017). Nesse contexto, também se separou as inúmeras possibilidades de compreensão da sociedade e da natureza. Assim, a

Geografia moderna expõe em seus estudos fragmentos da sociedade/natureza no espaço. Se os elementos da análise são fragmentados, quanto aos sujeitos, os geógrafos são levados a expor aqueles que estão mais visíveis no contexto social. Sendo assim, fica à margem da pesquisa geográfica aqueles que se encontram em invisibilidade social e que não se explicam por elementos isolados na análise.

A professora Catia Antonia da Silva frequentemente toma o exemplo dos "vazios demográficos" como promoção de invisibilidades pelos geógrafos. Entende-se que os vazios demográficos correspondem à compreensão do espaço a partir da lógica dominante, no caso a industrialização e a urbanização, expondo um discurso comprometido com o desenvolvimento econômico (SANTOS, 2002), por meio da modernização. Tal compreensão exclui das análises todos os sujeitos que não estão inseridos nesse processo de desenvolvimento e não correspondem ao projeto de modernização proposto. Além disso, são sujeitos que muitas vezes não se explicam por meio da razão da ciência geográfica moderna, por não separarem sociedade de natureza e por estabelecerem outras lógicas de relações sociais. Por isso, quando identificados (não analisados), são apresentados como arcaicos, estagnados, miseráveis e obstáculos para o progresso da sociedade, uma vez que o ponto de vista se estabelece a partir do moderno.

Contudo, deve-se questionar a modernização que provoca invisibilidades dos sujeitos sociais e ausências nas análises geográficas do espaço. Nesse sentido, é fundamental retomar a noção de "colonialidade do poder" que se efetiva por meio de dispositivos, no âmbito dos Estados, de criação de identidades homogêneas através de políticas de subjetivação, bem como na manutenção da governabilidade a partir das potências hegemônicas do sistema-mundo moderno/ colonial (GÓMEZ, 2005). Isso se dá em contextos que Santos (2007) chama de "regresso colonizador", na ressurgência de formas de governo colonial tanto nas cidades metropolitanas quanto naquelas anteriormente sujeitas ao colonialismo europeu.

Esse contexto, no âmbito científico, provoca ausências que intencionalmente reafirmam as invisibilidades sociais. Desta forma, são inseparáveis os movimentos das ciências e da sociedade, a ponto de Quijano (2005) considerar a colonialidade do poder e do saber. Nesse sentido, Santos et al. (2006) destaca a necessidade de construir outras versões da história e da ciência, para evidenciar histórias globais e multiculturais do conhecimento e superar a colonialidade do saber. Nessa perspectiva, entende-se a necessidade de evidenciar outras Geografias do vivido para renovar a ciência geográfica, abrindo-a para outros sujeitos e problemáticas que não correspondem e contestam a racionalidade dominante — moderna/ocidental. Assim, deve-se superar no âmbito da Geografia os efeitos da razão metonímica e proléptica, de que fala Santos (2002).

Desta forma, a Geografia deve abrir-se para as inúmeras racionalidades de uso e apropriação do espaço. Isso significa reconhecer saberes e práticas, bem como vínculos singulares que determinados grupos estabelecem com o espaço geográfico. Tais racionalidades promovem na Geografia o novo, apresentando soluções para problemáticas que não foram resolvidas pelo pensamento científico, antes criadas por este, e que promovem reflexões epistemológicas na própria Geografia. De outro lado, a Geografia deve pensar o futuro para além do que se evidencia, reconhecendo possibilidades de conversão e rompimento com a linearidade do presente. Esse futuro se expõe no diálogo com outras perspectivas de mundo.

Para isso, Santos (2007) propõe criar um espaço-tempo para o conhecimento e valorização da experiência social, que se manifesta no presente. O autor entende que é necessário expandir o presente e contrair o futuro. Na leitura geográfica que se apresenta, entende-se que o movimento analítico deve enaltecer a experiência local, para reduzir a influência do global. Assim, estabelece-se o contraponto entre presente/local e futuro/global, na compreensão das Geografias das Ausências e Geografias das Emergências, respectivamente.

Na perspectiva da tese, o encontro entre presente e futuro, local e global, se dá no território, por isso é fundamental compreender as diversas temporalidades específicas que dão significado às relações de poder. Logo, a análise é multidimensional, integrando atores, energia e informação, códigos, objetivos, estratégias, contexto espaço-temporal e o canal de relacionamento ou comunicação (RAFFESTIN, BARAMPAMA, 1998). Ainda, Raffestin (1986C) destaca que a territorialidade humana se apresenta em um ciclo duplo territorial (territorialização-desterritorialização-reterritorialização - TDR) e informacional (inovação-difusão-obsolescência - IDO) —, dinâmico e constituído de continuidade e descontinuidade, que associa grande e pequena escala. Assim, entende-se que as relações com a externalidade e com a alteridade são condicionadas por mudanças que ocorrem também nos sistemas informacionais.

Portanto, a Geografia das Ausências é amplamente promovida quando não se considera as consequências da imposição da lógica global sobre o local. Desta forma, não se tenciona a submissão das dinâmicas territoriais locais (TDR) ao ciclo do produto (IDEO), vinculado ao global, que é concebido como promotor da modernização e associado a um projeto de futuro que visa à transformação do território. Também, o território construído na dinâmica do local é desqualificado, e o presente desvalorizado em detrimento de um futuro apresentado promissor. Para enfrentar a Geografia das Ausências, faz-se necessário expandir o presente e enaltecer o local. Assim, deve-se contestar os processos de TDR, os quais estão em curso no local, e a imposição de uma lógica externa ao território, por meio de processos informacionais (IDO), que sujeita a dinâmica territorial ao ciclo do produto e cujas consequências se evidenciam em impactos ambientais, disputas no território e conflitos por território.

Na pesca artesanal, a Geografia das Ausências se expõe quando os geógrafos não reconhecem ou desqualificam as comunidades tradicionais em processos de instalação de empreendimentos sobre os seus territórios. O uso do território comunitário é considerado como superado, e propõe-se novos usos que são entendidos como inovadores, a partir de um padrão global. Essa proposta encontra apoio no Estado, interessado no desenvolvimento econômico, e é fomentada no âmbito dos meios de comunicação. Assim, as comunidades são apresentadas como um entrave para o estabelecimento de projetos, que são benéficos para a sociedade em geral. Enfrentar a Geografia das Ausências é descortinar essa falácia. Para isso, é necessário abrir espaço nas pesquisas para evidenciar as comunidades tradicionais, no tempo presente, na produção de cultura, nos serviços ambientais, produção de alimentos (entre muitos outros). Bem como destacar os processos de desterritorialização a que são submetidas, muitas vezes sofrendo violências físicas, psicológicas e institucionais. E acima de tudo, evidenciar os impactos ambientais, disputas nos territórios e conflitos por território sofridos no local, a partir de processos estabelecidos por atores externos, ligados em redes globais e comprometidos somente com a geração de lucro.

Para promover a Geografia das Emergências, o empenho está em contrair o futuro e reduzir a influência do global. Então, parte-se da exposição das faces da modernização no território, suas consequências ambientais e sociais, bem como as estratégias adotadas no local para enfrentar os processos de TDR promovidos por atores externos, inseridos em lógicas globais (IDO). Desta forma, as emergências expõem resistências no território à imposição de ideias de futuro e projetos de desenvolvimento que são alheios ao local. No território de luta, a Geografia das Emergências evidencia e valoriza a inesgotável experiência social que está em curso no mundo de hoje, as quais se apresentam como possibilidades para o enfrentamento da modernização, que expõe suas faces no território.

Na pesca artesanal, as Geografias das Emergências se evidenciam quando se abre espaço para as comunidades, reconhecendo seus saberes e fazeres como alternativas para a superação da crise ambiental e promoção de outras formas de desenvolvimento e gestão do território. Essas constituem possibilidade de enfrentamento ao avanço da modernização, que são consequências das ações do global sobre o local, por meio de processos informacionais, e resultam na degradação ambiental, sobre-exploração e restrição ao acesso aos pesqueiros, e expropriação da terra. Frente a esses processos, devem ser expostas as resistências das comunidades, pela adesão ao projeto de comunidades e povos tradicionais, mobilização em movimento social e constituição de um território de luta. Desta forma, o trabalho do geógrafo oferece instrumentos de luta, evidenciando as faces da modernização no território tradicional.

Nesse contexto, o enfrentamento às Geografias das Ausências e a promoção das Geografias das Emergências se constituem em processos de ensino, pesquisa, extensão e atuação profissional, nos quais os geógrafos questionam os limites do projeto de futuro apresentado pela modernização e expõem como contraponto as experiências e resistências no território (local), em enfrentamento às relações assimétricas de poder, que resultam no fascismo territorial.

GEOGRAFIAS DAS AUSÊNCIAS

Partindo da obra de Boaventura Santos (2002; 2011), propõe-se a compreensão das Geografias das Ausências, as quais se expressam na busca por "expandir o presente", enaltecendo o local. Na perspectiva que se apresenta, o local será compreendido no âmbito do território tradicional. Assim, o cosmopolitismo subalterno se expressa na luta contra a exclusão social, econômica, política e cultural decorrente do capitalismo global, que se manifesta no território (SANTOS, 2007).

A compreensão territorial das ausências parte de Raffestin (2012), o qual destaca o papel da memória e do esquecimento na dinâmica territorial a partir dos eixos de compreensão paradigmático e sintagmático. Isso permite compreender a produção de território sobre territórios, por meio da criação e recriação de valores econômicos, culturais, sociais e políticos. Sendo assim, o novo território decorre do estabelecimento de um novo paradigma acompanhado pela instalação de sintagmas que o evidenciam. Em outras palavras, as promessas da modernização são acompanhadas da instalação de elementos no espaço que remetem ao moderno, os quais darão sustentação ao novo território. Nesses contextos, territórios são construídos, desconstruídos e reconstruídos, funcionalizados, desfuncionalizados e refuncionalizados.

Santos (2011) apresenta cinco lógicas que produzem ausências no âmbito da Sociologia. Contudo, buscando compreender essas abordagens no âmbito da Geografia das Ausências, estas serão destacadas como paradigmas que permitem o avanço e a territorialização da modernização, por meio do estabelecimento de ausências no território tradicional com a elaboração do ignorante, atrasado, inferior, local ou particular e o improdutivo ou estéril.

Paradigma do saber único

No território, o paradigma do saber único pode ser compreendido por meio da colonialidade do saber e do poder (QUIJANO, 2005). Nesse sentido, o poder se estabelece a partir do desconhecimento ou da negação dos saberes de outras culturas. A eleição da ciência moderna ocidental como racionalidade superior mantém as estruturas de dominação e subalternização (SANTOS, 2002) de grupos sociais detentores de outras racionalidades e conhecimentos.

A ideia de que o conhecimento científico é uma verdade absoluta constitui um paradigma que o elege como base para a gestão do ambiente/território. As estruturas de poder estabelecidas a partir do saber se mantêm com a submissão dos sujeitos e do território aos ditames provenientes da ciência moderna. Assim, as atividades promotoras da modernização, com base nos conhecimentos científicos, propõem a construção de outros territórios associados a outros usos, estabelecendo valores culturais, sociais e políticos que indicam que tais atividades superam o uso tradicional. Na medida em que os empreendimentos se instalam, as presenças de suas infraestruturas expressam sintagmas que caracterizam o novo território. Esse território da modernização põe em choque os paradigmas da ciência moderna e do conhecimento tradicional. Desse processo, se evidenciam marcas no território (SUERTEGARAY, 2002), ao ponto de configurar uma problemática ambiental.

Outro ponto a destacar é a administração científica da natureza. Como se sabe, a crise ambiental e territorial foi amplamente gestada no âmbito do conhecimento científico, com a promoção de tecnologias de extração de recursos, industrialização, etc. Contudo, diante do desconhecimento do conhecimento (MORIN, 1996), a própria ciência apresenta soluções para a superação da crise que ela mesma criou. Essas soluções se expressam em normas restritivas de uso do território, que excluem sujeitos que não estão inseridos nesta racionalidade. Ressalta-se que esses sujeitos não separam seus saberes de fazeres (MORIN, 2005) e fazem uso do território sob uma racionalidade (Ambiental) (LEFF, 2006) que não promoveu tal crise. Assim, mais uma vez se impõem os paradigmas da ciência moderna sobre os do conhecimento tradicional. Os sintagmas na gestão do território se expressam como um quadro normativo que associa estruturas de fiscalização e de controle.

Paradigma da unicidade do tempo

Milton Santos (2006) entende que no espaço coexistem diversos tempos (diacrônicos). Contudo, o paradigma da unicidade do tempo (sincrônico) e da história é largamente produzido, gerando ausências no/do território. A temporalidade pautada na ideia de "progresso, revolução, modernização, desenvolvimento, crescimento, globalização" (SANTOS, 2011) não dialoga e nega as temporalidades que se expressam no território, no presente. Na perspectiva do território, destaca-se que as relações de poder não se desenvolvem em um tempo único e uniforme, mas são significadas por temporalidades específicas para os atores em questão (RAFFESTIN; BARAMPAMA, 1998).

Entende-se que diversos tempos e histórias são negados, resultando em ausências. Quanto às comunidades tradicionais, deve-se destacar a negação do tempo da ancestralidade na constituição dos saberes e fazeres, do tempo da natureza no uso dos recursos e do tempo histórico na apropriação do território (poderiam ser citados outros vários).

Destaca-se que há uma temporalidade estimável, mas incomensurável do ponto de vista da constituição dos modos de viver no território. Essa temporalidade se manifesta no presente como o tradicional, contudo está sempre em movimento. Logo, expõe saberes e práticas nos processos em curso, mas que foram constituídos a partir de gerações, transmitidos principalmente por meio da oralidade. Esse tempo se expressa no uso do território tradicional e se expõe nos sintagmas que evidenciam a conservação do mesmo.

Contudo, esse tempo é negado quando tais saberes e práticas são confrontados com paradigmas científicos, cujos dados não os corroboram. Nesse sentido, o desconhecimento da complexidade temporal/histórica de constituição dos saberes, que se manifestam no presente, é a principal causa do seu desprestígio. A ancestralidade é concebida como resquícios de um passado, quando concebida por métodos científicos modernos, que só concebem a história como uma reta normal linear. Contudo, a ancestralidade nos saberes e fazeres retoma o passado, ressignifica o presente onde se expõe, sempre considerando as possibilidades de futuro do território tradicional. Sem essa compreensão, o paradigma do progresso da modernização tende a negar tal temporalidade.

A segunda temporalidade que é negada diz respeito à congruência entre tempo da natureza e tempo da comunidade. Isso contrasta com o paradigma da modernização, cujo tempo de uso da natureza está cada vez mais subordinado ao da sociedade e entende a permanência de sujeitos sociais cujas temporalidades estão associadas à dinâmica do ambiente como atrasados. Ressalta-se que esse tempo não diz respeito somente à produção, mas está relacionado a toda a dinâmica social das comunidades, que Milton Santos (2006) denomina de "tempo lento" e se expressa no território. No entanto, na medida em que essas temporalidades são desqualificadas, os argumentos colaboram para a imposição no território de processos cujo tempo está associado ao tempo da máquina. Os sintagmas que marcam o território da modernização, nesse caso, se expõem como oposição ao natural.

A terceira temporalidade que deve ser enfatizada diz respeito ao tempo histórico de apropriação do território. Esse tem constituído um dos principais argumentos que garantem a presença das comunidades nos territórios tradicionais. Contudo, costumeiramente é desconsiderado nos contextos em que a modernização ou outros projetos do Estado avançam sobre os territórios tradicionais. A produção de ausências está associada ao discurso que defende o paradigma da promoção do progresso, com a instalação de estruturas (sintagmas) que expõem a modernização do território. Disso resulta na destruição do ambiente e/ou uso do território ocupado historicamente pelas comunidades em condições de sustentabilidade. Nesse sentido, a ocupação histórica do território, no presente, é tratada como um vínculo indesejado com o passado e uma barreira para avanços futuros.

Paradigma da inferioridade de grupos e territórios

O paradigma da inferioridade de grupos consiste na produção de hierarquias que se expressam no território. Assim, é importante frisar que no âmbito das Geografias das Ausências, a naturalização das diferenças sustenta a noção de inferioridade dos grupos sociais e seus territórios, o que está por trás do racismo ambiental.

Da hierarquia das classes e grupos sociais, vê-se derivar a constituição da hierarquia do acesso ao território. Essa encontra no argumento econômico um dos principais fatores, o qual é bem aceito no campo político. Além disso, a ideia de modernização dos territórios das comunidades tradicionais, muitas vezes produzida em campanhas publicitárias, parece agradar os segmentos da sociedade que aspiram o acesso a tais recursos acrescidos de infraestruturas modernas, sem considerar o contexto de fascismo territorial a que as comunidades locais são submetidas.

Entende-se que os processos de construção, desconstrução e reconstrução, funcionalização, desfuncionalização e refuncionalização dos territórios são seletivos. Esses não ocorrem nos territórios dominados por sujeitos sociais detentores de poder econômico e político, mas ocorrem sobre territórios apropriados por grupos sociais considerados vulneráveis socialmente. Sendo assim, a instalação de empreendimentos não leva em conta somente o aspecto locacional, mas também a população que será afetada (população negra, comunidades tradicionais, etc.), cuja falta de acesso a direitos básicos pode viabilizar remoções arbitrárias, pagamentos de indenizações irrisórias e pouca reclamação (judiciária) frente a possíveis impactos.

Assim, o território tradicional se apresenta como vulnerável à modernização e instalação de seus sintagmas que viabilizam a sua territorialização. Diante disso, as comunidades tradicionais veem o avanço da modernização, cujos empreendimentos fazem uso dos recursos acima da possibilidade de renovação dos mesmos ou que causam outros impactos como poluições e contaminações dos corpos d'água, solo, ar. Além disso, inserem atores que não reconhecem a dinâmica social, provocando tensões nas comunidades. Esses empreendimentos são permitidos, pois não se considera seus impactos sobre as comunidades locais e seus modos de viver. Logo, se realizam presumindo a superioridade dos atores detentores do capital sobre as comunidades locais, com apoio do Estado.

Destaca-se que o paradigma de uso do território pelas comunidades tradicionais permitiu a manutenção das condições ambientais relativamente em equilíbrio. Contudo, esses espaços com paisagens de beleza natural na atualidade são cada vez mais raros. Assim, a modernização avança sobre os mesmos propondo a refuncionalização, com instalação de infraestruturas que interessam às elites econômicas e políticas. Já os comunitários são paulatinamente desterritorializados, por não terem acesso a tais infraestruturas e serviços, e terem suas atividades normadas a partir de lógicas que são externas ao território tradicional. Em muitos casos, para viabilizar a modernização, o Estado viabiliza a remoção dessas comunidades de seus territórios ancestrais, com argumentos de que os mesmos são áreas degradadas, de insegurança ambiental, etc.

Paradigma da superioridade do global

O paradigma da superioridade do global, no âmbito da modernização, também é responsável pela produção de ausências no território. Com a modernização, o global foi eleito como escala dominante, que orienta a relevância das demais escalas. Disto decorre a importância da escala local, onde se encontram os territórios tradicionais, que é minimizada frente aos interesses do global. Para Santos (2011), isso se apresenta como universalismo, ou seja, a predominância de escalas independentemente de contextos específicos.

Nesse sentido, a dinâmica territorial está cada vez mais sujeita à escala global. Isso se evidencia na influência das redes globais de tomadas de decisões que promovem a modernização sobre territórios tradicionais. Assim, as comunidades se veem sujeitas às dinâmicas, processos e tecnologias que são alheias ao local e que não correspondem à realidade ambiental e social presente nos territórios tradicionais. A modernização, como expressão do paradigma do global, expõe seus sintagmas no local onde estabelece um novo território sobre os territórios preexistentes.

Contudo, é fundamental frisar que a decisão locacional de instalar essas atividades promotoras da modernização sobre territórios tradicionais se deve ao interesse dos países centrais de transferirem seus impactos e conflitos para países periféricos. Ressalta-se que o Estado é a entidade que viabiliza a promoção da lógica global sobre o local por meio da modernização. Ainda oferece os meios necessários para a instalação dos sintagmas da modernização, que estabelecem o novo território, mesmo reconhecendo o custo ambiental e social desse avanço. Nesse processo que se apresenta como um regresso colonizador, as comunidades são desassistidas pelo Estado, que não reconhece o uso tradicional do território.

Diante disso, o local é compreendido como incapaz de apresentar alternativas viáveis às propostas do global. Os arranjos territoriais das comunidades tradicionais não são reconhecidos, nem suas práticas de gestão comunitária do território. Frente ao global, o local é apresentado como impossibilidade de futuro.

Paradigma do produtivismo

O paradigma do produtivismo expõe os critérios de produtividade capitalista e constitui um elemento fundamental para a compreensão da produção de ausências pela modernização nos territórios tradicionais. Esse pressupõe que o crescimento/desenvolvimento econômico constituem o objetivo inquestionável, o que viabiliza a promoção dos territórios da modernização. Logo, nega-se que o território é multidimensional, integrando dimensões culturais, sociais, econômicas, políticas, ambientais e muitas outras.

Ressalta-se que os critérios de produtividade dizem respeito tanto à natureza quanto ao trabalho humano (SANTOS, 2002). Em relação à natureza, o meio encontrado é a potencialização de seus processos por meio do emprego de ciência e tecnologia. Quanto ao trabalho, isso se expressa na submissão dos trabalhadores aos ritmos de produção cada vez mais associados ao funcionamento das máquinas e às demandas do consumo. Isso tem resultado em desprestígio às atividades, sujeitos, grupos e territórios associados ao setor primário, especialmente aqueles que estão mais vinculados aos tempos da natureza.

Outra problemática que vai se expressar nos territórios tradicionais é a relação entre trabalho urbano e trabalho rural. Cada vez mais, os trabalhadores rurais vão ser estimulados a intensificarem seus processos para atender as demandas da sociedade urbana. Esta última já está sujeita aos processos de produtividade da modernização, então irão cobrar maior produção do trabalho do campo. Os trabalhadores rurais que não se submetem a esses contextos, assim como seus territórios, serão considerados improdutivos. Desta forma, a própria lógica de produção e consumo do urbano se impõem sobre as comunidades que estabelecem outras relações com o território.

Desta forma, o estímulo à intensificação da produção será uma demanda da sociedade em geral, interessada no consumo, e do Estado, que deseja o desenvolvimento econômico. Outras vezes, o Estado vai fomentar a substituição da atividade tradicional por outras atividades econômicas que promovam a modernização do território, cujos padrões de produtividade são superiores. Isso vai implicar na constituição de um território completamente adverso ao tradicional, e as múltiplas dimensões se resumem à econômica. Nesse sentido, o paradigma do produtivismo acompanha elementos ou sintagmas que funcionam como próteses no território para o estabelecimento de processos que visam a maior produção possível.

GEOGRAFIAS DAS EMERGÊNCIAS

Para Santos (2002), enquanto a Sociologia das Ausências evidencia o que é ativamente produzido como não existente, na Sociologia das Emergências exprime possibilidades futuras, ainda por identificar e uma capacidade não plenamente formada para ser executada. Na leitura geográfica que se faz das Sociologias das Emergências de Santos (2002, 2011), propõem-se destacar possibilidades e estratégias para a recuperação da autonomia das comunidades no território tradicional. Nesse caso, as Geografias das Emergências contraem o futuro e reduzem a influência do global. Logo, expõem disputas de futuro com base nas expectativas sociais, que visam o enfrentamento do avanço da modernização sobre o território e a recuperação da autonomia. Assim, as ausências são convertidas em instrumentos de luta, resistência e reivindicação, como possibilidades de futuro. Ressalta-se a importância da reserva para a autonomia; logo, o território de luta pretende também a conservação dos recursos ambientais.

Seguindo a perspectiva de Raffestin (1986), a autonomia é fundamental na territorialidade humana. Para o autor, os extrativistas apresentam uma estreita relação entre autonomia e território. Logo, a ecogênese territorial integra as noções de limite, centralidade no local da coleta e circulação. O território delimitado constitui a reserva, fundamental para autonomia, e se mantém por meio da comunicação, que representa o cerne dos processos de TDR. Desta forma, a permanência do grupo depende da manutenção dessa autonomia.

Nesse contexto, a Geografia das Emergências expõe as realidades que estavam silenciadas, suprimidas e marginalizadas na produção de ausências no território, produzidos pela imposição da lógica global. Nessa linha de análise, compreende-se, como Santos (2002, p. 253) para a necessidade de "imaginação epistemológica e democrática". Assim, a imaginação epistemológica proporciona a diversificação dos saberes, perspectivas e escalas de identificação, análise e avaliação das práticas. Já a imaginação democrática favorece o reconhecimento das diferentes práticas e atores sociais. Assim, a Geografia deve abrir seu horizonte analítico para as práticas e estratégias sociais de enfrentamento da modernização que avança sobre os territórios, bem como ampliar o diálogo nos espaços democráticos de luta e reivindicação do território tradicional.

Para a "ampliação simbólica" (excesso de atenção que deve ser dado a aquilo que foi negligenciado), Santos (2002) propõe dois procedimentos: tornar menos parcial o conhecimento das condições do possível para conhecer melhor as realidades investigadas, e tornar menos parciais as condições do possível para fortalecer as pistas e sinais. Logo, devem ser evidenciados os sinais, pistas e tendências latentes, que mesmo dispersas, embrionárias e fragmentadas expõem a "constelação de sentidos" sobre a compreensão e transformação do mundo (SANTOS, 2007). Esses contextos frente à globalização, Milton Santos (2006) compreende como solidariedades estabelecidas a partir do local.

Destacamos nessa terceira parte do livro o diálogo entre abordagens da Geografia e denúncias do movimento social, apresentou-se as faces da modernização que se expõem no território. Essas se evidenciam nos contextos de luta, como argumento e estratégia de recuperação da autonomia do território tradicional. As faces da modernização correspondem a uma estratégia de análise, das muitas possíveis, de enfrentamento às ausências geradas na modernização, para expor um "futuro simultaneamente utópico e realista". Assim, parte de "realidades concretas" e, ampliando o presente, agrega o "real amplo", ou seja, as possibilidades e esperanças de futuro que ele comporta (SANTOS, 2002). Os enfrentamentos e contrapostos à modernização que evidenciam suas faces no território constituem estratégias para a recuperação da autonomia no território e se evidenciam nas Geografias das Emergências.

Santos (2002, 2011) apresenta como contraponto às monoculturas nas ausências as ecologias nas emergências. Na leitura geográfica que se apresenta, o contraponto é estabelecido entre os paradigmas dos territórios da modernização, em contraste com a promoção de autonomia dos territórios tradicionais. A promoção da autonomia se dá no âmbito dos saberes, das multitemporalidades, dos reconhecimentos das diferenças, da escala do local e da produção tradicional.

Autonomia nos saberes

Para enfrentar o paradigma do saber único na constituição dos territórios da modernização, propõe-se a promoção da autonomia do território tradicional com a valorização dos diversos saberes, especialmente os tradicionais. Isso significa reconhecer e credibilizar os saberes tradicionais "territoriais" na gestão ambiental e territorial, bem como promover diálogos de saberes.

Nesse sentido, valoriza-se a constituição dos saberes na escala local, bem como a viabilidade destes para pensar a gestão do território no presente. Entende-se que quanto mais os saberes tradicionais forem a base da gestão do território tradicional, maior será a autonomia deste último. Assim, enfrenta-se os desígnios do global sobre o local, bem como embate-se os processos de tomada de decisão baseados unicamente no conhecimento científico moderno.

Nestes diálogos e disputas epistemológicas (SANTOS, 2002; 2007), onde cada saber contribui com o diálogo e com a superação da ignorância, é fundamental reconhecer a pluralidade de conhecimentos heterogêneos, e que a interação entre eles não deve comprometer a autonomia de cada um. Assim, o conhecimento é interconhecimento (SANTOS, 2007).

Logo, não se trata de reproduzir a unicidade do conhecimento no saber tradicional, mas de superar a situação de subalternidade destes. Neste sentido, o diálogo deve ser consciente do que está sendo aprendido e do que é desaprendido, pois no interconhecimento se aprende com os outros sem esquecer os próprios saberes. Os conhecimentos científicos devem ser apropriados, então, numa perspectiva contra-hegemônica. Nesse diálogo, deve também ser enfatizado que o conhecimento científico se apresenta repleto de incertezas, que, quando não reconhecidas em perspectivas complexas, promove usos e aplicações de tecnologias concebidas no global, que apresentam consequências irreversíveis (SANTOS, 2006), principalmente sobre o local.

Ao enfatizar os saberes das comunidades locais na gestão do território tradicional, a Geografia contribui na promoção de "contraepistemologias" (SANTOS, 2007). Logo, expõe diversas alternativas plurais para o enfrentamento do capitalismo global, que, através da modernização, avança sobre os territórios tradicionais.

Autonomia nas multitemporalidades

Para resistir ao paradigma do tempo sincrônico, que impõe a modernização sobre o território, propõe-se a autonomia do território por meio da promoção das multitemporalidades. Entende-se que o tempo linear é o tempo da modernidade, que submete as demais temporalidades ao tempo do global (SANTOS, 2007). Nos territórios tradicionais, expressam-se diversas temporalidades, como a da ancestralidade, a da relação com a natureza e a da ocupação histórica.

Ressalta-se que a superação das hierarquias, a partir da temporalidade dominante do global, reduz a influência do poder do global sobre o local. Assim, o território passa a expressar diversas temporalidades (tempos das ancestralidades, da relação com a natureza, da ocupação histórica do território), que estão vinculadas ao local. Logo, o reconhecimento das temporalidades faz com que as práticas sociais deixem de ser consideradas como resíduos, ganhando forma para o desenvolvimento autônomo (SANTOS, 2002) do território.

Uma evidência disso são as práticas sociais vinculadas aos tempos da natureza, que, sendo reconhecidas na dinâmica do território, proporcionam a gestão dos recursos sem comprometer a sustentabilidade. Ressalta-se que, no local, as temporalidades da natureza, além do manejo dos ecossistemas, têm grande influência sobre os modos de viver. Essas sociedades "de tempo lento" exprimem o contraponto à sociedade global e evidenciam vínculos de solidariedade que expressam alternativas do local à modernização que se impõe no território.

Também cabe destacar a compreensão da simultaneidade de tempos, como aponta Milton Santos (2006). Desta forma, a ancestralidade não é concebida como um resquício do passado, mas corresponde a uma forma de viver no presente. Esta, assim como a temporalidade de ocupação e uso do território, passa então a ser considerada na argumentação e disputa política (SANTOS, 2002).

Santos (2007) enaltece que a compreensão da moldura temporal, para além da duração da ação do Estado, tem evidenciado em experiências subalternas do Sul respostas às necessidades imediatas à sobrevivência e de longa duração frente ao capitalismo e colonialismo. Assim, o reconhecimento das inúmeras temporalidades que se expressam no território tradicional expõe emergências na medida em que apresenta propostas que a temporalidade da globalização não é capaz de proporcionar. Ainda permite compreender as raízes profundas do colonialismo nos contextos de dominação a que os territórios estão sujeitos.

Autonomia na diferença

Para a autonomia do território tradicional, superando o paradigma da inferioridade de grupos e territórios, propõe-se a promoção do reconhecimento das diferenças. Para isso, tem-se que superar a colonialidade do poder, que entende diferença como desigualdade, bem como se entende com a prerrogativa de apontar os diferentes. Desta forma, faz-se necessário articular os princípios da igualdade e da diferença. Assim, quando desaparecem as hierarquias, permanecem as diferenças que a hierarquia necessita para se manter (SANTOS, 2002).

Na leitura das Geografias das Emergências, entende-se que devem ser enfrentadas as desqualificações dos sujeitos, práticas, saberes e territórios. Isto porque as hierarquias constituídas no global se impõem no local e expressam desigualdades no território. Isso também faz com que determinados territórios sejam preferidos para a instalação de empreendimentos da modernização que são potencialmente causadores de danos ambientais e sociais.

Para enfrentar essas diferenças, propõe-se que a hierarquia entre sujeitos e territórios seja convertida em reconhecimentos. Nesse sentido, em contraponto à homogeneidade defendida pelo global, propõe-se a valorização da heterogeneidade dos territórios, cujas diferenças se expressam nos saberes e fazeres, modos de viver, cultura. Além disso, o devido reconhecimento tende a reservar tais territórios para esses usos tradicionais, significando um obstáculo para o avanço da modernização.

Na promoção dos territórios da diferença, que se apresenta como território de direitos específicos, é fundamental a garantia da manutenção dos modos de viver, que se reinventa no processo de luta por territórios. Por isso, deve ser promovida ampla participação, desde o reconhecimento, que deve ser baseado na autoidentificação das comunidades tradicionais, até os usos que devem estar pautados na gestão comunitária do território.

A autonomia do território tradicional se manifesta quando externamente o território deixa de ser visto como inferior, passando a ser compreendido como prioritário no que tange a determinadas políticas. E quando internamente as diferenças hierárquicas são suprimidas, por meio de processos participativos e democráticos de gestão, que viabilizam a promoção dos modos de viver tradicionais. Ressalta-se que esses modos de viver não devem ser tomados como estáticos, mas em processo contínuo de transformação, cuja essência se expressa nos vínculos comunitários, com o ambiente e território.

Autonomia na escala local

Entende-se que, para a recuperação e defesa da autonomia dos territórios tradicionais, é fundamental confrontar o paradigma da superioridade do global, por meio da valorização da escala local (território). Para isso, Santos (2002; 2007) entende que deve ser identificado no local o que não foi integrado na globalização hegemônica, bem como proporcionar a (des)globalização do local.

Para a autonomia do território tradicional, é fundamental reconhecer os efeitos da globalização internos e externos ao mesmo. Internamente, o empenho deve estar em garantir a manutenção e resgate de saberes e práticas que não estão vinculados ao global. Também é fundamental proporcionar a gestão do território a partir da dinâmica do local, reconhecendo as práticas de governança. Ainda deve-se identificar o que já está associado ao global e ressignificá-lo a partir do local, servindo de contraponto ao global.

A autonomia frente aos efeitos externos da globalização, nesse caso, depende do reconhecimento e salvaguarda do território tradicional, para inibir o avanço das atividades da modernização. Além disso, por meio de políticas públicas, deve-se promover a sustentabilidade do território tradicional. Assim, o território tradicional corresponde ao outro da globalização, que pode expor questionamentos e alternativas para a sociedade geral quanto aos efeitos nocivos da globalização.

É também fundamental compreender a necessidade de conversão do papel do Estado como mediador entre global e local. Se a crítica estabelecida é de que o Estado viabiliza a expressão do paradigma da modernização/globalização no território, entende-se que o mesmo pode promover o local no território, por uma outra globalização (SANTOS, 2006). Nesse sentido, reconhece as multiterritorialidades no âmbito do território nacional, bem como suas singularidades e alternativas ao global. Isto, fomentado por políticas públicas, tende a promover, no presente, a ressurgência de grupos sociais que estavam em situação de invisibilidade.

Autonomia na produção tradicional

Finalmente, entende-se que, para a autonomia do território tradicional, é necessário enfrentar o paradigma do produtivismo e promover formas tradicionais de produção. Entende-se que essas formas tradicionais de produção foram mantidas no capitalismo global, contudo, de forma desqualificada para a manutenção da relação de subalternidade.

Assim, para a recuperação da autonomia do território tradicional, faz-se necessário pensar a produção a partir do local, valorizando as atividades tradicionais, bem como relações e sistemas de produção alternativos. Além disso, deve-se questionar os limites do desenvolvimento econômico, sobretudo evidenciando suas consequências na escala do local.

Ressalta-se que, no caso das comunidades extrativistas, constitui um equívoco considerar que não há produção, mas somente extração. No mínimo, é excessivamente simplificadora essa compreensão, que limita a produção à coleta ou captura. Entende-se que a produção nas atividades extrativistas corresponde a uma complexa cadeia, que integra múltiplos atores, bem como saberes e fazeres constituídos no âmbito comunitário ao longo de gerações. Sendo assim, para a autonomia do território, é fundamental que sejam garantidas as diversas territorialidades que integram a produção tradicional.

Além disso, é fundamental reconhecer a pluriatividade das comunidades tradicionais, para garantir que os processos produtivos estejam de acordo com os ritmos e ciclos da natureza. Como já foi apresentado, a falta de garantia do território para a realização de diversas atividades que correspondem à produção nos modos de viver tradicionais resulta na deterioração desses últimos e no emprego de técnicas que provocam danos no ambiente. Sendo assim, o território constitui elemento indispensável na produção tradicional. Dialeticamente, o mesmo território só se mantém, especialmente em condições ambientais, se a produção se mantiver em tais condições.

A relação entre uso do território e condição de sustentabilidade da natureza, além de valorizada, deve constituir argumento para garantir a salvaguarda de tais territórios tradicionais. Sendo assim, em vez de depreciada, a lógica de produção artesanal, em consonância com a dinâmica ambiental, deve ser valorizada e concebida como alternativa local para o enfrentamento da crise ambiental concebida no global e que se expressa no território.

A promoção da produção tradicional no território também valoriza as comunidades, enquanto promotoras de alimento para a sociedade em geral. Contudo, essas comunidades não devem perder a autonomia do território, tendo a produção condicionada à dinâmica do consumo dos centros urbanos ligados à lógica global, que promete o acesso de todos a qualquer produto em qualquer lugar. Isso promove, para além do território, a discussão sobre os padrões de consumo, onde a valorização das condições da natureza tende a se expressar em variedades segundo sazonalidades, estimulando a produção e consumo de acordo com suas safras, bem como conscientizando quanto ao desperdício e necessidade de racionamento em determinados períodos. Essa lógica é amplamente vivenciada nos territórios tradicionais, cujo consumo expressa seus modos de viver e tende a contribuir para o questionamento da lógica global de produção e consumo.

Em síntese, a autonomia dos territórios tradicionais pode ser alcançada através da promoção da autonomia nos saberes, multitemporalidades, reconhecimento das diferenças, valorização da escala local e promoção da produção tradicional. Essas dimensões estão interligadas e se complementam na construção de territórios que resistem à lógica globalizante da modernização, promovendo alternativas para o enfrentamento das ausências e emergências no território. A Geografia das Emergências, ao abrir seu horizonte analítico para essas questões, pode contribuir significativamente para a compreensão e transformação dessas realidades.

NOTAS

1. BRASIL. **Lei nº 11.959**, de 29 de junho de 2009. Dispõe sobre a política nacional de desenvolvimento sustentável da aquicultura e da pesca. Disponível em: https://www.planalto.gov.br/ccivil_03/_ato2007-2010/2009/lei/l11959.htm. Acesso em: 10 dez. 2017.

2. BRASIL. Ministério da Pesca e Aquicultura. **Decreto nº 8.424**, de 31 de março de 2015. Regulamenta a Lei nº 10.779, de 25 de novembro de 2003, para dispor sobre a concessão do benefício de seguro-desemprego, durante o período de defeso, ao pescador profissional artesanal que exerce sua atividade exclusiva e ininterruptamente. Disponível em: http://www.planalto.gov.br/ccivil_03/_ato2015-2018/2015/decreto/D8424.htm. Acesso em: 24 ago. 2016.

3. BRASIL. Ministério da Pesca e Aquicultura. **Decreto nº 8.425**, de 31 de março de 2015. Regulamenta o parágrafo único do art. 24 e o art. 25 da Lei nº 11.959, de 29 de junho de 2009, para dispor sobre os critérios para inscrição no Registro Geral da Atividade Pesqueira e para a concessão de autorização, permissão ou licença para o exercício da atividade pesqueira. Disponível em: http://www.planalto.gov.br/ccivil_03/_ato2015-2018/2015/decreto/d8425.htm. Acesso em: 24 ago. 2016.

4. BRASIL. **Decreto nº 8.967**, de 23 de janeiro de 2017. Dispõe sobre a concessão do benefício de seguro-desemprego, durante o período de defeso, ao pescador profissional artesanal que exerce sua atividade exclusiva e ininterruptamente, 2017. Disponível em: http://www.planalto.gov.br/ccivil_03/_ato2015-2018/2017/decreto/D8967.htm. Acesso em: 17 jun. 2017.

5. ORGANIZAÇÃO INTERNACIONAL DO TRABALHO – OIT. **Convenção n° 169** sobre povos indígenas e tribais e Resolução referente à ação da OIT. Brasília: OIT, 2011. 48p. Disponível em:

http://portal.iphan.gov.br/uploads/ckfinder/arquivos/Convencao_169_OIT.pdf. Acesso em: 17 mai. 2015.

6. BRASIL. Presidência da República. **Decreto nº 6.040**, de 7 de fevereiro de 2007. Institui a Política Nacional de Desenvolvimento Sustentável dos Povos e Comunidades Tradicionais. Disponível em: http://www.planalto.gov.br/ccivil_03/_ato2007-2010/2007/decreto/d6040.htm. Acesso em: 17 mai. 2015.

7. BRASIL. Instituto Brasileiro do Meio Ambiente e dos Recursos Naturais Renováveis – IBAMA. **Instrução Normativa nº 29**, de 31 de dezembro de 2002. Estabelece critérios para regulamentação de acordos de pesca pelo IBAMA. Disponível em: http://www.ibama.gov.br/sophia/cnia/legislacao/IBAMA/IN0029-311202.PDF. Acesso em: 10 dez. 2013.

8. BRASIL. **Constituição da República Federativa do Brasil** de 1988. Brasília, DF: Presidência da República, 2016.

9. BRASIL. Presidência da República. **Decreto nº 6.981**, de 13 de outubro de 2009. Dispõe sobre a atuação conjunta dos Ministérios da Pesca e Aquicultura e do Meio Ambiente nos aspectos relacionados ao uso sustentável dos recursos pesqueiros. Disponível em: http://www.planalto.gov.br/ccivil_03/_Ato2007-2010/2009/Decreto/D6981.htm. Acesso em: 16 jan. 2012.

10. BRASIL. Ministério da Pesca e Aquicultura; Ministério do Meio Ambiente. **Portaria Interministerial nº 5**, de 1º de setembro de 2015. Regulamenta o Sistema de Gestão Compartilhada do uso sustentável dos recursos pesqueiros. Disponível em: http://www.icmbio.gov.br/cepsul/images/stories/legislacao/Portaria/2015/p_mpa_mma_05_2015_sistema_gest%C3%A3o_pesca_compartilhada.pdf. Acesso em: 17 jun. 2017.

11. BRASIL. **Lei Complementar nº 140**, de 8 de dezembro de 2011. Estabelece a cooperação entre a União, os Estados, o Distrito Federal e os Municípios nas ações administrativas decorrentes do exercício da competência comum relativas à proteção das paisagens naturais notáveis, à proteção do meio ambiente, ao combate à poluição em qualquer de suas formas e à preservação das florestas, da fauna e da flora. Disponível em: http://www.planalto.gov.br/ccivil_03/Leis/LCP/Lcp140.htm. Acesso em: 16 jan. 2012.

12. BRASIL. **Lei nº 6.938**, de 31 de agosto de 1981. Dispõe sobre a Política Nacional do Meio Ambiente, seus fins e mecanismos de formulação e aplicação, e dá outras providências. Disponível em: http://www.mma.gov.br/port/conama//legiabre.cfm?codlegi=313. Acesso em: 24 ago. 2017.

13. BRASIL. Lei nº 9.605, de 12 de fevereiro de 1998. Dispõe sobre as sanções penais e

administrativas derivadas de condutas e atividades lesivas ao meio ambiente, e dá outras providências. Disponível em: http://www.planalto.gov.br/CCivil_03/leis/L9605.htm. Acesso em: 24 ago. 2017.

14. BRASIL. **Lei nº 9.985**, de 18 de julho de 2000. Institui o Sistema Nacional de Unidades de Conservação da Natureza e dá outras providências. Disponível em: http://www.planalto.gov.br/ccivil_03/Leis/L9985.htm. Acesso em: 24 ago. 2016.

15. BRASIL. **Lei nº 9.433**, de 8 de janeiro de 1997. Institui a Política Nacional de Recursos Hídricos, cria o Sistema Nacional de Gerenciamento de Recursos Hídricos. Disponível em: http://www.planalto.gov.br/ccivil_03/Leis/L9433.htm. Acesso em: 24 ago. 2017.

16. BRASIL. **Presidência da República**. Decreto nº 4.887, de 20 de novembro de 2003. Regulamenta o procedimento para identificação, reconhecimento, delimitação, demarcação e titulação das terras ocupadas por remanescentes das comunidades dos quilombos. Disponível em: http://www.planalto.gov.br/ccivil_03/decreto/2003/D4887.htm. Acesso em: 12 out. 2017.

17. BRASIL. Ministério do Planejamento, Orçamento e Gestão; Secretaria Especial de Aqüicultura e Pesca; Secretaria do Patrimônio da União. **Portaria nº 89**, de 15 de abril de 2010. Disciplina a utilização e o aproveitamento dos imóveis da União em favor das comunidades tradicionais. Disponível em: file:///C:/Users/cqpge/Downloads/Portaria%2089-2010%20TAU.pdf. Acesso em: 12 out. 2017.

18. BRASIL. Ministério do Planejamento, Orçamento e Gestão; Secretaria Especial de Aqüicultura e Pesca; Secretaria do Patrimônio da União. **Instrução Normativa Interministerial nº 1**, de 10 de outubro de 2007. Estabelece os procedimentos operacionais entre a SEAP/PR e a SPU/MP para a autorização de uso dos espaços físicos em águas de domínio da União para fins de aquicultura. Disponível em: http://www.planejamento.gov.br/assuntos/patrimonio-da-uniao/legislacao/instrucoesnormativas/instrucoes-normativas-arquivos-pdf/in-interministerial-01-2007-aquicultura.pdf. Acesso em: 10 dez. 2017.

19. BRASIL. Instituto Brasileiro do Meio Ambiente e dos Recursos Naturais Renováveis – IBAMA. **Instrução Normativa nº 3**, de 9 de fevereiro de 2004. Estabelece normas para a pesca artesanal no Estuário da Laguna dos Patos. Disponível em: <www.ibama.gov.br>. Acesso em: 12 out. 2017.

20. PELO TERRITÓRIO PESQUEIRO. **Na Baía de Guanabara/RJ**, pescadores e pescadoras artesanais sofrem com a intervenção da Indústria Petrolífera. Disponível em: <http://denunciapeloterritorio.blogspot.com.br/2014/04/na-baia-de-guanabararj-pescadores-e.html>. Acesso em: 01 out. 2016.

21. PELO TERRITÓRIO PESQUEIRO. **Carta denúncia dos crimes cometidos contra as famílias pescadoras do distrito de** Regência, Linhares-ES. Disponível em: <http://

denunciapeloterritorio.blogspot.com.br/search?updated-max=2013-08-22T06:57:00-07:00&max-results=2&reverse-paginate=true>. Acesso em: 01 out. 2016.

22. PELO TERRITÓRIO PESQUEIRO. **Pescadores de Ilha de Maré ocupam sede da CODEBA**. Disponível em: <http://peloterritoriopesqueiro.blogspot.com.br/2017/02/pescadores-de-ilha-de-mare-ocupam-sede.html>. Acesso em: 12 out. 2017.

23. PELO TERRITÓRIO PESQUEIRO. **Carta do Povo do Rio** "Eu Viro Carranca Hoje, pra Defender o Velho Chico". Disponível em: <http://denunciapeloterritorio.blogspot.com.br/2015/05/carta-do-povo-do-rio-eu-viro-carranca.html>. Acesso em: 01 out. 2016.

24. PELO TERRITÓRIO PESQUEIRO. **Nota à sociedade**: Denúncia da Comunidade Pesqueira Caraíbas/MG. Disponível em: <http://denunciapeloterritorio.blogspot.com.br/2013/10/nota-sociedade-denuncia-da-comunidade.html>. Acesso em: 01 out. 2016.

25. PELO TERRITÓRIO PESQUEIRO. **Bamin quer transformar leito de rio vivo em barragem de rejeito**. Disponível em: <http://denunciapeloterritorio.blogspot.com.br/2013/10/bamin-quer-transformar-leito-de-rio.html>. Acesso em: 01 out. 2016.

26. PELO TERRITÓRIO PESQUEIRO. **Pescadores fecham Ponte de Linhares/ES em manifestação pelo Rio Doce**. Disponível em: <http://peloterritoriopesqueiro.blogspot.com.br/2015/12/pescadores-fecham-ponte-de-linhareses.html>. Acesso em: 01 out. 2016.

27. PELO TERRITÓRIO PESQUEIRO. **Em luta pelo seu território, lideranças da comunidade pesqueira de Encarnação de Salinas/Ba sofrem ameaças de morte**. Disponível em: <http://denunciapeloterritorio.blogspot.com.br/2014/03/em-luta-pelo-seu-territorio-liderancas.html>. Acesso em: 01 out. 2016.

28. PELO TERRITÓRIO PESQUEIRO. **Ameaça à Vida e aos Direitos das Comunidades Tradicionais Pesqueiras**. Disponível em: <http://denunciapeloterritorio.blogspot.com.br/2012/04/ameaca-vida-e-aos-direitos-das.html>. Acesso em: 01 out. 2016.

29. PELO TERRITÓRIO PESQUEIRO. **Comunidade do Cumbe em Aracati é despejada por querer recuperação de área de manguezal**. Disponível em: <http://denunciapeloterritorio.blogspot.com.br/2013/08/comunidade-do-cumbe-em-aracati-e.html>. Acesso em: 01 out. 2016.

30. PELO TERRITÓRIO PESQUEIRO. **Suape**: ameaça ao modo de vida de comunidades pesqueiras no Litoral Sul de Pernambuco. Disponível em: <http://denunciapeloterritorio.blogspot.com.br/2014/02/suape-ameaca-ao-modo-de-vida-de.html>. Acesso em: 01 out. 2016.

31. PELO TERRITÓRIO PESQUEIRO. **Suape fora da Lei**. Disponível em: <http://denunciapeloterritorio.blogspot.com.br/2013/11/suape-fora-da-lei.html>. Acesso em: 01 out. 2016.

32. PELO TERRITÓRIO PESQUEIRO. **Após denúncias de pescadores e pescadoras, SUAPE recebe multa de R$ 2,5 milhões por crime ambiental**. Disponível em: <http://denunciapeloterritorio.blogspot.com.br/2013/09/apos-denuncias-de-pescadores-e.html>. Acesso em: 01 out. 2016.

33. PELO TERRITÓRIO PESQUEIRO. **Ameaçada por megaempreendimento, comunidade pesqueira de Maricá/RJ luta pela conservação de seu território**. Disponível em: <http://denunciapeloterritorio.blogspot.com.br/2014/10/ameacada-por-mega-empreendimento.html>. Acesso em: 01 out. 2016.

34. PELO TERRITÓRIO PESQUEIRO. **Manifesto do MPP sobre explosão de navio no Porto de Aratu – Salvador/BA**. Disponível em: <http://denunciapeloterritorio.blogspot.com.br/2013/12/manifesto-do-mpp-sobre-explosao-de.html>. Acesso em: 01 out. 2016.

35. PELO TERRITÓRIO PESQUEIRO. **Pescadores artesanais da Ilha da Madeira/RJ possuem território pesqueiro ameaçado**. Disponível em: <http://denunciapeloterritorio.blogspot.com.br/2014/09/pescadores-artesanais-da-ilha-da.html>. Acesso em: 10 out. 2016.

36. PELO TERRITÓRIO PESQUEIRO. **Comunidades da Ilha de Boipeba/BA lutam para defender território de megaprojeto imobiliário**. Disponível em: <http://denunciapeloterritorio.blogspot.com.br/2014/07/por-assessoria-de-comunicacao-do-cpp.html>. Acesso em: 10 out. 2016

37. PELO TERRITÓRIO PESQUEIRO. **Manifesto em defesa da Ilhota Coroa Branca** — Território Pesqueiro e Quilombola de Acupe – Santo Amaro/ Bahia. Disponível em: <http://denunciapeloterritorio.blogspot.com.br/2013/08/manifesto-em-defesa-da-ilhota-coroa.html>. Acesso em: 10 out. 2016.

38. PELO TERRITÓRIO PESQUEIRO. **Pescadores de Caraíbas reconstroem casa derrubada por gerente da fazenda Santa Clara**. Disponível em: <http://peloterritoriopesqueiro.blogspot.com.br/2017/05/pescadores-de-caraibas-reconstroem-casa.html>. Acesso em: 16 jun. 2017.

39. PELO TERRITÓRIO PESQUEIRO. **MPP denuncia violência contra pescadores e quilombos da comunidade Monte Recôncavo**, na Bahia. Disponível em: <http://peloterritoriopesqueiro.blogspot.com.br/2014/05/mpp-denuncia-violencia-contra.html>. Acesso em: 10 out. 2016.

40. PELO TERRITÓRIO PESQUEIRO. **Pressionada por fazendeiros, prefeitura de São Francisco do Conde/BA ataca de forma ilegal comunidade tradicional**. Disponível em: <http://denunciapeloterritorio.blogspot.com.br/2014/12/pressionada-por-fazendeiros-prefeitura.html>. Acesso em: 10 out. 2016.

41. PELO TERRITÓRIO PESQUEIRO. **Comunidade pesqueira de Croatá (MG) retoma território tradicional**. Disponível em: <http://peloterritoriopesqueiro.blogspot.com.br/2016/05/comunidade-pesqueira-de-croata-mg.html>. Acesso em: 16 jun. 2017.

42. PELO TERRITÓRIO PESQUEIRO. **Fazendeiro destrói barraco de família pesqueira no Norte de Minas**. Disponível em: <http://denunciapeloterritorio.blogspot.com.br/2015/04/fazendeiro-destroi-barraco-de-familia.html>. Acesso em: 10 out. 2016.

43. PELO TERRITÓRIO PESQUEIRO. **Pescadores da Ilha do Fogo são exemplo de resistência na bacia do São Francisco**. Disponível em: <http://peloterritoriopesqueiro.blogspot.com.br/2016/04/pescadores-da-ilha-do-fogo-sao-exemplo.html>. Acesso em: 10 out. 2016.

44. BRASIL. MMA. **Portaria N° 445, de 17 de dezembro de 2014**. Institui Lista Nacional Oficial de Espécies da Fauna Ameaçadas de Extinção — Peixes e Invertebrados Aquáticos. Disponível em: <http://www.icmbio.gov.br>. Acesso em: 16 jan. 2017.

45. BRASIL. RIO GRANDE DO SUL. **Decreto N.º 51.797**, de 8 de setembro de 2014. Declara as Espécies da Fauna Silvestre Ameaçadas de Extinção no Estado do Rio Grande do Sul. Disponível em: <http://www.al.rs.gov.br/filerepository/repLegis/arquivos/DEC%2051.797.pdf>. Acesso em: 16 jan. 2017.

46. BRASIL. **Portaria Nº 03**, de 14 de maio de 2015. Estabelece Plano de Gestão para o Uso Sustentável da Tainha, Mugil liza, nas regiões Sudeste e Sul do Brasil. Disponível em: <www.icmbio.gov.br>. Acesso em: 10 dez. 2016.

47. PELO TERRITÓRIO PESQUEIRO. **Pescadores artesanais participam de retomada do GT da Portaria 445**. Disponível em: <http://peloterritoriopesqueiro.blogspot.com.br/2017/07/pescadores-artesanais-participam-de.html>. Acesso em: 10 nov. 2017.

48. PELO TERRITÓRIO PESQUEIRO. **Povos e comunidades tradicionais ocupam Palácio do Planalto**. Disponível em <http://peloterritoriopesqueiro.blogspot.com.br/2016/11/povos-e-comunidades-tradicionais-ocupam.html>. Acesso em: 17 mai. 2017.

49. PELO TERRITÓRIO PESQUEIRO. **Ministério da Indústria, Comércio Exterior e Serviços (MDIC) sob o comando do Partido Republicano Brasileiro (PRB)!!!!.** Disponível em: <http://peloterritoriopesqueiro.blogspot.com.br/2017/03/carta-aberta-nao-secretaria-de-pesca-no.html>. Acesso em: 17 mai. 2017.

Referências

ABREU, G. C. D. **Território da pesca:** o uso do espaço aquático no baixo rio Solimões município de Manacapuru-AM. 2011. Dissertação (Mestrado em Geografia). Manaus: Programa de Pós-Graduação em Geografia da Universidade Federal do Amazonas., 2011. 106 p.

ABREU, J. S. D. **Distribuição geográfica da pesca marinha em relação ao recife artificial Navio Victory 8B, Espírito Santo:** Uma análise a partir do conhecimento tradicional de pescadores artesanais. 2020. Dissertação (Mestrado em Geografia). Campos dos Goytacazes: Programa de Pós-graduação em Geografia da Universidade Federal Fluminense, 2020. 115p.

ALENCAR, C. M. de. **Campo e Rural na Metrópole**: sinais de um padrão civilizatório. 2003. Tese (Doutorado em Ciências Sociais em Desenvolvimento, Agricultura e Sociedade). Programa de Pós-Graduação em Ciências Sociais em Desenvolvimento, Agricultura e Sociedade. Universidade Federal Rural do Rio de Janeiro, 2003.

ALVES, T. D. S. **A pesca artesanal no Baiacu — Vera Cruz (BA):** identidades, contradições e produção do espaço. 2015. Dissertação (Mestrado em Geografia). Salvador: Programa de Pós-Graduação em Geografia da Universidade Federal da Bahia, 2015. 152p.

ANDRADE, M. C. D. A. A construção da Geografia brasileira. **RA'EGA**. O espaço em análise, v. v.3, p. p.19-34, 1999.

ARAÚJO, G. R. F. D. **Migração, Territorialização e pesca em Augusto Correa — PA (1990-2010).** 2012. Dissertação (Mestrado em Geografia). Belém: Programa de Pós-Graduação em Geografia da Universidade Federal do Pará. 2012. 158p.

ARAÚJO, I. X. D. **Comunidade tradicionais de pesca artesanal marinha na Paraíba**: Realidade e desafios. 2017. Tese (Doutorado em Geografia). João Pessoa: Programa de Pós-Graduação em Geografia da Universidade Federal de Paraíba, 2017. 205p.

BARBOSA, A. M. **Povos e Comunidades Tradicionais em Luta Pelo Território:** Interseções e Tensões entre a Questão Agrária e a Questão Ambiental. 2014. Dissertação (Mestrado em Geografia). Niterói: Programa de Pós-Graduação em Geografia da Universidade Federal Fluminense, 2014. 170p.

BARDIN, L. **Análise de Conteúdo**. Lisboa: Edições 70, 2007. 280p.

BEGOSSI, A. Áreas, pontos de pesca, pesqueiros e territórios na pesca artesanal. In: BEGOSSI, A.; LEME, A. **Ecologia de pescadores da Mata Atlântica e da Amazônia**. São Paulo: Hucitec: Nepam/ Unicamp: Nupaub/USP; FAPESP, 2004. pp.223-253.

BERKES, F. E. A. **Gestão de pesca de pequena escala:** diretrizes e métodos alternativos. Rio Grande: FURG, 2006.

BOCARDE, F.; LIMA, N. **Construindo Acordos de Pesca:** experiências de gestão participativa em Parintins, Amazonas. Projeto Manejo dos Recursos Naturais da Várzea PROVÁRZEA/IBAMA. Brasília: IBAMA, 2008.

BRACONARO, F. **A Geografia da pesca:** modo de vida e lazer na bacia do Rio Araguari-MG. 2011. Dissertação (Mestrado em Geografia). Uberlândia: Programa de Pós-Graduação em Geografia da Universidade Federal de Uberlândia, 2011. 204p.

BRASIL. **Coordenação de Aperfeiçoamento de Pessoal de Nível Superior.** Documento da Área. Área 36 Geografia. / Coordenação de Pessoal de Nível Superior**.** Brasília, DF: CAPES, 2016. 42 p.

BRASIL. Ministério da Educação. Coordenação de Aperfeiçoamento de Pessoal de Nível Superior. **Plano Nacional de Pós-Graduação** – PNPG 2011-2020 / Coordenação de Pessoal de Nível Superior. – Brasília, DF: CAPES, 2010. 309p.

BRASIL. Ministério da Educação. Coordenação de Aperfeiçoamento de Pessoal de Nível Superior. **Plano. Nacional de Pós-Graduação** – PNPG 2005-2010/ Coordenação de Pessoal de Nível Superior. – Brasília, DF: CAPES, 2010. 91p.

CAMARGO, C. P. M. P. D. **Territorialidades caiçaras do tempo de antigamente ao tempo de hoje em dia em Paraty, RJ** (Vila Oratório, Praia do Sono, Ponta Negra e Martim de Sá). 2013. Dissertação (Mestrado em Geografia). Campinas: Programa de Pós-Graduação em Geografia da Universidade Estadual de Campinas., 2013. 239p.

CARDOSO, E. S. **Pescadores artesanais:** natureza, território, movimento social. 2001. Tese (Doutorado em Geografia Física). São Paulo: Programa de Pós Graduação em Geografia Física da Universidade de São Paulo, 2001. 143p.

CARDOSO, E. S. **Vitoreiros e Monteiros:** Ilhéus do Litoral Norte Paulista. 1996. Dissertação (Mestrado em Geografia). São Paulo: Programa de Pós-Graduação em Geografia Humana da Universidade de São Paulo, 1996. 78p.

CARVALHO. J. M. P. de. **Peixe nosso de cada dia**: o circuito espacial produtivo da pesca artesanal na Ilha de Santa Catarina. 2019. Tese (Doutorado em Geografia). Florianópolis: Programa de Pós-Graduação em Geografia da Universidade Federal de Santa Catarina. 2019.

CASTILHO, Cláudio. Entrevista feita com o Geógrafo Claude Raffestin, em Janeiro do ano 2012. **Revista Movimentos Sociais e Dinâmicas Esp**aciais. V. 2, N. 1, 2013. Acessível em:< https://periodicos.ufpe.br/revistas/revistamseu/issue/view/2227. Acesso em jan 2016

CASTRO-GÓMEZ, S. Ciências sociais, violência epistêmica e o problema da "invenção do outro". In: LANDER, E. **A colonialidade do saber:** eurocentrismo e ciências sociais Perspectivas latino-americanas. Títulos del Programa Sur-Sur: CLACSO, 2005. p. 80-88.

CAVALCANTE, E. O. **Modernização seletiva do litoral:** conflitos, mudanças e permanências da localidade de Cumbuco (CE). 2012. Dissertação (Mestrado em Geografia). Fortaleza: Programa de Pós-Graduação em Geografia da Universidade Federal do Ceará, 2012. 138p.

CHAMAS, C. A. P. C. **A Gestão de um Patrimônio Arqueológico e Paisagístico:** Ilha do Campeche/ SC. 2008. Dissertação (Mestrado em Geografia). Florianópolis: Programa de Pós-Graduação em Geografia da Universidade Federal de Santa Catarina, 2008. 263p p.

CHAVES, C. R. **Mapeamento Participativo da Pesca Artesanal da Baía de Guanabara.** 2011. Dissertação (Mestrado em Geografia). Rio de Janeiro: Programa de Pós-Graduação em Geografia da Universidade Federal do Rio de Janeiro, 2011. 158p.

CHAVES, K. A. **Agora o Rio vive seco:** Populações tradicionais, exceção e espoliação em face da instalação de grandes projetos na Volta Grande do Xingu. 2018. Dissertação (Mestrado em Geografia). Rio Claro: Programa de Pós-graduação em Geografia da Universidade Estadual Paulista "Júlio de Mesquita Filho", 2018. 194p.

CONTATO, M. C. D. **O Período de Defeso na Manutenção dos Meios de Vida e**

na Gestão da Pesca Artesanal no Município de Rio Grande - RS. 2012. Dissertação (Mestrado em Geografia). Rio Grande: Programa de Pós-Graduação em Geografia da Universidade Federal do, 2012. 81p.

CORDELL, J. Marginalidade social e apropriação territorial marítima na Bahia. In: DIEGUES, A. C.; MOREIRA, A. D. C. **Espaço e Recursos Naturais de Uso Comum**. São Paulo: NUPAUB/USP, 2001. p. p. 139-159.

COSTA, C. R. R. D. **O Litoral do Maranhão, entre Segredos e Descobertas:** a fronteira de expansão do turismo litorâneo na periferia do Brasil. 2015. Tese (Doutorado em Geografia). São Paulo: Programa de Pós-Graduação em Geografia da Universidade de São Paulo, 2015. 266p.

COSTA, C. R. R. D. **Turismo, produção e consumo do espaço nas comunidades de Redonda e Tremembé, Icapuí - Ceará.** 2010. Dissertação (Mestrado Acadêmico em Geografia). Fortaleza: Programa de Pós-Graduação em Geografia da Universidade Estadual do Ceará, 2010.

CRUZ, M. D. J. M. D. **Caboclos-ribeirinhos da Amazônia**: um estudo da organização da produção camponesa no Município do Careiro da Várzea-AM. Dissertação (Mestrado em Geografia) são Paulo: Programa de Pós-Graduação em Geografia Humana da Universidade de São Paulo, 1999.

CRUZ, M. D. J. M. D. **Territorialização Camponesa na Várzea Amazônica. 2007.** Tese (Doutorado em Geografia). São Paulo: Programa de Pós-Graduação em Geografia Humana da Universidade de São Paulo, 2007. 274p.

CRUZ, S. D. S. L. **Espaço e Territorialidade pesqueira:** Análise socioeconômica de atividade pesqueira artesanal no estado de Rondônia. 2018. Dissertação (Mestrado em Geografia). Porto Velho: Programa de Pós-Graduação em Geografia da Universidade Federal de Rondônia, 2018. 213p.

CRUZ, V. C. **Lutas Sociais, Reconfigurações Identitárias e Estratégias de Reapropriação Social do Território na Amazônia.** 2011. Tese (Doutorado em Geografia). Niterói: Programa de Pós-Graduação em Geografia da Universidade Federal Fluminense, 2011. 368p.

CRUZ, V. C. **Pela Outra Margem da Fronteira:** Território, Identidade e Lutas Sociais na Amazônia. 2006. Dissertação (Mestrado em Geografia). Niterói: Programa de Pós-Graduação em Geografia da Universidade Federal Fluminense, 2006. 201p.

CUNHA, A. S. **Fragmento de território de pesca na Amazônia [manuscrito]:** Comunidade Segredinho/Capanema-Pa. 2011. Dissertação (Mestrado em Gestão dos Recursos Naturais e Desenvolvimento Local na Amazônia). Belém: Programa de Pós-Graduação em Gestão dos Recursos Naturais e Desenvolvimento Local na Amazônia da Universidade Federal do Pará, 2011. 141p.

CUNHA, C. D. J. **Regularização da vazão e sustentabilidade de agroecossistemas no estuário do rio São Francisco.** 2015. Dissertação (Mestrado em Geografia). Fortaleza: Programa de Pós-Graduação em Geografia da Universidade Estadual da Ceará, 2015. 232p.

CUNHA, C. de J. **Regularização da vazão e sustentabilidade de agroecossistemas no estuário do rio São Francisco.**2006. Dissertação (Mestrado em Geografia) Fortaleza: Programa de Pós-Graduação em Geografia da Universidade Estadual da Ceará, 2006. 232p

CUSTÓDIO, J. S. **Caminhos da Produção Familiar Artesanal em Governador Celso Ramos/SC:** Da Pesca Maricultura. 2006. Dissertação (Mestrado em Geografia). Florianópolis: Programa de Pós-Graduação em Geografia da Universidade da Universidade de Santa Catarina, 2006. 155p.

DE PAULA, C. Q. **Geografia(s) da Pesca Artesanal Brasileira.** 2018. Tese (Doutorado em Geografia). Programa de Pós-Graduação em Geografia da Universidade Federal do Rio Grande do Sul, Porto Alegre, 2018. 451p

DE PAULA, C. Q. **Gestão compartilhada dos territórios da pesca artesanal:** Fórum Delta do Jacuí. 2013. Dissertação (Mestrado em Geografia). Porto Alegre: Programa de Pós-Graduação em Geografia da Universidade Federal do Rio Grande do Sul, 2013. 129p.

DI MÉO, G. Les Territoires de Láction. **Bulletin de la Société géographique de Liège**, Liège, v. v. 48, p. Pp. 7-17, 2006.

DIEGUES, A. C. **A pesca Construindo Sociedades**. 1ª. ed. São Paulo: NUPAUB/USP, 2004A. 311p.

DIEGUES, A. C. **O mito moderno da natureza intocada**. 3ª. ed. São Paulo: Hucitec, 2001. 198p.

DIEGUES, A. C. **Pescadores, camponeses e trabalhadores do mar.** 1ª. ed. São Paulo: Ática, 1983. 287p.

DORSA, A. R. **O mundo é o mar:** Pescadores artesanais e seus mapas mentais Armação do Pântano do Sul, Florianópolis-SC. 2015. Dissertação (Mestrado em Geografia). Florianópolis: Programa de Pós-graduação em Geografia da Universidade Federal de Santa Catarina, 2015. 173p.

DUARTE, L. A. **"Resistir e retomar, nossa terra e nosso mar":** os comuns como planejamento e gestão territorial subversivos em Guaraqueçaba. 2018. Tese

(Doutorado em Geografia). Curitiba: Programa de Pós-Graduação em Geografia da Universidade Federal do Paraná, 2018. 447p.

DUMITH, R. C. **Dinâmicas do Sistema de Gestão na Reserva Extrativista de Canavieiras (BA):** análise da robustez institucional e de possibilidades para o ecodesenvolvimento. 2012. Dissertação (Mestrado em Geografia). Rio Grande: Programa de Pós-Graduação em Geografia da Universidade Federal do Rio Grande, 2012. 197p.

DUMITH, R. D. C. **Tensões territoriais na Reserva Extrativista de Canavieiras (BA):** comunidades tradicionais enquanto movimento de r-existência à gestão estatal e sua racionalidade. 2017. Tese (Doutorado em Geografia). Niterói: Programa de Pós-Graduação em Geografia da Universidade Federal Fluminense, 2017. 305p.

ESCOBAR, A. O lugar da natureza e a natureza do lugar: globalização ou pós-desenvolvimento? In: LANDER, E. **A colonialidade do saber:** eurocentrismo e ciências sociais Perspectivas latino-americanas. Buenos Aires: Títulos del Programa Sur-Sur: CLACSO, 2005. pp. 63-80.

EUZEBIO, R. **O lugar do saber-fazer dos pescadores artesanais e a institucionalidade da atividade pesqueira:** uma análise sobre as artes de pesca artesanal e o fenômeno técnico na produção social do espaço da Baía de Sepetiba (RJ). 2018. Dissertação (Mestrado em Geografia). Rio de Janeiro: Programa de Pós-graduação em Geografia da Universidade Estadual do Rio de Janeiro, 2018.

FARIAS, A. S. D. **A educação ambiental chega de barco na vila de pescadores da Barra do Superagui.** 2009. Dissertação (Mestrado em Geografia). Francisco Beltrão: Programa de Pós-Graduação em Geografia da Universidade do Oeste do Paraná, 2009. 147p p.

FERREIRA, G. **Comunidade de pescadores artesanais no Lago Itaipu –** conflitos territoriais na Colônia Z11 de São Miguel do Iguaçu/PR. 2014. Dissertação (Mestrado em Geografia). Francisco Beltrão: Programa de Pós-Graduação em Geografia da Universidade Federal do Oeste d, 2014. 207p.

FERREIRA, G. D. C. **Acordando na Cachoeira**: Territórios e Territorialidades de Pescadores Artesanais em São Caetano de Odivelas-Pará. 2018. Dissertação (Mestrado em Geografia). Belém: Programa de Pós-graduação em Geografia da Universidade Federal do Pará, 2016. 111p.

FERREIRA, J. D. A. **Controle do território, identidade e existência:** a histórica relação de poder sobre a Colônia de Pescadores Almirante Gomes Pereira- Ilha do Governador- RJ. 2013. Dissertação (Mestrado em História Social). Rio de Janeiro: Programa de Pós-Graduação em História Social da Universidade do Estado do Rio de Janeiro., 2013.

FIGUEIREDO, M. M. A. D. **Trabalho e participação político-social das pescadoras na RESEX Canavieiras – BA. 2013.** Dissertação (Mestrado em Geografia). Salvador: Programa de Pós-Graduação em Geografia da Universidade Federal da Bahia, 2013. 116p.

FOX, V.; CALLOU, Â. B. F. Estratégias de comunicação do movimento nacional dos pescadores no Brasil. **Razón y Palabra**, v. v. 84, p. Pp 639-666, 2013.

FRANÇA, A. **A Ilha de São Sebastião:** estudo de Geografia humana. São Paulo: Departamento de Geografia da Universidade de São Paulo, 1954. 194p.

FURLAN, A. A. **Comunidades caiçaras na Ilha do Cardoso**- uma leitura geográfica da paisagem. Dissertação (Mestrado em Geografia). São Paulo: Programa de Pós-Graduação em Geografia Humana da Universidade de São Paulo. 2002.

GIANNELLA, L. D. C. **Entre o mar e a metrópole:** desenvolvimento, território e identidade da comunidade de pescadores de Copacabana, Rio de Janeiro, RJ. 2009. Dissertação (Mestrado em Geografia). Rio de Janeiro: Programa de Pós-Graduação em Geografia da Pontifícia Universidade Católica do Rio de Janeiro, 2009. 161p.

GOMES, R. D. S. **A ILHA, o MAR e a "CIDADE DEBAIXO D'ÁGUA":** paisagens e mudanças ambientais em Atafona – RJ. 2012. Dissertação (Mestrado em Geografia). Rio de Janeiro: Programa de Pós-Graduação em Geografia da Universidade Federal do Rio de Janeiro, 2012. 117p.

GÓMEZ, S. C. Ciências sociais, violência epistêmica e o problema da "invenção do outro". In: LANDER, E. **A colonialidade do saber:** eurocentrismo e ciências sociais Perspectivas latino-americanas. Títulos del Programa Sur-Sur: CLACSO., 2005. pp. 80-88.

GUEDES, E. B. **Território e Territorialidade de Pescadores nas Localidades Céu e Cajuuna Soure-Pa.** 2009. Dissertação (Mestrado em Geografia). Belém: Programa de Pós-Graduação em Geografia da Universidade Federal do Pará, 2009. 161p.

HABERMAS, J. **Teoria do Agir Comunicativo** — Racionalidade da Ação e Racionalização do Social. São Paulo: Martins Fontes, v. v. 1, 2012A. 736p.

HABERMAS, J. **Teoria do Agir Comunicativo** — Sobre a Crítica da Razão Funcionalista. São Paulo: Martins Fontes, v. 2ª, 2012B. 832p.

HAESBAERT, R. **O mito da desterritorialização:** do "fim dos territórios" à multiterritorialidade. 3ª. ed. Rio de Janeiro: Bertrand Brasi, 2007. 396p.

HEIDRICH, Á. L. Espaço e multiterritorialidade entre territórios: reflexões sobre a abordagem territorial. In: PEREIRA, S.; COSTA, B. **Teorias e práticas territoriais:**

análises espaço temporais. São Paulo: Expressão Popular, 2010. p. pp.25-36.

KALIKOSKI, D.; SEIXAS, C.; ALMUDI, T. **Gestão compartilhada e comunitária da pesca no Brasil:** avanços e desafios. Campinas: Ambiente & Sociedade, v. v. XIII, 2009.

KUHN, E. R. A. **Terra e água:** Territórios dos pescadores artesanais de São Francisco do Paraguaçu-Bahia. 2009. Dissertação (Mestrado em Geografia). Salvador: Programa de Pós-Graduação em Geografia da Universidade Federal da Bahia, 2009. 173p.

LATOUR, B. **Jamais Fomos Modernos:** ensaio de antropologia simétrica. Tradução de Carlos Irineu da Costa. 1ª. ed. Rio de Janeiro: Editora 34, 1994.

LEFF, E. Complexidade, Racionalidade Ambiental e Diálogo de Saberes. **Revista Educação & Realidade**, Porto Alegre, v. v. 34 n. 3, p. 17-24p, 2009.

LEFF, E. **Epistemologia Ambiental.** 4ª. ed. São Paulo: Cortez, 2007. 240p p.

LEFF, E. **Epistemologia Ambiental**. Tradução de Sandra Valenzuela. São Paulo: Cortez, 2010. 240 p.

LEFF, E. **Racionalidad ambiental** — la reapropriación social de la naturaleza. México, 2004.

LEFF, E. **Racionalidade Ambiental:** a reapropriação social da natureza. Tradução de Luís Carlos Cabral. Rio de Janeiro: Civilização Brasileira, 2006.

LIMA, D. D. A. **O Lugar Marambaia. 2003.** Tese (Doutorado em Geografia). Presidente Prudente: Programa de Pós-Graduação em Geografia da Universidade Estadual Paulista, 2003. 672p.

LIMA, L. M. **Territorio em transformação:** impactos na pesca artesanal — Araguari, Porto Grande, Amapá, Amazônia. 2020. Dissertação (Mestrado em Geografia). Belém: Programa de Pós-graduação em Geografia da Universidade Federal do Pará, 2020. 151p.

LIMA, M. D. C. **Comunidades pesqueiras marítimas no Ceará território, costumes e conflitos.** 2002. Tese (Doutorado em Geografia). São Paulo: Programa de Pós-Graduação em Geografia da Universidade de São Paulo, 2002. 220p.

LIMA, M. **Mobilidade geográfica como estratégia de sobrevivência de pescadores artesanais na Amazônia:** o caso de Cubatão em Icoaraci, Pará. 2008. Dissertação (Mestrado em Geografia). Belém: Programa de Pós-Graduação em Geografia da Universidade Federal do Pará, 2008. 120p.

LINDOLFO, N. **Modernização e produção social do espaço**. Ações, processos e estruturas do "Superporto Sudeste" e conflitos territoriais na Ilha da Madeira. (Itaguai, RJ). 2016. Dissertação (Mestrado em Geografia) Programa de Pós-Graduação em Geografia da Universidade do Estado do Rio de Janeiro. 2016.

LOBO, A. **Nas redes da pesca artesanal.** Brasília: IBAMA, 2007. 304p.

MACHADO, C. B. G. **O território da pesca artesanal da Colônia Z4, Barra Velha, SC:** o paradoxo entre a tradição e a modernidade. 2013. Dissertação (Mestrado em Geografia). Guarapuava: Programa de Pós-Graduação em Geografia da Universidade Estadual do Centro-Oeste, 2013. 117p.

MACHADO, C. B. G. **Os "escolhidos e os escorraçados", os povos tradicionais e a formação sócio-espacial de Santa Catarina**: Rompimentos da invisibilidade de Caboclos e Caboclas do Contestado na Serra acima, Pescadores e Pescadoras do litoral na Serra abaixo. 2019. Tese. Londrina: Programa de Pós-Graduação da Universidade Federal de Londrina, 2019. 156p p.

MACHADO, R. A. S. **O meio natural na organização produtiva da população pesqueira tradicional do município de Canavieiras.** 2007.Dissertação (Mestrado em Geografia). Salvador: Programa de Pós-Graduação em Geografia da Universidade Federal da Bahia, 2007. 159p.

MADRUGA, A. G. C. **Mudança de ventos** - redistribuição das funções no espaço de uma comunidade pesqueira: Lucena, Paraíba. Dissertação (Mestrado em Geografia) Programa de Pós-Graduação em Geografia Humana da Universidade de São Paulo, 1986.

MAIER, E. L. B. **A pesca do siri como adaptação das comunidades pesqueiras artesanais do Estuário da Lagoa dos Patos – RS.** 2009. (Dissertação de Mestrado). Rio Grande: Programa de Pós-graduação em Geografia. Universidade Federal do Rio Grande, 2009. 127p.

MALDONADO, S. C. **Pescadores do mar**. São Paulo: Editora Ática, 1986. 77p.

MARINHO, V. M. **Impactos de Hidroelétricas na Atividade Pesqueira**: Estudo de caso a partir dos pescadores artesanais do município de Ferreira Gomes, Amapá-Brasil. 2018. Dissertação (Mestrado em Geografia). Belém: Programa de Pós — Graduação em Geografia da Universidade Federal do Pará, 2018. 124p.

MARTINS, C. A. D. Á. Nas águas da Lagoa há reprodução da vida: pesca artesanal no estuário da lagoa dos Patos- Rio Grande/RS. **Scripta Nova**, v. Volume VI, Número 119 (47), 2002.

MARTINS, César Augusto de Ávila. **Nas águas da lagoa há reprodução da vida**: pesca artesanal no estuário da lagoa dos Patos- Rio Grande/RS. 1997. Dissertação (Mestrado em Geografia) São Paulo: Programa de Pós-Graduação em Geografia

Humana da Universidade de São Paulo, 1997.

MARX, K. Processo de Trabalho e Processo de Produzir Mais Valia. In: MARX, K. **O Capital – livro primeiro**. 6. ed. Rio de Janeiro: Civilização Brasileira, v. V. I, 1980.

MASSEY, D. B. **Pelo Espaço:** uma nova política de espacialidade. Tradução de Hilda P Maciel e Rogério Haesbaert. Rio de Janeiro: Bertrand Brasil, 2008.

MCGRATH, D. E. A. Manejo Comunitário de Lagos de Várzea e o Desenvolvimento Sustentável da Pesca na Amazônia. **PEPERS DO NAEA**, Belém, 58, 1996.

MCGRATH, D. E. A. Varzeiros, geleiros e o manejo dos recursos naturais na várzea do baixo Amazonas. **Cadernos do NAEA, nº.11**, novembro 1993. Pp. 91-125.

MENDES, A. B. **Diversificação de renda na pesca artesanal:** um estudo na ilha dos marinheiros, Rio Grande- RS. 2019. Dissertação (Mestrado em Geografia). Rio Grande: Programa de Pós-graduação em Geografia da Universidade Federal de Rio Grande, 2019. 108p.

MENDONÇA, F. Temas, Tendências e Desafios da Geografia na Pós-Graduação Brasileira. **Revista da ANPEGE**, v. V. 2, N. 02, p. Pp. 7-20, 2005.

MORAES, A. C. R. **Geografia Pequena História Crítica**. 20. ed. São Paulo: Annablume, 2005. 152p p.

MORAES, L. D. F. S. D. **Para onde sopram os ventos de Cumbuco?** Impactos do turismo no litoral de Caucaia, Ceará. 2010. Dissertação (Mestrado em Geografia). Fortaleza: Programa de Pós-Graduação em Geografia da Universidade Estadual do Ceará, 2010.

MORAES, T. R. D. **Pesca Artesanal no Rio Vacacaí, RS:** Influências da Orizicultura Irrigada e os Potenciais Territórios de Conflito. 2015. Dissertação (Mestrado em Geografia). Santa Maria: Programa de Pós-Graduação em Geografia da Universidade Federal de Santa Maria, 2015. 141p.

MORENO, L. T. **A nova ordem sociometabólica da produção pesqueira no Brasil:** as formas de controle do trabalho e da natureza versus as formas de resistências dos(as) trabalhadores(as). Presidente Prudente: Programa de Pós-graduação em Geografia da Universidade Estadual Paulista "Júlio de Mesquita Filho", 2021. 362p.

MORENO, L. T. **Os trabalhadores artesanais do mar em Ubatuba/SP:** a dinâmica territorial do conflito e da resistência. 2016. Dissertação (Mestrado em Geografia). Presidente Prudente: Programa de Pós-Graduação em Geografia da Universidade Estadual Paulista: Presidente, 2016. 222p p.

MORIN, E. **Ciência com consciência.** Tradução de Maria Alexandre e Maria Alice

Sam. Rio de Janeiro: Bertrand Brasil, 1996.

MORIN, E. **Introdução ao Pensamento Complexo**. Lisboa: Instituto Piaget, 1990.

MORIN, E. **O método 1:** a natureza da natureza. Tradução de Ilana Heineberg. 2. ed. Porto Alegre: Sulina, 2008.

MORIN, E. **O Método 6:** ética. Porto Alegre: Sulina, 2005. 222p.

MORIN, E. **Saberes globais e saberes locais:** o olhar transdisciplinar. Rio de Janeiro: Garamond, 2000. 76p.

MOSCOVICI, S. **Essai sur l'Histoire Humaine de la Nature**. Paris: Flammarion, 1968. 694p.

MPP. **Cartilha para Trabalho de Base da Campanha pelo Território Pesqueiro.** Brasil, 2012.

MPP. **Cartilha para Trabalho de Base da Campanha pelo Território Pesqueiro**. 2012B.

MPP. **Projeto de Lei de Iniciativa Popular para o reconhecimento, proteção e garantia do território das comunidades tradicionais pesqueiras**. 2012A. Disponível em: http://documentospeloterritorio.blogspot.com.br/. Acesso 10 dez 2013.

NASCIMENTO, D. G. **Entre a terra e água:** modo de vida camponês no médio Rio Amazonas, Paratinis-AM. 2016. Dissertação (Mestrado em Geografia). Manaus: Programa de Pós-graduação em Geografia da Universidade Federal do Amazonas, 2016. 187p.

NETO, J. A. G. **O território das novas economias e suas implicações socioambientais na comunidade pesqueira de Barra do Cunhaú.** 2009. Dissertação (Mestrado em Geografia). Natal: Programa de Pós-Graduação em Geografia da Universidade Federal do Rio Grande do Norte, 2009. 141p.

NUNES, S. I. F. **A mediação naturesa/sociedade e as lógicas espaciais e territoriais da luta pela água sob a dimensão dos pressupostos teóricos lukacsianos da ontologia do trabalho.** 2018. Tese (Doutorado em Geografia). Aracaju: Programa de Pós-graduação em Geografia da Universidade Federal de Sergipe, 2018. 256p.

NUNES, S. I. F. **A Pesca Artesanal como Mediação da Relação Homem Natureza:** Permanência e Resistência dos Pescadores nas Comunidades Pesqueiras do Povoado Mosqueiro/Aracaju-SE. 2011. Dissertação (Mestrado em Geografia). João Pessoa: Programa de Pós-Graduação em Geografia da

Universidade Federal da Paraíba, 2011. 122p.

OLIVEIRA, P. D. C. **Viabilidade da pesca artesanal frente aos rejeitos de minério lançados na costa norte do Espírito Santo:** Uso do conhecimento tradicional. 2020. Dissertação (Mestrado em Geografia). Campos dos Goytacazes: Programa de Pós-graduação em Geografia da Universidade Federal Fluminense, 2020. 79p.

PAULA, E. D. **Vilegiatura marítima na Região Metropolitana de Fortaleza:** análise de impactos socioambientais. 2012. Dissertação (Mestrado em Geografia). Fortaleza: Programa de Pós-Graduação em Geografia da Universidade Federal do Ceará, 2012. 147p.

PENA, P. G. L. Conflitos socioambientais e saúde dos pescadores em tempos de pandemia. In. BARROS, S.; MEDEIROS, A.; GOMES, E. B. (orgs). **Conflitos Socioambientais e Violações de Direitos Humanos em Comunidades Tradicionais Pesqueiras no Brasil**: relatório 2021. 2a. Ed. Olinda-PE: Conselho Pastoral dos Pescadores, 2021. 173-177pp.

PEREIRA, F. M. R. **ENTRE Entre rios e lagos:** A pesca do lanço e suas territorialidades- Manacapuru/AM. 2021. Dissertação (Mestrado em Geografia). Manaus: Programa de Pós-Graduação em Geografia da Universidade federal do Amazonas, 2021. 93p.

PÉREZ, M. S. **Comunidade tradicional de pescadores e pescadoras artesanais da vila do Superagüi-PR na disputa pela vida:** conflitos e resistências territoriais frente à implantação de políticas públicas de desenvolvimento. Curitiba: Dissertação (Mestrado em Geografia). Programa de Pós-Graduação em Geografia da Universidade Federal do Paraná, 2012. 150p.

PÉREZ, M. S. **R-existência dos camponeses-as do que hoje é SUEAPE:** justiça territorial, pós-desenvolvimento e descolonialidade pela vida. 2016. Tese (Doutorado em Geografia). Recife: Programa de Pós-Graduação em Geografia da Universidade Federal do Pernambuco, 2016. 253p.

PERRY, L. D. S. P. **Desenvolvimento, tradição e reconhecimento na Reserva Extrativista Marinha de Corumbau, BA.** Tese (Doutorado em Extensão Rural). Viçosa: Programa de Pós-Graduação em Doutorado em Extensão Rural da Universidade Federal de Viçosa, 2015. 340p.

PORTO-GONÇALVES, C. W. **A GEOGRAFIA ESTÁ EM CRISE**. VIVA A GEOGRAFIA! (Comunicação apresentada no 3° Encontro Nacional de Geógrafos). Boletim Paulista de Geografia. N.5, 1978.

PORTO-GONÇALVES, C. W. Da Geografia às geo-grafias: um mundo em busca de novas territorialidades. **La Guerra Infinita: Hegemonía y terror mundial**, Buenos

Aires, p. Pp. 217-256, 2002.

PORTO-GONÇALVES, C. W. De saberes e de territórios: diversidade e emancipação a partir da experiência Latino-Americano. **GEOgraphia**, 2010.

PRADO, Z. C. D. **Uso Comum da Terra e do Rio:** Conflitos e Resistência do Camponês Ribeirinho no Município de Santo Antônio de Leverger-MT. 2015. Dissertação (Mestrado em Geografia). Cuiaba: Programa de Pós-Graduação em Geografia da Universidade Federal do Mato Grosso, 2015. 226p.

PROST, C. Ecodesenvolvimento da pesca artesanal em região costeira: estudos de caso no Norte e Nordeste do Brasil. **GeoTextos**, Salvador, v. 3, p. Pp. 139-169, 2007.

QUEIROZ, G. A. **O circuito inferior da economia urbana:** a pesca no município de Ilhéus – BA. 2011. Dissertação (Mestrado em Geografia). Campinas: Programa de Pós-Graduação em Geografia da Universidade Estadual de Campinas, 2011. 118p.

QUEIROZ, S. S. **A pesca e a comercialização dos bagres no médio rio Solimões – Tefé (AM).** 2012. Dissertação (Mestrado em Geografia). Manaus: Programa de Pós-Graduação em Geografia da Universidade Federal do Amazonas, 2012. 130p.

QUIJANO, A. Colonialidade do poder, eurocentrismo e América Latina. In: LANDER, E. **A colonialidade do saber:** eurocentrismo e ciências sociais Perspectivas latino-americanas. Títulos del Programa Sur-Sur: CLACSO, 2005. pp. 107-130.

RAFFESTIN, C. De la nature aux images de la nature. **Espaces et Sociétés no.82-83**, p. Pp. 37-52, 1996.

RAFFESTIN, C. Ecogenèse territoriale et territorialité. In: AURIAC, F.; BRUNET, R. **Espaces, jeux et enjeux**. Paris: Fayard & Fondation Diderot, 1986. p. Pp. 175-185.

RAFFESTIN, C. **Por uma Geografia do poder**. São Paulo: Ática, 1993.

RAFFESTIN, C. Punti di riferimento per una teoria della territorialita' umana. In: COPETA, C. **Esistere e abitare. Prospettive umanistiche nella Geografia francofona**. Milano: Franco Ageli, 1986C. pp. 75-89.

RAFFESTIN, C. Space, territory, and territoriality. Environment and Planning D. **Society and Space**, v. V. 30, pp. 121-141, 2012.

RAFFESTIN, C. Territorialité: concept ou paradigme de la géographie sociale? **Geographica Helvetica**, n. no. 2, pp. 91-96, 1986B.

RAFFESTIN, C.; BARAMPAMA, A. Espace et pouvoir. In: BAILLY, A. **Les concepts de la géographie humaine**. Paris : Armand Colin, 1998. pp. 63-71.

RAFFESTIN, C.; BRESSO, M. Tradition, modernité, territorialité. **Cahiers de géographie du Québec 2668**, pp.185–198, 1982.

RAINHA, F. A. **Morar e Trabalhar:** a pesca artesanal e o seu elo com o espaço da metrópole do Rio de Janeiro. 2015. Dissertação (Mestrado em Geografia). Rio de Janeiro: Programa de Pós-Graduação em Geografia da Universidade do Estado do Rio de Janeiro, 2015.

RESENDE, A. T. A origem da institucionalidade das Colônias de Pescadores. In: SILVA, C. A. **Pesca Artesanal e Produção do Espaço:** Desafios para a Reflexão Geográfica. Rio de Janeiro: Consequência, 2014.

RESENDE, A. T. **Terminais pesqueiros públicos:** normas e implementação da política de Estado e suas relações territoriais no governo do PT (2003 a 2016). 2020. Tese (Doutorado em Geografia). São Gonçalo: Programa de Pós-graduação em História Social da Universidade do Estado do Rio de Janeiro, 2020. 192p.

RIBEIRO, A. C. T. Metrópole: sentidos de fragmentação. In: SILVA, C. A.; OLIVEIRA, A.; RIBEIRO, A. C. **Metrópoles:** entre o local e as experiências cotidianas. Rio de Janeiro: EdUERJ, 2012.

RIOS, F. T.; BRAVO, J. V. Dinámicas territoriales em assentamientos de pescadores artesanales economías, experiencias y conflitos. El caso de Guabúm y Puñihuil em la comuna de Ancud, Chiloé. **CUHSO, CULTURA - HOMBRE-SOCIETAD, V.22, N.1**, pp.61-64, jul 2012.

RIOS, K. A. N. **A questão da luta na/pela terra e água dos pescadores artesanais:** desafios e perspectivas do processo de regularização dos territórios pesqueiros da Ilha de Maré — BA. 2017. Tese (Doutorado em Geografia). Salvador: Programa de Pós-Graduação em Geografia da Universidade Federal da Bahia, 2017. 466p.

RIOS, K. A. N. **Da produção do espaço a construção dos territórios pesqueiros:** pescadores artesanais e carcinicultores no Distrito de Acupe - Santo Amaro (BA). 2012. Dissertação (Mestrado em Geografia). Salvador: Programa de Pós-Graduação em Geografia da Universidade Federal da Bahia, 2012. 262p.

RODRIGUES, F. G. D. S. **O Agronegócio da Carcinicultura Marinha e os Conflitos Sociais e Ambientais de Uso e Ocupação do Estuário do Rio Jaguaribe no Município de Aracati-CE. 2005**. Dissertação (Mestrado em Geografia). Fortaleza: Programa de Pós-Graduação em Geografia da Universidade Federal do Ceará, 2005. 122p.

RODRIGUES, F. M. G. **Unidades de Conservação, pesca e modo de vida:** contradições. 2014. Dissertação (Mestrado em Geografia). Manaus: Programa de Pós-Graduação em Geografia da Universidade Federal do Amazonas, 2014. 123p.

ROSÁRIO, J. J. D. **Marisqueiras e pescadoras:** o cotidiano na reserva extrativista baía do Iguape-BA. 2009. Dissertação (Mestrado em Cultura Memória e Desenvolvimento Regional). Salvador: Programa de Pós-graduação em Cultura Memória e Desenvolvimento Regional da Universidade do Estado da Bahia, 2009. 127p.

SANTANA, G. D. M. **A cultura da pesca artesanal de Bote na comunidade da Barra em Rio Grande/RS. 2013. Dissertação (Mestrado em Geografia)**. Rio Grande: Programa de Pós-Graduação em Geografia da Universidade Federal do Rio Grande, 2013. 170p.

SANTOS, B. D. S. Epistemologías del Sur. **Utopía y Praxis Latinoamericana,** Año 16, N° 54, pp. 17-39, 2011.

SANTOS, B. D. S. Los nuevos movimientos sociales. **Revista del Observatorio Social de América Latina/OSAL,** 5, pp.177-188, 2001.

SANTOS, B. D. S. Para além do Pensamento Abissal: Das linhas globais a uma ecologia de saberes. **Revista Novos Estudos Cebrap**, N. 79, pp. 71-94., 2007.

SANTOS, B. D. S. Para uma sociologia das ausências e uma sociologia das emergências. **Revista Crítica de Ciências Sociais,** N. 63, pp. 237-280, 2002.

SANTOS, B. D. S.; MENESES, M. P. G.; NUNES, J. A. Conhecimento e Transformação Social: por uma ecologia de saberes. **Hiléia – Revista de Direito Ambiental da Amazônia,** N. 6, pp.11-104, 2006.

SANTOS, E. A. **(Re)produção social e dinâmica ambiental no espaço da pesca reconstruindo a territorialidade das marisqueiras em Taiçosa de Fora-Nossa Senhora do Socorro/SE.** 2012. Dissertação (Mestrado em Geografia). São Cristóvão: Programa de Pós-Graduação em Geografia da Universidade Federal do Sergipe, 2012.163pp.

SANTOS, E. A. **Mulheres pescadoras- mulheres mangabeiras:** O desvelar das territotialidades de extrativistas em Indiaroba/SE. 2018. Tese (Doutorado em Geografia). São Cristóvão: Programa de Pós-Graduação em Geografia da Universidade Federal de Sergipe, 2018. 282pp.

SANTOS, G. L. D. **Pesca no litoral de Santa Catarina:** Da pequena produção mercantil a maior produtor de pescados de origem marinha do Brasil. 2019. Dissertação (Mestrado em Geografia). Florianópolis: Programa de Pós-Graduação em Geografia da Universidade Federal de Santa Catarina, 2019. 129pp.

SANTOS, I. R. D. S.; JESUZ, C. R. D. A aplicação do discurso do sujeito coletivo, na análise da percepção da qualidade da água do rio Cuiabá nos municípios de Santo

Antonio do Leverger, Várzea Grande e Cuiabá. **Revista Mato-grossense de Geografia**, v. 17, n. 1, pp. 117-138., 2014.

SANTOS, M. **A Natureza do Espaço:** Técnica e Tempo, Razão e Emoção. 4. ed. 2. reimpr. ed. São Paulo: EDUSP, 2006. 392p.

SANTOS, M. A. F. D. **Análise do processo de internalização de propostas de educação ambiental em escolas de Ensino Médio no município de Acaraú-CE.** 2008. Dissertação (Mestrado em Geografia). Natal: Programa de Pós-Graduação e Pesquisa em Geografia da Universidade Federal do Rio Grande do Norte, 2008. 111p.

SANTOS, M. A. F. D. **Outra Banda. Lugar de Quem?** 2013. Tese (Doutorado em Geografia). Rio Claro: Programa de Pós-Graduação em Geografia da Universidade Estadual Paulista, UNESP, 2013. 118p.

SAQUET, M. A. **Abordagens e concepções de território**. São Paulo: Expressão popular, 2010.

SCHEIBEL, C. R. **Práticas, técnicas e geossímbolos da cultura da pesca vernácula na paisagem fluvial de Pitangui-Juntuva – Região de Campos Gerais (PR).** 2013. Dissertação (Mestrado em Geografia). Ponta Grossa: Programa de Pós-Graduação em Geografia da Universidade Estadual de Ponta Grossa, 2013. 120p.

SILVA, A. **O Homem e a pesca**: atividades pesqueiras no estuário e litoral de Geoina, Pernambuco. Programa de Pós-Graduação em Geografia da Universidade Federal do Pernambuco, Recife, 1982.

SILVA, C. A. D. Modernização, Conflitos Territoriais e Sujeitos Sociais de Culturas Tradicionais: contribuições da Geografia na leitura da produção da totalidade do espaço brasileiro no século XXI. In: SUERTEGARAY, D. M. A., et al. **Geografia e Conjuntura Brasileira**. Rio de Janeiro: Consequência, 2017. pp.249-274.

SILVA, C. A. D. **Política Pública e Território:** passado e presente da efetivação de direitos dos pescadores artesanais no Brasil. 2. ed. Rio de Janeiro: Consequência, 2015. 130p.

SILVA, C. A. D. S. Sobre as Geografias das existências. In: SILVA, C. A. D.; DE PAULA, C. Q. **Brasil e Moçambique** – Diálogos geográficos sobre a pesca artesanal. Rio de Janeiro: Ed. Consequência, 2016. pp.17-32.

SILVA, C. A. D.; DE PAULA, C. Q. **Brasil e Moçambique** – Diálogos geográficos sobre a pesca artesanal. Rio de Janeiro: Ed. Consequência, 2016. 200p p.

SILVA, C. D. D. **Pesca:** classes sociais, territorialidades e trabalho em Manacapuru-

AM. 2009. Dissertação (Mestrado em Geografia). Manaus: Programa de Pós-Graduação em Geografia da Universidade Federal do Amazonas, 2009. 145p.

SILVA, C. N. D. **Geotecnologias Aplicadas no Ordenamento Pesqueiro.** 2012A. Tese (Doutorado em Geografia). Belém: Programa de Pós-Graduação em Ecologia Aquática e Pesca da Universidade Federal do Pará, 2012A. 190p.

SILVA, C. N. D. **Territorialidades e modo de vida de pescadores do rio Ituquara, Breves – PA. 2006A.** Dissertação (Mestrado em Geografia). Belém: Programa de Pós-Graduação em Geografia da Universidade Federal do Pará, 2006A.

SILVA, H. R. D. C. **Entre manguezais, rios e restingas:** Soberania alimentar dos povos tradicionais pesqueiros e a carcinicultura no município de Brejo Grande/SE. 2020. Dissertação (Mestrado em Geografia). São Cristóvão: Programa de Pós-graduação em Geografia de Universidade Federal de Sergipe, 2020. 158p.

SILVA, J. B. D. **Territorialidade da pesca no estuário de Itapessoca – PE:** técnicas, apetrechos, espécies e impactos ambientais. 2006B. Dissertação (Mestrado em Geografia). Recife: Programa de Pós-Graduação em Geografia da Universidade Federal de Pernambuco, 2006B. 83p.

SILVA, J. B. D.; DANTAS, E. W. C. A pós-graduação em Geografia no Brasil: uma contribuição à política de avaliação. **Revista da ANPEGE.** n. 2, p. Pp. 21-37, 2005.

SILVA, S. M. D. **Pesca artesanal:** a história, a cultura e os (des) caminhos em Lucena/PB. 2012. Dissertação (Mestrado em Geografia). João Pessoa: Programa de Pós-Graduação em Geografia da Universidade Federal da Paraíba, 2012B. 122p p.

SILVA, S. M. **Território Pesqueiro de Uso Comum:** conflitos, resistência, conquistas e desafios na Reserva Extrativista Acaú-Goiana/PB PE. 2017. Tese (Doutorado em Geografia). Recife: Programa de Pós-Graduação em Geografia da Universidade Federal do Pernambuco, 2017. 270p p.

SILVA, T. R. D. **Geograficidade, percepção e saberes ambientais dos pescadores do lago Guaíba, Porto Alegre, RS.** 2007. Dissertação (Mestrado em Geografia). Porto Alegre: Programa de Pós-Graduação em Geografia da Universidade Federal do Rio Grande do Sul, 2007. 157p.

SIMÃO, L. G. **Histórias de resistência pela permanência no lugar e a poética do pertencimento:** vivências caiçaras da Praia do Sono (RJ). 2021. Dissertação (Mestrado em Geografia). Rio Claro: Programa de Pós-graduação em Geografia da Universidade Estadual Paulista "Júlio de Mesquita Filho", 2021. 133p.

SOUZA, M. L. de. O território: sobre espaço e poder, autonomia e desenvolvimento. In: CASTRO, I. E. de; GOMES, P. C. da C.; CORRÊA, R. L. (org.). **Geografia**: conceitos e temas. Rio de Janeiro: Bertrand Brasil, 1995, p. 77-116.

SOUZA. R. M. **Redes e Tramas**: identidade cultural e gestão ambiental na APA de Piaçabuçu, Alagoas. Tese (Doutorado em Desenvolvimento Sustentável). Universidade de Brasília. 2003.

SPÓSITO, E. S. A pós-graduação em Geografia no Brasil: Avaliação e tendências. In: SPÓSITO, E. S., et al. **A diversidade da Geografia Brasileira.** Escalas e Dimensões da Análise e da Ação. Rio de Janeiro: Consequência , 2016. pp.523-543.

SUERTEGARAY, D. M. A. **(Re)ligar a Geografia:** natureza e sociedade. Porto Alegre: Compasso Lugar-Cultura, 2017. 179p.

SUERTEGARAY, D. M. A. A expansão da pós-graduação em Geografia e a ANPEGE. **Revista da ANPEGE**, v. v. 1, n. 01, pp. 17-32, 2003.

SUERTEGARAY, D. M. A. Espaço Geográfico Uno e Múltiplo. **Scripta Nova,** N.93, Barcelona , jul 2001. Disponível em www.ub.edu Acesso em 2010-06-12.

SUERTEGARAY, D. M. A. **Meio, ambiente e Geografia**. Porto Alegre: Compasso Lugar-Cultura, 2021.

SUERTEGARAY, D. M. A. Rumos e Rumores da Pós-graduação e da Pesquisa em Geografia no Brasil. **Revista da ANPEGE**. v. 3, pp.11-19, 2007.

SUERTEGARAY, D. M. A. Tempos Longos. Tempos Curtos. Na Análise da Natureza. **Geografares**, Vitória, pp. 159-164, jun 2002.

SUERTEGARAY, D. M. A.; OLIVEIRA, M. G.; DELFINO, E. D. S. Ribeirinhos da FLONA de Tefé – AM: cartografia social na compreensão do modo de vida. In: HEIDRICH, Á. L.; PIRES, C. L. Z. (org.). **Abordagens e práticas de pesquisa qualitativa em Geografia e saberes sobre espaço e cultura**. Porto Alegre, Letra 1: 2016. pp. 103-128.

TAPIA, L. M. **Política Salvaje**. La Paz: Consejo Latinoamericano de Ciencias Sociales CLACSO, 2008. 122p.

TOMÁZ, A. D. F.; SANTOS, G. (Org.). **Conflitos Socioambientais e Violações de Direitos Humanos em Comunidades Tradicionais Pesqueiras no Brasil**. Brasilia/DF: Conselho Pastoral dos Pescadores, 2016. 104p.

TOMÁZ, A. D. F. Conflitos socioambientais na pesca artesanal no Brasil. In. BARROS, S.; MEDEIROS, A.; GOMES, E. B. (orgs). **Conflitos Socioambientais e Violações de Direitos Humanos em Comunidades Tradicionais Pesqueiras no Brasil**: relatório 2021. 2a. Ed. Olinda-PE: Conselho Pastoral dos Pescadores, 2021. 157-162pp.

TORRES, R. P. D. A. **O sentido de ser pescador:** signos e marcas no povoado Pedreiras – São Cristóvão/SE. 2014. Dissertação (Mestrado em Geografia). São Cristóvão: Programa de Pós-Graduação em Geografia da Universidade Federal de Sergipe, 2014. 140p.

VINHAS, A. L. F. **Olho o mar, e cada vez mais não me vejo:** a degradação do trabalho e da vida do pescador artesanal pelas empresas proprietárias de portos na Baía de Sepetiba, RJ. 2020. Tese (Doutorado em Geografia). Rio de Janeiro: Programa de Pós-graduação em Geografia da Pontifícia Universidade Católica do Rio de Janeiro, 2020. 414p.

VINHAS, A. L. F. **Pescadores artesanais de Pedra de Guaratiba, Rio de Janeiro (RJ):** os diferentes conflitos pela identidade. 2011. Dissertação (Mestrado em Geografia). Rio de Janeiro: Programa de Pós-Graduação em Geografia da Pontifícia Universidade Católica do Rio de Janeiro, 2011. 177p.

ZAOUAL, H. Do turismo de massa ao turismo situado: quais as transições? Caderno Virtual de Turismo, V. 8, N.2, 2008.

WEBSIGs do Projeto
Ausências e Emergências de Sujeitos e Territórios da Pesca Artesanal na Geografia Brasileira

Coordenador: Cristiano Quaresma de Paula (FURG)
Desenvolvedor: Carlos Albuquerque (bolsista PIBIT CNPq)

Websig de Dissertações e Teses de Geografias da Pesca

http://dissertacoesetesesdapesca.great-site.net/

Websig dos Relatórios de Conflitos Socioambientais e Violações de Direitos Humanos em Comunidades Pesqueiras no Brasil - CPP

http://websigpescadores.great-site.net/

www.ingramcontent.com/pod-product-compliance
Ingram Content Group UK Ltd.
Pitfield, Milton Keynes, MK11 3LW, UK
UKHW021957190726
13853UKWH00004B/1593

9 786589 013112